製造業進銷存 及 成本電算化實務

陳英蓉 著

前　言

目前，一般製造企業管理模式大多採用傳統的管理模式，尤其是生產管理很多沿襲以往的管理方式。其主要存在以下幾個方面的問題：第一，基礎管理薄弱，業務報表不準，上報不及時，數據不完整，標準規範化管理做得不夠，如生產工作缺少標準化，現場管理缺乏作業標準，員工作業不規範，隨意性強等。第二，企業生產計劃與車間作業計劃相脫節，計劃控制力弱。製造業生產計劃方式相對落後，制訂計劃的數據多是靜態、分散、不連續的，缺乏合理科學的生產計劃參數。所以制訂的計劃較粗，多數企業執行的是月計劃，上下工序很難精確地銜接，從而造成在製品的庫存積壓或短缺。採購計劃與生產計劃分別由不同部門編製，缺乏協調，可能引起庫存數據、消耗定額數據、在製品數據、在途採購數據不及時、不準確，物料管理不能更好地為生產管理、財務管理以及成本控制提供準確及時的數據。第三，傳統的業務流程雜亂。原有的業務流程比較繁雜，技術、生產、銷售、庫存、財務等業務部門之間層次關係不明確，流程中斷，信息集成和共享程度低，部門間協作能力不強，無法實現公司生產經營業務的即時控制。

造成這種現象的主要原因有：一是製造企業一把手領導不清楚採用ERP信息化管理模式后會給企業帶來多大的節能降耗效益；不知曉採用ERP信息化管理模式后能使企業反應敏捷，更能適應市場發展的需要；未意識到如不採用ERP信息化管理模式，就即將被當前正在蓬勃發展的雲製造模式淘汰。二是缺乏高水平的製造業信息化實施的專業隊伍。因此，如何為製造企業培養出高水平信息化管理人才，是當前信息化人才培養亟待解決的問題。筆者結合近年對信息化管理人才市場的調研，以及多年對經管專業學生的教學經驗，認為在培養經管類專業的學生時，不僅要讓其掌握經濟與管理相關的理論知識，熟悉理解ERP原理，而且更重要的是讓學生能運用信息技術處理製造企業的實際管理業務，將各個理論要點和技能應用融會貫通起來，為此特編著了《製造業進銷存及成本電算化實務》一書。

本書旨在為培養高水平的製造業信息化實施的專業隊伍發揮作用，以期能有助於提高其運用信息技術處理製造企業的實際管理業務的能力。

全書主要簡述了製造企業生產製造、供應鏈和產品成本核算三大環節的基本理論，詳細闡述了企業管理信息系統ERP的核心內容：物料需求計劃和供應鏈管理參數間的關聯關係，以及如何結合企業實際進行設置運用；如何利用物料需求計劃和供應鏈環節的生產和財務數據進行產品成本核算。全書以用友ERP-U8為應用平臺，結合製造企業實際綜合案例實務，分析演示了製造企業生產製造、供應鏈和產品成本核算三大

環節的具體操作應用。

　　本書可供高等院校經管類各專業教學使用，也作為會計和製造企業業務管理人員進行 ERP 應用培訓的學習資料。

　　本書在撰寫過程中參考引用了一些研究文獻，得到了攀枝花學院及其經濟與管理學院的各位領導的傾力支持和幫助，在此，特向文獻作者和各位領導致以衷心的謝意。

　　由於計算機信息技術是一個發展極為迅速的領域，而經濟管理電算化理論框架和方法體系還處於逐步發展和不斷完善的階段，加之時間倉促、本人水平有限，書中難免存在錯誤和不妥之處，懇請讀者和同行批評指正。

陳英蓉

目 錄

第一章　總論 ……………………………………………………………（1）
　第一節　製造業及信息化管理概述 ……………………………………（1）
　第二節　ERP 財務系統在製造業管理中的應用 ………………………（8）
　第三節　ERP 供應鏈管理在製造業中的應用 …………………………（12）
　第四節　ERP 成本管理在製造業中的應用 ……………………………（15）

第二章　系統管理與企業應用平臺 ……………………………………（18）
　第一節　系統管理 ………………………………………………………（18）
　第二節　企業應用平臺基礎設置 ………………………………………（34）
　第三節　企業應用平臺財務基礎設置 …………………………………（73）

第三章　生產製造 ………………………………………………………（91）
　第一節　生產製造基礎設置 ……………………………………………（91）
　第二節　物料清單 ………………………………………………………（99）
　第三節　主生產計劃 ……………………………………………………（104）
　第四節　需求規劃 ………………………………………………………（108）
　第五節　生產訂單 ………………………………………………………（115）

第四章　採購管理 ………………………………………………………（122）
　第一節　採購管理系統概述 ……………………………………………（122）
　第二節　採購管理系統初始設置 ………………………………………（124）
　第三節　採購管理系統日常業務處理 …………………………………（130）
　第四節　採購管理系統期末處理及帳表查詢與統計分析 ……………（134）

第五章　銷售管理 ……………………………………………………（140）

　　第一節　銷售管理系統概述 ………………………………………（140）

　　第二節　銷售管理系統初始設置 …………………………………（141）

　　第三節　銷售管理日常業務處理 …………………………………（143）

　　第四節　銷售管理系統期末處理及帳表查詢與統計分析 ………（152）

第六章　庫存管理 ……………………………………………………（154）

　　第一節　庫存管理系統概述 ………………………………………（154）

　　第二節　庫存管理系統初始設置 …………………………………（157）

　　第三節　庫存管理系統日常業務處理 ……………………………（167）

　　第四節　庫存管理系統月末結帳及帳表查詢與統計分析 ………（170）

第七章　存貨核算 ……………………………………………………（172）

　　第一節　存貨核算系統概述 ………………………………………（172）

　　第二節　存貨核算系統初始設置 …………………………………（177）

　　第三節　存貨核算系統日常業務及期末處理 ……………………（187）

第八章　成本管理 ……………………………………………………（190）

　　第一節　成本管理系統概述 ………………………………………（190）

　　第二節　成本管理系統初始設置 …………………………………（194）

　　第三節　成本管理日常業務及期末處理 …………………………（206）

第一章　總論

第一節　製造業及信息化管理概述

一、製造業的定義

製造業是指將已獲取的物質資源作為勞動對象，按照市場要求，通過加工、製作、裝配等環節以形成可供使用和利用的新部件、新產品的行業。製造業主要有冶金工業、機械工業、食品工業、紡織工業、電子工業等。

從製造業的發展歷史來看，主要有兩類製造業：一個是加工製造業，一個是裝備製造業。大批量、標準化、生產線是加工製造業的最重要特點。在工業化發展過程當中，加工製造業最基本的競爭方式就是成本價格的競爭。當技術達到一定水平，質量達到一定標準，如果產品之間沒有差異，價格競爭的最后結果就是沒有利潤。

製造業不僅僅是採購和銷售，還包括了將價值較低的材料轉換為價值較高的產品。所以製造業的特色有以下兩個：一是供貨商的材料經由工廠裝配或加工后流到顧客的手上；另一個是這些信息流動到所有相關的部門。而時間是製造業流程上最重要、最寶貴的資源。將材料轉變為成品的時間如果愈短，製造業所獲得的利益將愈高。所以對信息系統而言，做到快速反應是幫助製造業信息化成功的關鍵因素。

二、製造業的新型管理模式——MRPII/ERP

ERP（Enterprise Resource Planning）在中國的應用與推廣已經歷了從起步、探索到應用的近 20 年風雨歷程。近幾年來，隨著現代企業制度的建立，ERP 應用環境得到了很大的改善，大、中型企業應用需求也在逐步提高。

（一）ERP 的管理思想

MRPII（Manufacture Resource Plan II）是指基於企業經營目標制訂生產計劃，圍繞物料轉化組織製造資源，實現按需要、按時進行生產。MRPII 模型對一個製造業的所有資源編製計劃進行監控與管理，這些資源包括生產資源（物料和設備）、市場資源（銷售市場、供應市場）、人力資源、財政資源（資金來源及支出）和工程設計資源（產品結構和工藝路線的設計與工程設計改變）等。ERP 是從 MRPII 發展而來的，與 MRPII 相比，ERP 除包括和加強了 MRPII 各種功能之外，更加面向全球市場，功能更為強大，所管理的企業資源更多，除財務、庫存、分銷、人力資源和生產管理外，還集成了企業其他管理功能，如質量管理、決策支持等多種功能。

1. MRP 是 ERP 的核心功能

只要是「製造業」，就必然要從供應方買來原材料，經過加工或裝配，製造出產品，銷售給需求方，這也是製造業區別於金融業、商業、採掘業、服務業的主要特點。任何製造業的經營生產活動都是圍繞其產品開展的，製造業的信息系統也不例外，MRP 就是從產品的結構或物料清單（食品、醫藥、化工行業則為「配方」）出發，實現了物料信息的集成：一個上小下寬的錐狀產品結構，如圖 1-1 所示。其頂層是出廠產品，是屬於企業市場銷售部門的業務；底層是採購的原材料或配套件，是企業物資供應部門的業務；介乎其間的是製造件，是生產部門的業務。如果要根據需求的優先順序，在統一的計劃指導下，把企業的「銷產供」信息集成起來，就離不開產品結構（或物料清單）這個基礎文件。在產品結構上，它反應了各個物料之間的從屬關係和數量關係，它們之間的關係反應了工藝流程和時間週期。換句話說，通過一個產品結構就能夠說明製造業生產管理常用的「期量標準」。MRP 主要用於生產「組裝」型產品的製造業，如果把工藝流程（工序、設備或裝置）同產品結構集成在一起，就可以把流程工業的特點融合進來。

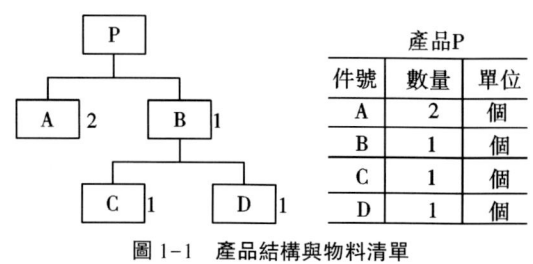

圖 1-1　產品結構與物料清單

通俗地說，MRP 是一種保證既不出現短缺，又不積壓庫存的計劃方法，解決了製造業所關心的缺件與超儲的矛盾。所有 ERP 軟件都把 MRP 作為其生產計劃與控製模塊，MRP 是 ERP 系統不可缺少的核心功能。

2. MRPII 是 ERP 的重要組成部分

MRP 解決了企業物料供需信息集成，但是沒有說明企業的經濟效益。MRPII 同 MRP 的主要區別就是它運用管理會計的概念，用貨幣形式說明了執行企業「物料計劃」帶來的效益，實現物料信息同資金信息集成。衡量企業經濟效益首先要計算產品成本，產品成本的實際發生過程，還要以 MRP 系統的產品結構為基礎，從最底層採購件的材料費開始，逐層向上將每一件物料的材料費、人工費和製造費（間接成本）累積，得出每一層零部件直至最終產品的成本，然后再進一步結合市場營銷，分析各類產品的獲利性。MRPII 把傳統的帳務處理同發生帳務的事務結合起來，不僅說明帳務的資金現狀，而且追溯資金的來龍去脈。例如，將體現債務債權關係的應付帳、應收帳同採購業務和銷售業務集成起來，同供應商或客戶的業績或信譽集成起來，同銷售和生產計劃集成起來等，按照物料位置、數量或價值變化，定義「事務處理」，使與生產相關的財務信息直接由生產活動生成。在定義事務處理相關的會計科目之間，按設定的借貸關係，自動轉帳登錄，保證了「資金流（財務帳）」同「物流（實物帳）」

的同步和一致，改變了資金信息滯后於物料信息的狀況，便於即時做出決策。ERP 是一個高度集成的信息系統，它必然體現物流信息同資金流信息的集成。傳統的 MRPII 系統主要包括的製造、供銷和財務三大部分依然是 ERP 系統不可跨越的重要組成。總之，從管理信息集成的角度來看，從 MRP 到 MRPII 再到 ERP，都是製造業管理信息集成的不斷擴展和深化，每一次進展都是一次重大質的飛躍，然而，又是一脈相承的。

3. 製造業 ERP 程序執行的管理思想

不同製造企業的實際情況可能千差萬別，但管理邏輯具有高度的相似性。

現如今，越來越多的企業使用了 ERP 軟件，用來解決企業現代化發展的瓶頸，提升企業的管理水平。在國內的企業中，製造業是比較複雜的行業，所謂的製造業，包含的行業非常廣泛，如裝備製造、電氣、節能環保等，這些企業共同的特點是有銷售部、設計中心、研發中心、生產部、採購部、質量部、倉庫、售后服務部、財務部、人事部等。其中生產部又可能包含生產車間、計劃科等等。ERP 是管理數據的軟件，更是體現管理思想的軟件。在製造業中，組織結構高度相似，業務流程雖然千差萬別，但核心業務有共同的特點，也具有高度的相似性。

銷售部是整個 ERP 流程體系的第一個部門。銷售是企業發展的生命線，任何經營活動離開了銷售，無法持續下去。跟銷售打交道的是客戶，ERP 須具有客戶管理的功能，每個客戶應具有唯一的編碼，唯一的 ID。通過前期錄入客戶信息，在后續的整個銷售大體系中，像銷售合同、銷售開票、銷售回款、銷售報價中可以隨時調用客戶的名稱，通過客戶 ID 進行對接。接下來是銷售報價，經過基礎報價和商務報價兩個步驟。銷售報價中最關鍵的就是加價系數，制定合理的加價系數，對於提高銷售收入很有幫助，一個銷售合同在合理的範圍內多幾個點，全年下來對業績的提升非常明顯。ERP 成本模塊體現出來的利潤率，對制定合理的加價系數具有重要的指導意義。銷售報價之後是銷售合同，銷售合同中不能僅有訂貨單位，還需要有結算單位、收貨單位，有時候訂貨單位、結算單位、收貨單位不是同一個客戶。在編製銷售合同的時候，直接調用客戶信息的數據。在製造業中，銷售合同清單的內容不一定就是廠內投產的東西，需要設計中心對銷售合同分解，分解成實際投產的東西。銷售合同的分解，對於製造業 ERP 具有相當重要的意義。銷售合同中還有收款協議的階段，比如進度款、投料款、驗收款等，以及每個階段的比例。目前大多數企業沒有銷售合同的評審階段，即銷售部不管生產能力的大小，是合同就簽。在 ERP 中，銷售合同的評審也就是銷售合同的審核流程，一方面通知各部門負責人簽新合同了，做好準備，另一方面，設計中心要對銷售合同進行分解，這是銷售合同審核流程的意義。這個審核流程採用工作流的方式進行。在有些企業中，還需要將銷售合同與報價單號進行綁定，以便於統計有多少報價單最后簽訂了合同。既然銷售合同簽訂了，變更也是常有的事。變更分為兩種情況：一種是銷售合同審核流程還沒走完的時候，可以讓后續節點把流程打回給編製人進行修改。另一種是銷售合同審核流程已走完，這時候的變更，就需要填寫變更申請單，經過領導審核后才能進行變更，變更也就是對銷售合同進行修改，變更后還需要把流程發給領導進行二次審核。

有了銷售合同，接下來就是生產部的排產。ERP 的排產算法是較為複雜的，排產

的目的是預先發現阻塞點，根據這樣的邏輯，對交貨期進行倒排，把不同型號的產品，投產計劃控制點進行量化。比如：某種型號產品，在不同的數量區間內，圖紙需要幾天，採購完成需要幾天，都預先輸入到 ERP，ERP 只需要根據基礎數據，即可自動完成排產。只完成排產是不夠的，還需要自動繪製阻塞點，即在哪個控制點，哪個時間段會出現忙不過來的情況，即阻塞點。排產的數據對於生產部具有重要的作用。

接下來就是簽訂合同以及設計人員進行設計繪圖。設計完成後，需要由生產部編製計劃。計劃是 ERP 的核心，正因為計劃的存在，才能為各部門進行后續的動作提供數據的支持。

有了計劃，才有了採購、生產、外協、入庫、出庫等動作。採購任務的來源就是物料需求計劃，其中的外購件、材料形成採購任務。編製採購合同前，必須有採購任務，但不一定有比價單。有的公司規定，低於某個金額的採購合同不用編製比價單。也就是說，採購合同一定要有採購任務，採購任務就是物料需求計劃。但採購合同不一定有比價單。如果有比價單，必須跟採購合同建立掛接關係，如果採購合同走審核流程，那麼領導審核的節點可以根據採購合同看到比價單的情況。

物料需求計劃，一方面給採購下達任務，另一方面給生產下達任務。但生產的任務需要進一步細化，列出該批次零部件所有的工藝路線，也就是車間路線、外協路線，以及完成時間，數據呈 X 方向排列。這個計劃就是生產計劃明細。生產計劃明細是生產環節的中樞神經，物料需求計劃是整個 ERP 的中樞神經。生產計劃明細根據物料需求計劃生成。車間的生產任務全部在生產計劃明細的調度下進行。生產計劃明細中零部件所要經過的車間，有些是轉序，有些是車間從倉庫先領用零件，再加工，再入庫。車間轉序的工序送檢、零部件入庫的送檢，都是以生產計劃明細為依據，用生產計劃明細控制車間的轉序、車間的零部件送檢入庫。在不同行業的製造企業中，入成品庫方式差別很大。在大型裝備製造業中，成品是拆開入庫的，把成品拆分成零部件，不同的箱子放不同的零部件。此時車間入成品庫是根據技術部的發貨清單中的詳細清單辦理入庫。還有些是不需要拆分的入庫，像一臺整機可以直接入庫，此時是根據投產計劃清單的產品來入庫的。車間需要做成品送檢單，數據源就是投產計劃清單。經過質檢，入到成品庫。在車間部分，另外兩塊是派工和計件工資的計算。派工的意思就是哪個零件在哪個時間安排給了哪個工人，安排的數量是多少。有些派工單上直接體現出來了工資，也就是派工和計件工資二合一。根據實際情況來看，不同裝備製造業的車間工人工資計算方式差別較大，以生產高低壓開關櫃的行業來說，先由設計中心根據每一面櫃子的配置，計算總價格。經過流程發送給車間，由車間分攤到工序上，各工序的價格總和應該是櫃子的總價格，再由工序分到不同的工人上，該工序的價格應等於工人工資的總和。經過層層的分解，最終把每面櫃子的價格分攤到工人。當月計算工人的工資，以產品最終入庫為準，入庫了才能算工資。車間另一個重要的業務就是領料，車間從倉庫所有領料都需要限額領料計劃，限額領料計劃由生產計劃部門編製。車間的工器具、安全防護用品、耗材等，也可以由車間自己下限額領料計劃，在 ERP 經過領導審核后，到倉庫領料。

(二) 實施 MRPII/ERP 是大方向

目前，企業面臨三個問題：第一，產品銷售競爭激烈，企業要生存和發展，必須依靠自身的努力，提高產品質量、降低成本、找準市場、不斷創新。第二，在經濟全球化的今天，企業面臨外國產品的打入和中國產品如何走向世界，以及瞭解世界市場、調整產品結構、符合國際標準、嚴格守時生產，提高在時間、質量、成本、服務、速度五大要素上的競爭能力等十分迫切的問題。第三，國際互聯網和電子商務迅速發展，一方面為企業展示了未來的無限商機，另一方面又加劇了更大範圍的競爭，企業應做好網絡經濟的準備，從新技術中取得實效。

及時地實施 MRPII/ERP 管理系統，可以幫助企業解決所面臨的問題。這裡需要強調的是，企業必須首先具備一定的基本條件。如果企業最主要的問題是產品結構不合理、不適銷對路，那麼，首先要解決的是市場開拓和新產品開發問題，也許需要先上 CAD 而不是 MRPII/ERP；如果影響發展的是設備陳舊，運行效率低、工藝落後、加工不出高質量的零部件等問題，那麼，首先要進行技術改造、裝備更新，這時也需要先上 CAM 而不是 MRPII/ERP；如果企業最大的問題是質量問題，企業缺少一套行之有效的質量保證體系，那麼應先抓 TQM，而不是 MRPII/ERP，即使上了 MRPII，但是整天卻忙於處理質量和設備故障問題，MRPII 也是無法實現的。總之，企業的管理水平反應在方方面面，MRPII/ERP 在企業信息化建設中是一個不可缺少的組成，但它並不是解決所有問題的靈丹妙藥。MRPII/ERP 需要在一個比較穩定的經營環境下，才能發揮作用。企業在實施 MRPII/ERP 時，是先上 MRPII，再上 ERP，還是一步走到 ERP，要看企業的管理基礎，看員工的總體素質。應當扎紮實實、步步為營地建設企業的管理系統。

綜上所述，企業實施 MRPII/ERP 應具備的條件可以歸納為以下幾個方面：

第一，企業真正感到市場競爭的壓力，有危機感，有應用信息技術解決管理問題的緊迫感；

第二，企業有實現現代企業制度的機制，有長遠經營戰略；

第三，企業的產品有生命力，有穩定的經營環境；

第四，企業有一個改革開拓、不斷進取的領導班子，有決心對項目承擔責任；

第五，企業的管理基礎工作比較紮實；

第六，企業的各級一把手理解 MRPII/ERP，有上下一致的、明確和量化的目標。

MRPII/ERP 是一種現代化的管理方法，它可以協助企業針對自身的問題，重新制訂資源配置計劃，對人、財、物、產、供、銷及客戶關係、產品配送、市場分析、投資決策等部門進行業務管理流程重組，並利用計算機網絡輔助運作和收集、反饋信息。經過一段時間的反覆調整，不僅可以使資源配置達到最佳狀態，而且在質量、效率、成本、銷售等方面也能見到明顯效益。只有這樣，企業才有可能明確上網要得到的和要發布的信息，瞭解如何用網絡拓展遠程業務管理和網絡直銷，適應電子商務時代的發展。

三、雲製造：製造業信息化的新模式與新手段

雲製造對生產方式的改革，正在顛覆整個製造模式。從離散製造業到流程製造業，再到混合製造業，雲製造這種新的生產方式正悄悄地改變著工業生產的傳統套路。

雲製造融合了物聯網信息物理融合技術等最新信息技術，實現軟硬製造資源能力的全系統、全生命週期、全方位的透澈接入和感知以及製造資源和能力的物聯化。

在這裡，「製造」不是指傳統的加工生產，而是「大製造」，有「三大」：一是產品的活動與過程覆蓋面「大」，涉及產品全生命週期，從需求認證、概念設計、加工、生產、實驗、運行、維護到報廢，或是到再製造，傳統的就是加工生產；二是製造活動面大，可以在企業內也可以在企業間，甚至到全球；三是製造類型覆蓋面大，包括離散製造業、流程製造業、混合製造業等。

眾所周知，目前中國許多製造業處在「微笑曲線」的下端，存在附加價值低、能耗高、污染等問題。宏觀上講，中國製造業正面臨著一個關鍵歷史時期，價值鏈從低端向中高端、從製造大國向製造強國、從中國製造向中國創造轉變，具體是要培育新的製造模式和新的手段來滿足產品的上市時間、質量、成本、服務、知識，要改善對環境的污染。也就是說競爭能力必須要提高，這是未來 5~10 年中國製造業發展需要解決的重大課題。

圍繞企業競爭能力的提高，一場以製造信息化為特徵的製造變革一直在進行。製造業信息化是一項複雜的戰略系統工程，這是實現我們從製造大國向製造強國邁進、從中國製造向中國創造轉變的戰略舉措。而雲製造模式和手段是製造業信息化的一種有效的新模式和新手段，能夠促進我們從製造大國向製造強國邁進。

1. 雲製造是一種基於網絡的面向服務的智慧化製造新模式

什麼是雲製造呢？它是基於各種各樣網絡的面向服務的智慧化的製造新模式，網絡、服務、智慧化是三個關鍵詞。具體來說，它融合發展了現有的信息化製造和新興信息技術以及製造應用領域有關的技術。這三類技術融合發展，把各類製造資源和大製造能力虛擬化、服務化，構成製造資源和製造能力的服務雲池，對這個「池」要協調優化管理經營，最后用戶通過終端和網絡、雲製造平臺的軟件就能夠隨時按需獲取製造資源和能力服務，進而智慧化地完成製造全生命週期的各類活動。雲製造系統實質是一種基於各類網絡組合的人、機、物、信息融合的新型的製造互聯網。

目前，雲製造系統跟以前的信息化製造系統的區別在於：第一，數字化。將製造資源和能力的屬性及靜動態行為等信息轉變為數字、數據、模型，以進行統一分析、規劃和重組管理，製造資源和能力必須與數字化技術融合，形成能用數字化技術進行控制、監控和管理。第二，物聯化。雲製造融合了物聯網信息物理融合技術等最新信息技術，實現軟硬製造資源能力的全系統、全生命週期、全方位的透澈接入和感知，製造資源和能力的物聯化。第三，虛擬化。虛擬化就是把製造資源和能力轉變為邏輯和抽象的表示與管理，它不受各種具體物理限制的約束。同時這個技術在需要的時候還可以進行即時遷移和動態調度。第四，服務化。把虛擬化的東西落實之后再用服務計算技術進行封裝組合，起到一個資源多人用、多個資源一人用的作用。第五，協同

化。比如航天就要通過合作，因此要通過協同使技術層面上雲服務模塊能夠實現全系統、全生命週期、全方位的互聯、互通、協同，同時在管理層中要有支持虛擬化的組織。第六，智能化。智能製造涉及三個維度，即應從「技術、組織、模式」三個維度來認識理解智能製造。①技術進步是智能製造發展的關鍵因素；②組織方式創新是智能製造發展的靈魂；③模式創新是智能先進製造演進的集中體現。

雲製造服務對象可分為兩類：一類是製造企業的用戶，很多製造企業可以作為製造雲裡的用戶。還有一類是製造產品的用戶，服務的內容包括認證、設計、生產、加工、實驗、仿真、經營管理等，主要為製造企業提供產品的營運服務、維修服務都是為製造產品的用戶進行服務，還有一個它們的集成。所以雲製造服務特點跟以前的製造相比，它是按需動態架構，相互操作、協同、網絡化的異構融性的橫向縱向的集成，超強、快速、無限能力，全生命週期的智慧製造。

2. 雲製造是雲計算在製造領域的落地與延伸

實際上從模式上來說雲製造是雲計算的落地和延伸。第一，雲製造資源共享的內容。雲計算是計算資源，雲製造是製造資源、製造能力。第二，服務和內容模式方面有很大差別。同時它可以交互協同全生命週期製造服務，因此它的自身技術要拓展，不僅僅是雲計算現有的技術。

雲計算技術為製造資源、能力提供了新製造模式，物聯網技術為製造領域中各類物與物之間的互聯和實現製造智慧化提供了技術，服務計算技術為製造資源、能力的服務化提供了技術，自動化為風險評估提供技術，智能科學為智能化提供技術，大數據為活動的精準、高效、智能化提供技術，電子商務為商務活動提供支持。信息化製造業技術是雲製造的基礎技術，因此，雲製造是製造業信息化的新模式新手段。它由生產型向生產+服務型為主導的隨時隨地按需個性化、社會可持續方向發展。它的手段是智慧化，體現在數字化、物聯化、虛擬化、服務化、協同化、智能化。

在業務需求驅動下，20世紀60~80年代是質量成本管理，后來加了時間、服務、質量、成本、環境意識。技術、協同、網絡、敏捷、服務、綠色、智能一直在發展，模式則從計算機集成製造到並行工程、網絡化製造、智慧製造，而「雲製造」只是其中一種智慧製造模式。

3. 雲製造是一種取代大規模生產的新模式

在《3D打印：從想像到現實》一書中有提到，雲製造是一種取代大規模生產的新模式。3D打印技術將推動未來的商業模式，書中引用了維基百科的雲製造定義，就是把各種製造資源和能力聯成網，所以它說「3D打印」是雲製造的「催化劑」。雲製造本身是一個產業，是廣義雲計算的一部分。目前剛剛起步，但是大有潛力，所以要自主可控，形成雲製造產業鏈還需要時間以及各方面的共同努力。

最近兩年雲製造在「智慧城市」裡面也開始運用。「智慧城市」裡面包括感知層、通信層、智能處理層。而「智慧產業」即「智慧製造」和「製造物流」就很重要。不僅提出了「智慧製造」的定義，同時為了提高企業競爭力、轉變城市經濟增長方式，建立了雲製造交易中心、製造服務中心、雲製造營運中心，延伸產業鏈實現轉型升級，把本地資源和能力、國內製造資源能力甚至是全球的資源能力集合起來。

4. 加快推進雲製造系統的「三要素」及「五流」的集成

目前我們要做的是突出雲製造的特點與優勢，突出應用需求牽引雲製造系統建設，推動雲製造系統的「三要素」（人/組織、經營管理、技術）及「五流」（信息流、物流、資金流、知識流、服務流）的集成，突出新一代信息技術、大製造技術和產品專業技術的深度融合，突出以建立製造信息化新模式與新手段為核心，突出面向製造企業與產品用戶兩類對象，突出中國特色工業化、信息化、城鎮化同步發展，突出政、產、學、研以及團隊力量的結合。

接下來便是階段成果的工程化、產業化要深化融合，特別是要注重「工業雲」創新項目。在技術上要深化與應用有關的技術，特別是重視與產品用戶服務有關的技術和產品售前、售中、售後服務及有關技術。能力的協同和交易需要再加強，還需要再加強推廣宣傳。在具體技術上要突出新興技術的應用，例如移動互聯網、大數據、基於模型的工程技術，還有3D打印技術與雲製造技術的融合，標準化技術與安全技術的發展，結合各個行業與企業創造有特色的商業模式。這是一個戰略工程，必須要由政府引導，加快成立知識創新體系、技術創新體系、產業創新體系和應用創新體系。

最後，在具體做雲製造的時候，一定要圍繞轉變經濟增長方式，增強企業競爭能力的目標做良性循環。一定要企業一把手領導，按照複雜系統工程來重視「三要素」「五流」的集成優化。

第二節　ERP 財務系統在製造業管理中的應用

現代製造企業的運作是從貨幣資本到實物資產最終再到貨幣資本的資本循環增值過程。企業資源計劃（ERP）系統主要從管理和控制企業實物形式資產的循環過程出發，而實物形式資產的循環過程必然伴隨著資金的循環流轉，最終實現對製造企業資本和資產運行的有效管理。在 ERP 系統中集成財務部分的子系統，可以減少資本數據的重複錄入，提高數據的準確性，更好地控制製造企業物流和資金流，完成財務反應和監督的職能。

一、ERP 財務系統在製造業管理中的功能和特徵

ERP 系統是較完整的集成化管理信息系統，包括銷售、製造、財務、質量控製、售後服務、人力資源等子系統。在 ERP 系統中，財務系統不僅與其他子系統一樣佔有舉足輕重的地位，而且與其他子系統聯繫十分緊密，在某種意義上還為其他子系統作用的發揮起到了基礎性的支撐作用。

（一）ERP 財務系統的主要功能

1. 全面掌控製造業的資金流動狀況，強化並完善企業的資金管理

（1）嚴格的預算控製。ERP 財務系統提供了各種財務預算的事前編製、事中控製和事後查詢分析功能。系統可提供精細預算和粗放預算兩種方式，各單位可以根據財

務管理的需要自由選擇。企業預算除了具備對全面預算協調、控製的作用以外，還具備激勵、提升管理能力、抗禦風險、落實企業戰略的作用。

（2）完善的資金管理。ERP 財務系統可對製造企業資金提供全面管理，可對存款、貸款、內部拆借、結算、日記帳、利息計算以及各種報表等一整套資金業務進行處理，也可以針對一般資金和專項資金分別提供詳細的管理監控功能。同時還可以提供全面虛擬內部銀行管理功能，將銀行信貸與結算職能引入企業的「資金管理」中。

2. 及時匯總製造企業財務信息，動態分析評價財務經營狀況

（1）即時的遠程財務信息。ERP 財務系統能滿足用戶信息充分共享、綜合匯總、分析和遠程應用的管理需求，適用於製造企業分散式應用、集中式管理的模式，是實現集中式管理和遠程監控的最佳途徑之一。通過瀏覽器，實現完全的遠程操作，支持遠程辦公。

（2）快捷的動態財務評價。ERP 財務系統能從業務流程角度和製造企業發展角度測評財務指標，以彌補傳統財務指標的不足之處，使企業能在瞭解財務結果的同時，又能對自己在增強未來發展能力方面取得的進展進行監督。全方位的財務指標和非財務指標的企業財務評價體系是一種可以被實際操作的財務評價方法。

（3）專家級的財務報表分析。由於採用了先進的技術，ERP 財務系統具有多角度的數據透視和挖掘、靈活的分析模式選擇、支持預算和決算兩套財務報表的比較分析、自動生成製造企業全面的財務報表分析報告等，並提供國內外最新的企業績效評價體系：功效系數法評價體系和企業創值評價體系。

（4）靈活的查詢統計功能。ERP 財務系統為用戶提供總帳、明細帳、憑證、原始單據的雙向聯查；可以從一個中文字、一筆數據以及任何一個信息進行查詢；可以查到往來單位、部門、個人、項目的信息；在製單時可以方便地查到所有帳戶的最新余額；憑證即使未記帳，也可以查詢到所有最新帳簿。

（5）強大的決策支持分析。ERP 財務系統能通過建立數據庫和多種分析模型，提供豐富快捷的分析決策信息、準確迅速的現金流量分析、資金日報分析、成本分析、預測分析、銀行借款查詢等分析信息，並且可形成圖形直觀顯示。全面深入的企業財務分析和完整及時的決策信息，幫助決策者對企業未來的經營方向和經營目標進行量化分析和論證，從而對製造企業的生產經營活動做出科學的決策。該系統可提供多種分析方式，如絕對數分析法、對比分析法、定基分析法、環比分析法、結構分析法、趨勢分析法等。

（6）完備的財務體系。為了更好地構建財務與決策體系，ERP 財務系統將財務與決策分為兩大層次：財務會計和管理會計。財務會計主要完成企業日常的財務核算，並對外提供會計信息。管理會計則靈活運用多種方法，收集整理各種信息，圍繞成本、利潤、資本三個中心，分析過去、控製現在、規劃未來，為管理者提供經營決策信息，並幫助其做出科學決策，ERP 財務系統體現管理會計的思想是它的一大特色。

（二）ERP 財務系統在製造業管理中的突出特徵

1. 即時性

在 ERP 的管理狀態下，資料是聯動的而且可以隨時更新，確保每個有關人員都可以隨時掌握即時的資訊。ERP 會計核算系統能迅速變更企業管理中的資本信息，即時反應企業的經營狀況，避免了數據的重複輸入和重複存儲，提高了數據的準確性和一致性，實現了物流、資金流、信息流的統一。

2. 集成性

在 ERP 的管理狀態下，各種信息的集成反應，為決策的科學化提供必要條件。在 ERP 財務系統尚未導入之前，信息庫的資訊是滯后、片面的。同時，以往的會計信息系統在面臨組織增減變化時，需花比較多的時間去修改與串聯。在導入 ERP 財務系統之後，通過其特有的集成功能，便可以很輕鬆地進行銜接，預算規劃更為精確，控製更為落實，也使得實際發生的數字與預算之間的差異分析、管理控製更為容易與快速。

3. 遠見性

會計子系統集財務會計、管理會計、成本會計於一體。ERP 財務系統與 ERP 系統的其他子系統融合在一起，這種系統整合及其系統的信息供給，有利於財務做前瞻性分析與預測。

二、ERP 財務系統較會計電算化系統在製造業管理中的優勢

（一）會計科目的設置方面

會計科目是財務信息記錄、分類、匯總、統計的依據，但電算化系統與 ERP 財務系統在會計科目設置上存在較大差異。

1. 結果型與過程型

會計電算化系統根據手工核算原理設置成結果型會計科目，僅記錄業務結果，不追求過程。而 ERP 財務強調財務與業務的即時一致性，記錄業務流的全過程，便於即時監控和溯源查詢，其科目設置屬於過程型。另外，ERP 財務系統可以設置一些過渡科目，用於記錄業務流過程中財務核算暫不體現的業務動作，以確保製造企業管理決策層更即時、更真實、更透明地瞭解企業營運的信息。

2. 核算型與管理型

會計電算化系統的科目設置是核算型的，而 ERP 財務系統的科目是管理型的。以最常見的債務類科目應付帳款為例，電算化系統採用了與手工核算一樣的方式，即在一級科目應付帳款下設置供應商明細科目。這種方式易於理解，但無法對債務進行財務層面的監管，僅能滿足簡單的核算需求。ERP 財務系統通過啟用專門監管應付債務的供應商子帳來管理應付帳款，把供應商與採購業務集成管理，通過長期供應商與一次供應商的差別方案，有效記錄、跟蹤、管理供應商及往來款項，內在的集成性確保總帳與子帳的即時一致性。同理可擴展至客戶管理、存貨管理、固定資產管理、資金管理等，由於這些子帳與財務即時集成，為業務、財務共有，所以管理功能強大，方便融入業務、財務部門的管理思想。

(二) 系統的獨立性方面

會計電算化系統是財會部門邊界範圍內的獨立信息系統，基於企業局域網，與製造企業內其他系統之間很難實現數據共享，即使有連結也是通過軟件的數據接口，主要實現數據的導入和導出，不能做到即時共享。而 ERP 中的財務子系統是企業邊界範圍內的非獨立信息系統，基於互聯網，與其他子系統之間信息高度集成和共享，真正實現物流、資金流和信息流的統一。

（1）ERP 系統所採集和處理的幾乎是一個製造企業中的全部數據，它不僅採集和處理財務信息，還包括非財務信息，採集和處理信息的範圍相當廣泛，因而財務部門可以通過網絡技術對數據進行共享和篩選，以滿足財務報表的編製要求和對製造企業日常業務活動決策、控制和預測的要求。

（2）在 ERP 系統中全部業務活動信息是由業務部門一次直接採集完成的，增加了所提供信息的詳細程度，減少了會計科目核算層次和數量，使得會計信息更加明晰易懂。

(三) 業務流程方面

會計電算化系統是把系統工程、電子計算機技術等會計理論、方法融為一體，通過貨幣計量信息和其他有關信息的輸入、存儲、運算和輸出，提供計劃和控制經濟過程所需要的經濟信息。它是模擬人工業務內容，會計人員根據原始憑證登記計算機內的憑證，再模擬手工的審核和記帳，這對滿足會計核算的要求來說已經足夠，但在業務流程的監控和與其他系統的集成性上還缺乏必要的手段。

ERP 中的財務系統和 ERP 系統的其他模塊如供應、生產、銷售、企業產品信息、服務信息、反饋信息等相互集成。它可將由生產活動、採購活動輸入的信息自動計入財務模塊生成總帳、會計報表，取消了輸入憑證繁瑣的過程，幾乎完全改變了會計核算系統的數據處理流程。同時，ERP 的所有數據來自企業的中央數據庫，各個子系統在統一的數據下工作，任何一種數據變動都能即時地反應給相關部門，並按照規範化的數據處理程序進行管理和決策，實現業務與會計的協同。

（1）與內部業務的協同。如網上採購、網上銷售、工資核算、預算等。在這一協同過程中，產生的信息需要和資金流管理相協調，一旦產生會計數據，就要進行會計核算，進行加工、存儲和處理，並將相應的信息傳送給業務部門，從而保證業務和會計協同進行。

（2）與供應鏈協同。它是指通過國際互聯網實現供應商、客戶和企業之間的協同。在企業的供應鏈上，每一個業務活動的產生如果伴隨著會計數據，就必須及時進行處理，並將處理結果反饋給外部業務流程，實現與外部業務的協同。

（3）與社會經濟部門的協同。如網上報稅、網上審計、網上銀行等。

(四) 管理方面

會計電算化系統是手工業務的模擬，只能滿足日常核算的要求，很難體現先進的管理思想。它的管理是事後核算管理，僅停留在對總帳和報表中的數據進行簡單分析。

而 ERP 財務系統已經完成了從事后會計信息的反應，到財務管理信息的處理，再到多層次、一體化的財務管理支持。其核心價值就體現在解決企業管理的實際問題，可以從以下幾個方面說明：

1. 會計管理的效能

會計電算化系統是半自動化的系統，由於缺少與其他子系統的數據接口，部門之間的數據調用還需以紙質的形式來協助完成。而 ERP 財務系統具有良好的開放性，同業務系統有靈活的數據接口，除了提供財務信息外，還提供數量信息、質量信息、資金流信息、物質流信息和企業內外的信息等。會計信息資源高度共享，各部門之間有靈活的數據接口，並且各系統提供的信息具有多面性，所需資金流信息只需通過網絡調用即可完成，信息處理高度自動化。

因此，ERP 財務系統實現了會計管理在空間上的擴充性，可以使數據處理在不同空間同時進行；ERP 財務系統還實現了在會計管理時間上的同步性，因為所有數據都存儲在企業的中心服務器中，會計數據的採集和處理都是即時的、動態的；同時，由於會計職能的擴大，促使了財務部門組織結構向扁平化發展。

2. 會計管理的職能

現代企業以資金管理為中心，並建立以市場營銷為導向的目標成本管理的新機制，實現對資金和成本的有效監控。ERP 財務系統實現了對企業財務營運風險的有效控製，如運用各種機制解決應收帳款難以收回、存貨積壓等重要問題；另外加強分析決策的廣度和深度，構建完善的決策支持系統。

3. 會計管理的性能

通過互聯網開展的電子商務是企業進行經營活動的前臺，企業內聯網是經濟活動的后臺，后臺的會計管理可以和電子商務實現無縫連接。各種網絡的無縫連接，促使會計信息不斷走向無紙化，會計人員的工作方式實現了網絡化。

第三節　ERP 供應鏈管理在製造業中的應用

一、ERP 供應鏈管理對製造業的重要性

製造業是國民經濟發展的主導，它的發展水平體現出一個國家的綜合國力。供應鏈管理是從原材料的供應到最終實現銷售的全過程，將供應鏈中的上下游企業、消費者及物流等相關的活動進行有機整合，實現最大效益。未來衡量企業的競爭力不是企業之間的競爭，而是供應鏈之間的競爭，在競爭激烈的市場環境下企業能否獲勝，就在於供應鏈上的企業能否建立有效的戰略合作夥伴關係，最終實現共贏。即從發揮供應鏈最大效益的角度，對企業所有節點的信息資料進行整合，注重匯總信息資料、對市場快速反應、戰略合作夥伴關係以及為客戶創造價值等。電子商務平臺上銷售與採購信息的公開化，使得銷售成本和採購成本降低，也改變了企業原來的採購、銷售模式，原來的採購部門實現了從完全控製成本到創造新利潤的轉變，減少了原來銷售渠

道的中間環節，使企業的成本在行業裡得到降低。

中國的製造業要想與國際接軌，適應發展的潮流，就必須要將供應鏈管理應用到製造業中。實施供應鏈管理可以解決企業以下問題：第一，精簡機構，減少冗員，降低人工成本、營運成本；第二，減少原材料、固定資產等投入，提高資金週轉率，從而降低投資風險；第三，將有效資源集中，開展研發和銷售工作，或進行企業重組、兼併，實現企業迅速擴張。

二、ERP 供應鏈管理應用現狀及存在問題

(一) ERP 供應鏈管理的應用現狀

ERP 的核心思想即是供應鏈管理。目前國際著名的 ERP 軟件商有甲骨文（Oracle）公司、用友公司、德國 SAP 公司、香港金蝶公司等。ERP 軟件商針對中國企業的特點開發了先進的供應鏈管理系統，很多企業諸如海爾、蘇寧等取得了良好的效果，在節約成本、提高決策水平及協作能力方面效果斐然。中國從 20 世紀 80 年代初引進製造資源計劃 MRP Ⅱ 至今，ERP 的推廣和應用並不樂觀。《計算機世界》提到 MRP、ERP 從誕生到現在已經 20 多年，實施成功率極低，美國大概 40%，中國大概 10%。現在還有很多企業不敢採用 ERP 供應鏈管理系統，而在實施 ERP 的企業中也是較多地採用財務管理模塊。

(二) ERP 供應鏈管理應用中存在的問題

首先，供應鏈管理信息化配套設施落後。在推廣企業信息化的過程中，利用計算機、互聯網、信息技術等手段完成物流全過程的協調、控制和管理，是離不開相關基礎配套設施的。硬件諸如電腦、網絡，軟件諸如 EOS（電子自動訂貨系統）、GPS（衛星定位系統）、GIS（地理信息系統）、技術諸如 BAR CODE（條形碼）、EDI（電子數據交換）在中國很多地區並不完善、普及，制約了供應鏈管理的信息化進程。其次，企業對信息化管理經費投入不足。截至 2013 年 3 月底，中國實有企業數量 1374.88 萬戶，中小企業占到了企業總數的 99%，普遍存在信息管理水平低、信息化建設投入不足等問題。在 ERP 的實施過程中，前期因為 ERP 軟硬件收費不菲，中期需要軟件維護、諮詢服務，后期軟件進行系統升級，都需要花費高昂的費用。企業外部面臨競爭壓力，內部進行生產營運，資金短缺，即使實施 ERP，效果也大打折扣。再次，從業人員信息管理觀念淡薄。企業從業人員對 ERP 應用認識並不全面：誤區一混淆了「ERP 軟件」和「ERP 系統」，誤認為只要購買計算機和安裝軟件就萬事大吉；誤區二將 ERP 看作信息化建設，實施 ERP 是 IT 部門的事，缺少管理人員的參與；誤區三認為 ERP 是靈丹妙藥，可以解決企業的所有管理問題，未明確 ERP 首先是管理思想，而后才是計算機應用；誤區四不重視基礎數據的採集、錄入、分析和利用，部分人員被動參與甚至與 IT 抵制，對 ERP 實施需要「三分技術，七分管理，十二分數據」熟視無睹。最后，ERP 供應鏈管理的適用性有待提高。現階段的 ERP 還不能很好地集成、優化企業的各種資源，全面實現電子數據交換、客戶關係管理、供應關係管理。在軟件開發商方面，存在 ERP 廠商把國外軟件和中國產品簡單嫁接，僅將軟件的界面和報表

漢化,敷衍了事。在實施企業方面,一部分企業沒有結合自身情況進行需求分析、正確規劃建設、業務流程重組及實施效果評價;另一部分企業在進行服務商和產品選擇時,盲目追求「大而全」,只買貴的,不買對的。

三、基於雲計算構建 ERP 供應鏈管理的集成體系

ERP 作為供應鏈管理的有效手段,其建設的出發點是利用信息化手段,為企業組織的生產營運提供優質的數字化資源和服務。故此,進行業務流程再造、採用雲計算技術、實施績效評價體系是 ERP 在供應鏈管理應用中的三項重點任務。通過業務流程再造,將 BPR 與 ERP 完美結合;通過雲計算,對企業內外部資源進行有效協調和整合;通過績效評價,最大地滿足市場需求。

(一) 基於業務流程再造,實施 ERP 供應鏈協同管理應用系統

「業務流程再造(BPR)」是邁克爾・哈默與詹姆斯・錢皮首次提出的,是指針對企業業務流程的基本問題進行反思,並對它進行徹底的重新設計,以便在成本、質量、服務、速度等當前衡量企業業績的這些重要的尺度上取得顯著的進展。

BRP 和 ERP 幾乎是對方取得成功的互為成功的條件。一方面,ERP 的先進系統要發揮作用、產生效益,企業必須進行 BPR;另一方面,若企業組織從觀念重建、流程重建、組織重建三個層次成功實施 BPR,則有效地保證 ERP 應用成功並達到預期效果。因此,BRP 是 ERP 實施的前提條件,ERP 是 BPR 的保障。面向 ERP 供應鏈的企業業務流程再造(BPR)實施步驟為:第一,識別現有業務流程;第二,進行企業流程分析;第三,結合 ERP 的實施設計新的業務流程;第四,制訂文化變革計劃;第五,流程再造實施及改進階段。通過 ERP+BPR 的有機結合,能夠實現系統運行集成化、業務流程合理化、績效監控動態化和管理改善持續化。

(二) 應用雲計算技術,實現數據有效存儲、共享和使用

雲計算(雲服務)的核心思想是將大量用網絡連接的計算資源統一管理和調度,構成一個計算資源池向用戶提供按需服務。提供資源的網絡被稱為「雲」,2013 年全球的雲服務的消費水平已達到 1,500 億美元。

雲處理是 ERP 的技術基礎與延伸,應用在 ERP 供應鏈管理的數據存儲管理工作中,具體體現在:第一,「雲」中的資源在使用者看來是無限擴展的,可以隨時獲取,按需使用,按實際付費。第二,雲處理技術可以減少噪音,在供應鏈內簡化、加快數據交換,企業能從雲服務中尋求最大利益。例如雲服務商能提供 80% 全球供應商的數據庫,企業能在更佳的時間,以更便宜的成本和更好的質量進入市場。第三,在雲環境下的供應鏈管理中,雲服務提供了有效、靈活管理供應商的能力,組織優化供應鏈更加容易。第四,雲基礎的供應鏈服務還可以增加組織邊界的能見度。能見度體現在兩個方面:一是驗證供應商訂單進度報告的真實性;二是獲得第三層供應鏈的能見度。雲服務提供商可以收集有關運輸、庫存、質量保證等點對點的信息,並將之形成數據分析報告。

(三) 加強 ERP 供應鏈績效評價體系建設，有效滿足顧客需求

建立供應鏈績效評價系統的目的在於評價供應鏈的運行效果、評價各成員的貢獻以及激勵員工。驗證供應鏈是否有效的依據在於最終客戶的滿意水平。不同節點的企業對用戶的需求以及各自的工作業績的評價是不同的，如下游企業更加注重顧客導向，顧客對交貨期最為關心。建立指標體系應遵循以下原則：突出重點，對關鍵績效指標進行重點分析；採用能反應整個供應鏈業務流程的績效指標體系；評價指標能反應整個供應鏈的營運情況，而不僅僅反應單個節點企業的營運情況；盡可能採用即時分析和評價方法，要把績效量度的範圍擴大到能反應供應鏈即時營運的信息上去；戰略層面上使用關鍵績效指標，戰術及操作層面使用具體績效指標為宜。

第四節　ERP 成本管理在製造業中的應用

近年來隨著製造業的原材料的上漲、人工成本的大幅增加以及人民幣的升值，中國的製造業也走進了微利時代。因此，準確、及時地核算成本、控製和改善成本的薄弱環節以及成本的變化趨勢，成為了企業盈利的重要原因。而 ERP 成本管理的運用，能科學、準確地分析、核算、控製和預測成本，進而使企業在成本上占據優勢，因此在中國製造業企業中得到了廣泛運用。

一、ERP 成本管理對製造業的重要性

正是基於製造業本身的行業特點，選擇 ERP 能將信息化的技術運用到企業的管理中，發揮自身的特長和優勢，輔助企業管理得到優化。一方面，ERP 詳盡的計劃體系對製造業的成功管理具有極其重要的作用，它是圍繞製造業生產活動製訂出的。例如原材料的需求、採購計劃以及相應的人力計劃等。另一方面，ERP 將企業、企業的生產與客戶以及產品訂單都緊密地聯繫在了一起。無論距離多遠的客戶都能憑藉互聯網及時、便利地與企業進行聯繫，這在很大程度上為企業加大了宣傳，拓寬了企業的市場。同時 ERP 也能讓企業各個部門的工作在局域網上進行，減少了大量重複的數據統計和傳遞工作，提高了員工的主動性和積極性，有利於提高了企業內部員工的工作效率。

二、ERP 成本管理在製造業應用中存在的問題

當前有許多企業非常注重對 ERP 成本管理的實施，但是由於各方面的原因，在實施過程中並不十分順利，很難達到預期的效果，仍然面臨著許多問題。

(一) 缺乏周全的成本業務解決方案

企業在運用 ERP 的過程中，對 ERP 的實施效果起決定性作用的就是成本業務的解決方案。而企業在設立業務解決方案時要對企業管理基礎、企業的行業特點以及企業的成本管理目標等方面進行充分、綜合地考慮，從而合理製定成本的核算流程以及特

殊業務的處理方法，安排各個崗位應該履行的職責，選擇周全的成本計算、歸集、分配的方法。

由於許多實施顧問是剛進入 ERP 軟件行業，缺乏知識經驗和專業背景的累積，專業素養還達不到一定高度，因此他們在考慮問題方面並不十分全面。目前大部分公司在 ERP 的實施過程中首先是從供應鏈、財務做起，而供應鏈和財務的實施顧問並沒有對后續問題進行考慮就直接制訂業務解決方案。如成本管理模塊，增加生產管理后怎樣運作系統才能讓前期的數據和運行都保持正常和穩定，而增加成本管理模塊之後會在參數方面不適應，並且系統參數也不能修改，從而導致要全部重新實施，這就浪費了許多的人力和物力，工作效率也十分低下。

（二）ERP 成本計算方法與傳統手工計算方法存在差異

大部分製造業的成本管理基礎比較薄弱，因此在成本的計算方法上也只選用傳統簡單的計算方法，只能對產品和品種這些較大的項目進行核算，也有一些企業僅僅對生產總額進行計算，在很大程度上會導致財務手工與 ERP 計算的差異。ERP 軟件的使用，無論是成本會計的工作內容，還是工作方法上都有很明顯的改變，一些企業員工在短時間內還不能適應，這就成為了實施 ERP 成本管理過程中的阻礙。

（三）ERP 系統不適應企業的生產特點

許多企業在選擇 ERP 的過程中，僅僅注重 ERP 系統的知名度，認為只要是外國的知名公司開發的就是最好的，卻很少考慮過企業自身的特點，有些企業的 ERP 的實施團隊甚至不能熟練應用，也不具備成本管理的實施經驗，在知識的全面性和實施思路的清晰度上都還不夠。因此，許多企業在對 ERP 系統的選擇上出現問題，既導致了資源的浪費，又沒有實現成本的優化管理。

（四）企業推動 ERP 內部阻力較大

ERP 實施初期效果難以快速彰顯，在實施過程中，各實施部門增加大量工作而難以迅速收到實效，因此各部門只看到了增加的工作量，看不到實效，對 ERP 相關工作推三阻四，或者敷衍了事，導致 ERP 上線過程中，工作不斷反覆，非常艱難。所以，企業推動 ERP 內部阻力較大。

三、提高製造業實施 ERP 成本管理成功率的策略

（一）制訂科學的業務解決方案

要制訂科學、合理、周詳的業務解決方案，首先要進行充分的調研和論證。企業的成本會計人員要與 ERP 實施顧問一起對物資進出流動、生產活動組織、生產工藝等流程進行深入瞭解，從而改善傳統的手工計算方式，在 ERP 系統的基礎上制定出優化的業務流程，選擇合適的成本計算方法以及科學的解決方案，最後通過數據的測試來對業務解決方案的運作便捷性和可行性進行論證。

（二）加快對成本會計的知識轉移

從傳統的手工計算到 ERP 的成本核算，成本會計在工作內容、工作方法上都有了

變化，在很大程度上增加了工作量，而在短時間內成本會計很難適應。因此，ERP的實施顧問要對企業的成本會計進行業務操作流程的講解和產品知識原理的培訓，尤其是較難或者易錯的部分要重點教授，確保企業成本會計人員能夠輕易、熟練地操作。企業內部的實施顧問在能夠熟練運作之後，也要在業務變化的基礎上及時、有效地提出新的解決方案。

如果不進行知識轉移，當ERP系統的實施顧問撤離后，企業則不能很好地對ERP進行操作，無法發揮出最大效益。因此，加快知識的轉移對ERP信息系統的高效、平穩、持久運行有著十分重要的意義和作用。

(三) ERP系統選擇要合適

針對許多企業在ERP系統的選擇上出現的問題，企業在今后的改進過程中要進行更加全面、細緻地考慮。首先要考察ERP的整體實力、它在同行裡是否得到過成功運用；其次，要分析企業自身的特點，思考ERP的實施團隊能否熟練應用、是否具有成本管理的實施經驗、實施思路的清晰度以及知識的全面性。同時，為了減少因為人員調動而影響工作進度，企業必須對ERP軟件實施的供應商實施人員進行一定約束，這樣才能保證ERP實施的工作效率。

(四) 高度重視ERP系統的推動工作

企業要高度重視ERP的推動工作，可以成立專門的項目領導小組，由公司總經理掛帥，把ERP工程當成重點工程來做。企業要加強ERP項目宣傳的力度，讓大家體會到的不僅僅是ERP實施過程中的付出，更重要的是能夠看到實施ERP系統而獲得的回報。

隨著經濟的快速發展，ERP的運用也越來越廣泛，基於中國製造企業的特點，越來越多的企業選擇使用ERP系統，但在具體的操作過程中由於一些原因還存在問題，如果從制訂科學的業務解決方案、加快對成本會計的知識轉移以及選擇合適、優質的ERP系統三個方面來進行改進，不僅有利於ERP實施成功率的提高，也對企業的工作效率最大化有一定幫助。

第二章　系統管理與企業應用平臺

第一節　系統管理

　　用友 ERP-U8 軟件產品是由多個產品組成，各個產品之間相互聯繫，數據共享，完整實現財務、業務一體化的管理。為了實現一體化的管理模式，要求各個子系統具備公用的基礎信息，擁有相同的帳套和年度帳，操作員和操作權限集中管理並且進行角色的集中權限管理，業務數據共用一個數據庫。因此，需要一個平臺來進行集中管理，系統管理模塊的功能就是提供這樣一個操作平臺。其優點就是對於企業的信息化管理人員可以進行方便的管理、及時的監控，隨時可以掌握企業的信息系統狀態。系統管理的使用者為企業的信息管理人員：系統管理員 Admin、安全管理員 Sadmin、管理員用戶和帳套主管。

　　系統管理模塊主要能夠實現如下功能：

　　　・對帳套的統一管理，包括建立、修改、引入和輸出（恢復備份和備份）。

　　　・對操作員及其功能權限實行統一管理，設立統一的安全機制，包括用戶、角色和權限設置。

　　　・允許設置自動備份計劃，系統根據這些設置定期進行自動備份處理，實現帳套的自動備份。

　　　・對帳套庫的管理，包括建立、引入、輸出、備份帳套庫，重新初始化，清空帳套庫數據。

　　　・對系統任務的管理，包括查看當前運行任務、清除指定任務、清退站點等。

一、系統註冊

　　在用友 ERP-U8 V10.1 系統中，對於系統管理員（Admin）、安全管理員（SAdmin）、管理員用戶和帳套主管看到的登錄界面是有差異的，系統管理員、安全管理員登錄界面只包括：服務器、操作員、密碼、語言區域，而管理員用戶、帳套主管則包括服務器、操作員、密碼、帳套、操作日期、語言區域。

　　對於系統管理員（Admin）、安全管理員（SAdmin）、管理員用戶和帳套主管其可操作的權限明細如表 2-1 所示。

表 2-1　　　　　　　　各類管理員和帳套主管的權限明細表

主要功能	詳細功能 1	詳細功能 2	系統管理員（Admin）	安全管理員（SAdmin）	管理員用戶	帳套主管
帳套操作	帳套建立	建立新帳套	Y	N	N	N
		建立帳套庫	N	N	N	Y
	帳套修改		N	N	N	Y
	數據刪除	帳套數據刪除	Y	N	N	N
		帳套庫數據刪除	N	N	N	Y
	帳套備份	帳套數據輸出	Y	N	N	N
		帳套庫數據輸出	N	N	N	Y
	設置備份計劃	設置帳套數據備份計劃	Y	N	N	Y
		設置帳套庫數據備份計劃	Y	N	Y	Y
		設置帳套庫增量備份計劃	Y	N	N	Y
	帳套數據引入	帳套數據引入	Y	N	N	N
		帳套庫數據引入	N	N	N	Y
	升級 SQL Server 數據		Y	N	Y	Y
	語言擴展		N	N	N	Y
	清空帳套庫數據		N	N	N	Y
	帳套庫初始化		N	N	N	Y
操作員、權限	角色	角色操作	Y	N	Y	Y
	用戶	用戶操作	Y	N	Y	Y
	權限	設置普通用戶、角色權限	Y	N	Y	Y
		設置管理員用戶權限	Y	N	N	N
其他操作	安全策略		N	Y	N	N
	數據清除及還原	日誌數據清除及還原	N	Y	N	N
		工作流數清除出及還原	Y	N	N	N
	清除異常任務		Y	N	Y	N
	清除所有任務		Y	N	Y	N
	清除選定任務		Y	N	Y	N
	清退站點		Y	N	Y	N
	清除單據鎖定		Y	N	Y	N
	上機日誌		Y	Y	Y	Y
	視圖	刷新	Y	Y	Y	Y

註：Y 表示具有權限，N 表示不具備權限；
管理員用戶可操作的功能，以其實際擁有的權限為準，本表中以最大權限為例。

用戶運用用友 U8 管理軟件系統管理模塊，登錄註冊的主要操作步驟如下：

（1）啓動系統管理：執行「開始→程序→用友 U8V10.1→系統服務→系統管理」命令，啓動系統管理，如圖 2-1 所示。

（2）執行「系統→註冊」命令，打開註冊登錄系統管理對話框，如圖 2-2 所示。

選擇登錄到的服務器：在客戶端登錄，則選擇服務端的服務器名稱（標示）；在服務端或單機用戶則選擇本地服務器名稱（標示）。

輸入操作員名稱和密碼。如要修改密碼，則單擊「改密碼」選擇鈕。

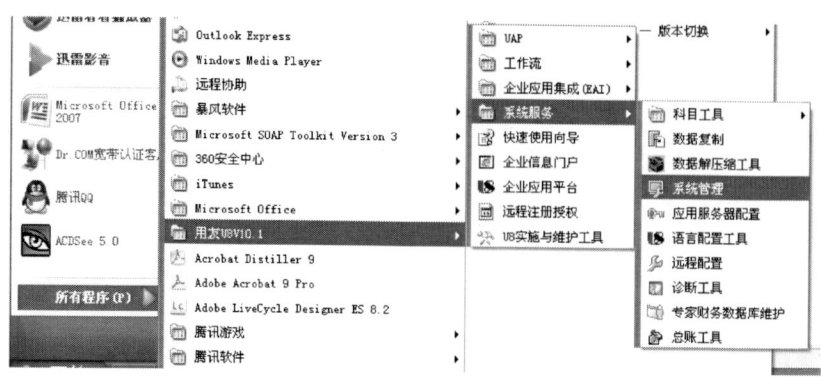

圖 2-1　啟動系統管理

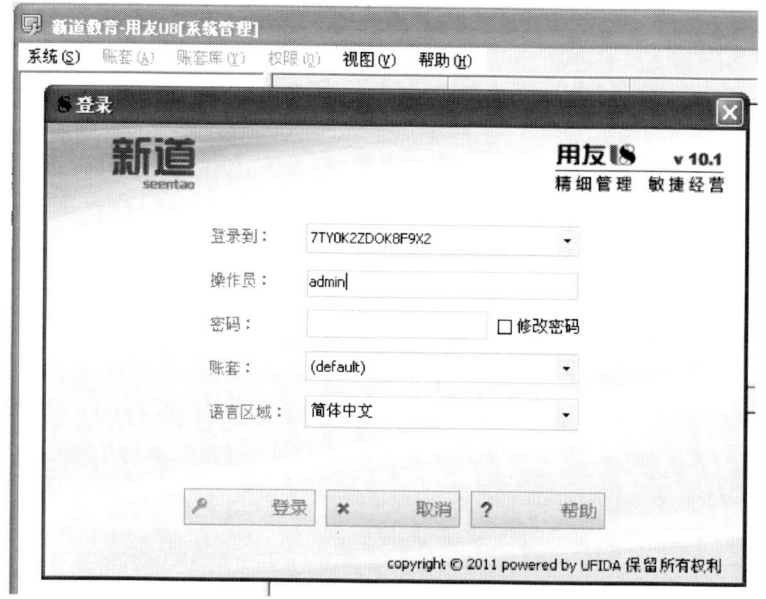

圖 2-2　用友 U8 註冊登錄界面

第一次登錄運行系統，用系統管理員（admin），密碼為空，選擇系統默認帳套（default），單擊「登錄」按鈕可登錄系統管理。

在實際工作中，為了保證系統的安全，必須為系統管理員設置密碼。而在教學過程中，由於一臺計算機供多個學員使用，為了方便則建議不為系統管理員設置密碼。

二、建立帳套

在使用系統之前，首先要新建本單位的帳套。

［實務案例］

建立帳套，帳套信息如下：

帳套號：118　帳套名稱：製造業進銷存及成本電算化實務
啟用日期：2014 年 09 月 01 日
單位名稱：飛躍摩托車製造公司　單位簡稱：飛躍摩托
企業類型：工業　行業性質：新會計制度　帳套主管：王齊
選擇按行業預設科目
存貨、客戶、供應商選擇分類，有外幣業務
科目編碼級次：4-2-2-2-2
客戶分類編碼級次：2-2
供應商分類編碼級次 2-3-4
存貨分類編碼級次：2-2-2-2-3
部門編碼級次：2-2
地區分類編碼級次：2-3-4
結算方式編碼級次：1-2
貨位編碼級次：2-3-4
收發類別編碼級次：1-2
客戶權限：2-3-4
供應商權限編碼級次：2-2-2
存貨權限組級次：2-2-2-2-3
其他參數均為系統默認值。
設置數據精度定義：均為兩位小數位。
　　設置啟用系統：總帳、採購管理、銷售管理、庫存管理、存貨核算、物料清單、主生產計劃、成本管理、需求規劃和生產訂單。

【操作步驟】
　　(1) 以系統管理員 admin 身分註冊登錄后，執行「帳套→建立」命令，進入「創建帳套」對話框，選擇「新建空白帳套」選項，單擊「下一步」按鈕。
　　(2) 輸入帳套信息：用於記錄新建帳套的基本信息，如圖 2-3 所示。輸入完成後，點擊「下一步」按鈕。
　　界面中的各欄目說明如下：
　　·已存帳套：系統將現有的帳套以下拉框的形式在此欄目中表示出來，用戶只能查看，而不能輸入或修改。其作用是在建立新帳套時可以明晰已經存在的帳套，避免在新建帳套時重複建立。
　　·帳套號：用來輸入新建帳套的編號，用戶必須輸入，可輸入 3 個字符（只能是 1~999 之間的數字，而且不能是已存帳套中的帳套號）。
　　·帳套名稱：用來輸入新建帳套的名稱，作用是標示新帳套的信息，用戶必須輸入。可以輸入 40 個字符。
　　·帳套語言：用來選擇帳套數據支持的語種，也可以在以後通過語言擴展對所選語種進行擴充。
　　·帳套路徑：用來輸入新建帳套所要被保存的路徑，用戶必須輸入，可以參照輸

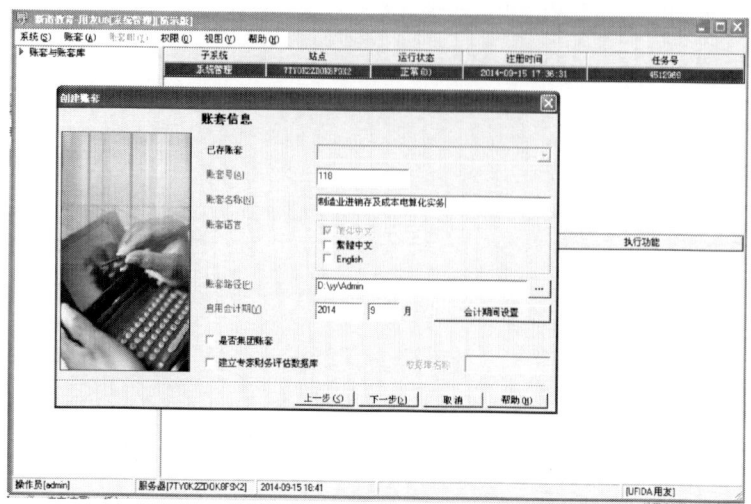

圖 2-3　帳套信息輸入界面

入，但不能是網絡路徑中的磁盤。

　　・啟用會計期：用來輸入新建帳套將被啟用的時間，具體到月，用戶必須輸入。

　　・會計期間設置：因為企業的實際核算期間可能和正常的自然日期不一致，所以系統提供此功能進行設置。用戶在輸入「啟用會計期」後，用鼠標點擊「會計期間設置」按鈕，彈出會計期間設置界面。系統根據前面「啟用會計期」的設置，自動將啟用月份以前的日期標示為不可修改的部分，而將啟用月份以後的日期（僅限於各月的截止日期，至於各月的初始日期則隨上月截止日期的變動而變動）標示為可以修改的部分。用戶可以任意設置。

　　例如本企業由於需要，每月 25 日結帳，那麼可以在「會計日曆—建帳」界面雙擊可修改日期部分（白色部分），在顯示的會計日曆上輸入每月結帳日期，下月的開始日期為上月截止日期+1（26 日），年末 12 月份以 12 月 31 日為截止日期。設置完成後，企業每月 25 日為結帳日，25 日以後的業務記入下個月。每月的結帳日期可以不同，但其開始日期為上一個截止日期的下一天。輸入完成後，點擊「下一步」按鈕，進行第二步設置；點擊「取消」按鈕，取消此次建帳操作。

　　・是否集團帳套：勾選表示要建立集團帳套，可以啟用集團財務等集團性質的子產品。

　　（3）輸入單位信息：用於記錄本單位的基本信息，單位名稱為必輸項，如圖 2-4 所示。輸入完成後，點擊「下一步」按鈕。

　　（4）核算類型設置：用於記錄本單位的基本核算信息，如圖 2-5 所示。輸入完成後，點擊「下一步」按鈕。

　　界面各欄目說明如下

　　・本幣代碼：用來輸入新建帳套所用的本位幣的代碼，系統默認的是「人民幣」的代碼 RMB。

第二章　系統管理與企業應用平臺

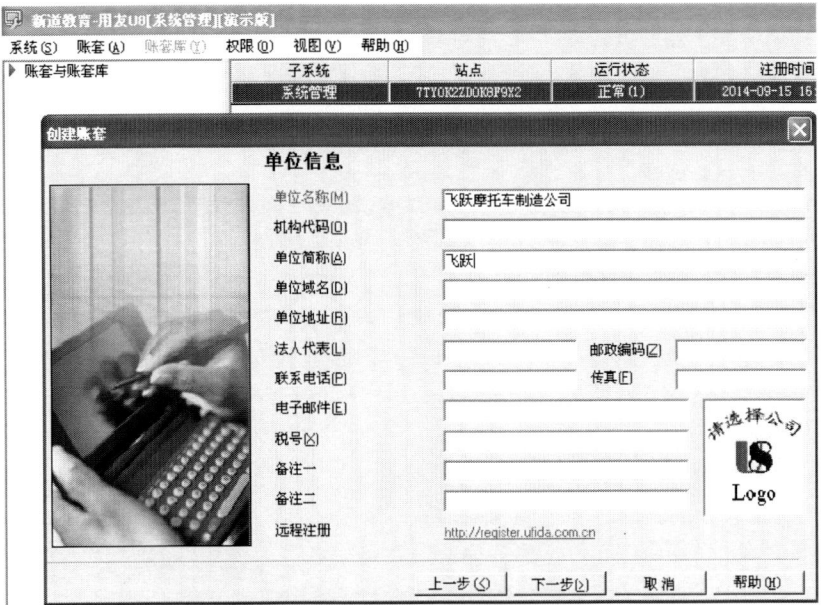

圖 2-4　單位信息輸入界面

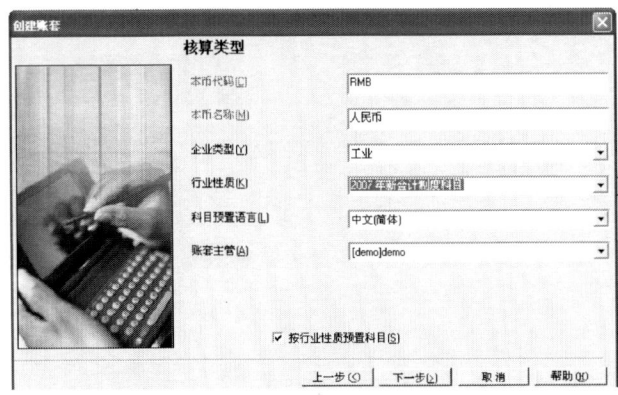

圖 2-5　核算類型設置界面

・本幣名稱：用來輸入新建帳套所用的本位幣的名稱。系統默認的是「人民幣」，此項為必有項。

・帳套主管：用來確認新建帳套的帳套主管，用戶只能從下拉框中選擇輸入。對於帳套主管的設置和定義請參考操作員和劃分權限。

・企業類型：用戶必須從下拉框中選擇輸入與自己企業類型相同或最相近的類型。

・行業性質：用戶必須從下拉框中選擇輸入本單位所處的行業性質。選擇適用於企業的行業性質。這為下一步「是否按行業預置科目」確定科目範圍，並且系統會根據企業所選行業（工業和商業）預制一些行業的特定方法和報表。

23

・是否按行業預置科目：如果用戶希望採用系統預置所屬行業的標準一級科目，則在該選項前打鈎，那麼進入產品后，會計科目由系統自動設置；如果不選，則由用戶自己設置會計科目。輸入完成后，點擊「下一步」按鈕，進行基礎信息設置。

（5）基礎信息設置，界面各欄目說明如下：

・存貨是否分類：如果單位的存貨較多，且類別繁多，可以在存貨是否分類選項前打鈎，表明要對存貨進行分類管理；如果單位的存貨較少且類別單一，也可以選擇不進行存貨分類。注意，如果選擇了存貨要分類，那麼在進行基礎信息設置時，必須先設置存貨分類，然后才能設置存貨檔案。

・客戶是否分類：如果單位的客戶較多，且希望進行分類管理，可以在客戶是否分類選項前打鈎，表明要對客戶進行分類管理；如果單位的客戶較少，也可以選擇不進行客戶分類。注意，如果選擇了客戶要分類，那麼在進行基礎信息設置時，必須先設置客戶分類，然后才能設置客戶檔案。

・供應商是否分類：如果單位的供應商較多，且希望進行分類管理，可以在供應商是否分類選項前打鈎，表明要對供應商進行分類管理；如果單位的供應商較少，也可以選擇不進行供應商分類。注意，如果選擇了供應商要分類，那麼在進行基礎信息設置時，必須先設置供應商分類，然后才能設置供應商檔案。

・是否有外幣核算：如果單位有外幣業務，例如用外幣進行交易業務或用外幣發放工資等，可以在此選項前打鈎。

輸入完成后，點擊「完成」按鈕，系統提示「可以創建帳套了麼」，點擊「是」完成上述信息設置，進行下面設置；點擊「否」返回確認步驟界面。點擊「上一步」按鈕，返回第三步設置；點擊「取消」按鈕，取消此次建帳操作。

（6）建帳完成后，可以繼續進行相關設置，也可以以后在企業應用平臺中進行設置。

繼續操作：系統進入「分類碼設置」，然后進入「數據精度」定義。完成后系統提示「XXX」帳套建立成功，可以現在進行系統啟用設置，或以后從「企業應用平臺—基礎設置—基本信息」進入進行系統啟用設置，或修改已設置的信息，如會計期間、系統啟用、編碼方案等。

三、操作員及權限設置

（一）角色

角色是指在企業管理中擁有某一類職能的組織，這個角色組織也可以是實際的部門，可以是由擁有同一類職能的人構成的虛擬組織。例如：實際工作中最常見的會計和出納兩個角色，他們可以是一個部門的人員，也可以不是一個部門但工作職能是一樣的角色統稱。在設置角色后，可以定義角色的權限，如果用戶歸屬此角色其相應具有該角色的權限。此功能的好處是方便控製操作員權限，可以依據職能統一進行權限的劃分。本功能可以進行帳套中角色的增加、刪除、修改等維護工作。

[實務案例]

飛躍摩托車製造公司的主要角色如表 2-2 所示：

表 2-2 　　　　　　　　　飛躍摩托車製造公司主要角色

角色編碼	角色名稱	備註
001	財務主管	
002	會計	
003	出納	
004	銷售主管	
005	採購主管	

【操作步驟】

（1）在「系統管理」主界面，選擇「權限」菜單中的「角色」，點擊進入角色管理功能界面。

（2）在角色管理界面，點擊「增加」按鈕，顯示「增加角色」界面，輸入角色編碼和角色名稱。在所屬用戶名稱中可以選中歸屬該角色的用戶。點擊「增加」按鈕，保存新增設置。如圖 2-6 所示。

圖 2-6　角色管理界面

‧修改：選中要修改的角色，點擊「修改」按鈕，進入角色編輯界面，對當前所選角色記錄進行編輯，除角色編號不能進行修改之外，其他的信息均可以修改。

‧刪除：選中要刪除的角色，點擊「刪除」按鈕，則將選中的角色刪除，在刪除前系統會讓其進行確認。如果該角色有所屬用戶，是不允許刪除的。必須先進行「修

改」，將所屬用戶置於非選中狀態，然后才能進行角色的刪除。

點擊「刷新」按鈕，重新從數據庫中提取當前用戶記錄及相應的信息。

對於界面的選項「是否打印所屬用戶」是指在打印角色的同時將所屬的該角色的客戶同時打印出來。

用戶和角色設置不分先后順序，用戶可以根據自己的需要先後設置。但對於自動傳遞權限來說，應該首先設定角色，然后再分配權限，最后進行用戶的設置。這樣在設置用戶的時候，如果選擇其歸屬那一個角色，則其自動具有該角色的權限。

一個角色可以擁有多個用戶，一個用戶也可以分屬於多個不同的角色。

若角色已經在用戶設置中被選擇過，系統則會將這些用戶名稱自動顯示在角色設置中的所屬用戶名稱的列表中。

只有系統管理員有權限進行本功能的設置。

(二) 用戶（操作員）

本功能主要完成本帳套用戶的增加、刪除、修改等維護工作。設置用戶后系統對於登錄操作，要進行相關的合法性檢查。其作用類似於 WINDOWS 的用戶帳號，只有設置了具體的用戶之后，才能進行相關的操作。

［實務案例］

飛躍摩托車製造公司的會計電算化系統操作人員如表 2-3 所示：

表 2-3　　　　　飛躍摩托車製造公司會計電算系統操作人員

編號	姓名	所屬部門
1	王齊	財務部
2	羅梁	財務部
3	董小輝	財務部
4	吳紅梅	財務部
5	李明	技術部
6	倪雪	成車車間
7	李飛	包裝車間
8	雷磊	動力車間
9	何亮	原材料採購部
10	代方	原材料採購部
11	宋嵐	配套件採購部
12	趙紅兵	其他採購
13	肖遙	西南辦事處
14	陳雪	西北辦事處
15	石海	北方辦事處

【操作步驟】

（1）在「系統管理」主界面，選擇「權限」菜單中的「用戶」，點擊進入用戶管理功能界面。

（2）在用戶管理界面，點擊「增加」按鈕，顯示「增加用戶」界面。此時錄入編號、姓名、用戶類型、認證方式、口令、所屬部門、E-mail、手機號、默認語言等內容，並在所屬角色中選中歸屬的內容。然后點擊「增加」按鈕，保存新增用戶信息，如圖2-7所示。

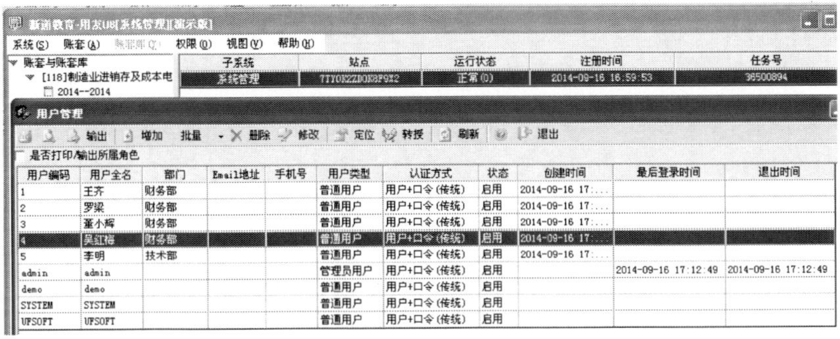

圖2-7　用戶管理界面

·修改：選中要修改的用戶信息，點擊「修改」按鈕，可進入修改狀態，但已啟用用戶只能修口令、所屬部門、E-mail、手機號和所屬角色等信息。此時系統會在「姓名」後出現「註銷當前用戶」的按鈕，如果需要暫時停止使用該用戶，則點擊此按鈕。此按鈕會變為「啟用當前用戶」，可以點擊繼續啟用該用戶。

·刪除：選中要刪除的用戶，點擊「刪除」按鈕，可刪除該用戶。但已啟用的用戶不能刪除。

對於「刷新」功能的應用，是在增加了用戶之後，在用戶列表中看不到該用戶。此時點擊「刷新」，可以進行頁面的更新。

點擊「退出」按鈕，退出當前的功能應用。

（三）劃分權限

隨著經濟的發展，用戶對管理要求不斷變化、提高，越來越多的信息都表明權限管理必須向更細、更深的方向發展。用友ERP-U8提供集中權限管理，除了提供用戶對各模塊操作的權限之外，還相應地提供了金額的權限管理和對於數據的字段級和記錄級的控制，不同的組合方式將為企業的控製提供有效的方法。用友ERP-U8可以實現三個層次的權限管理。

·功能級權限管理：該權限將提供劃分更為細緻的功能級權限管理功能，包括各功能模塊相關業務的查看和分配權限。

·數據級權限管理：該權限可以通過兩個方面進行權控製，一個是字段級權限控製，另一個是記錄級的權限控製。

·金額級權限管理：該權限主要用於完善內部金額控制，實現對具體金額數量劃

分級別，對不同崗位和職位的操作員進行金額級別控制，限制他們製單時可以使用的金額數量，不涉及內部系統控制的不在管理範圍內。

功能權限的分配在系統管理中的權限分配設置，數據權限和金額權限在「企業應用平臺」→「系統服務」→「權限」中進行分配。對於數據級權限和金額級的設置，必須是在系統管理的功能權限分配之后才能進行。

[實務案例]

飛躍摩托車製造公司的會計電算化系統操作人員所屬權限如表 2-4 所示：

表 2-4　　飛躍摩托車製造公司的會計電算化系統操作人員所屬權限

編號	姓名	所屬權限
1	王齊	帳套主管
2	羅梁	薪資管理、固定資產、總帳、公用目錄設置
3	董小輝	應收、應付、總帳、公用目錄設置
4	吳紅梅	存貨核算、成本管理、總帳、公用目錄設置
5	李明	物料需求計劃、公用目錄設置
6	倪雪	庫存、公用目錄設置
7	李飛	庫存、公用目錄設置
8	雷磊	庫存、公用目錄設置
9	何亮	採購、公用目錄設置
10	代方	採購、公用目錄設置
11	宋嵐	採購、公用目錄設置
12	趙紅兵	採購、公用目錄設置
13	肖遙	銷售、公用目錄設置
14	陳雪	銷售、公用目錄設置
15	石海	銷售、公用目錄設置

【操作步驟】

以系統管理員身分註冊登錄，然后在「權限」菜單下的「權限」中進行功能權限分配。

從操作員列表中選擇操作員，點擊「修改」按鈕后，設置用戶或者角色的權限。系統提供 52 個子系統的功能權限的分配，此時可以點擊「⊠」展開各個子系統的詳細功能，在「□」內點擊鼠標使其狀態成為「☑」后，系統將權限分配給當前的用戶。此時如果選中根目錄的上一級，系統的相應下級則全部為選中狀態，如圖 2-8 所示。

第二章 系統管理與企業應用平臺

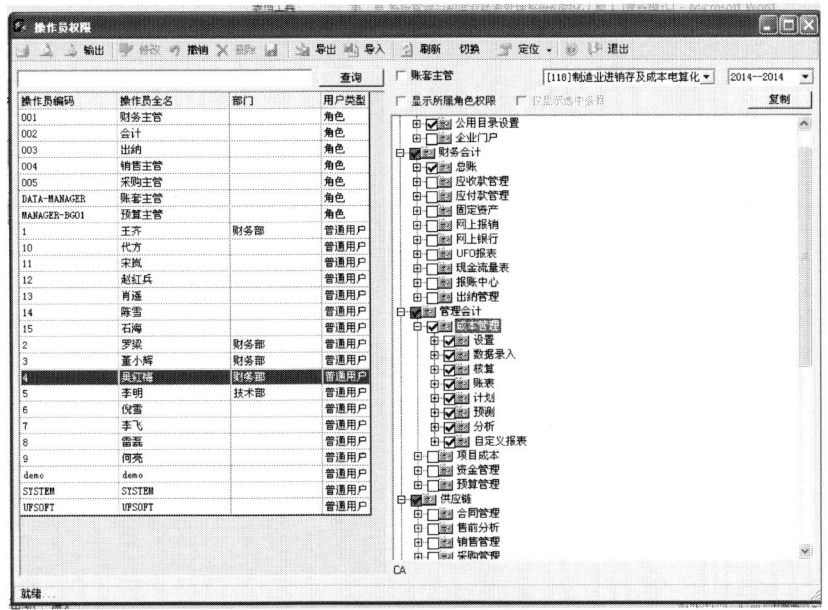

圖 2-8 操作員權限設置窗口

四、帳套管理

(一) 修改帳套

當系統管理員建完帳套後，在未使用相關信息的基礎上，需要對某些信息進行調整，以便使信息更真實準確地反應企業的相關內容時，可以進行適當地調整。只有帳套主管可以修改其具有權限的帳套庫中的信息，系統管理員無權修改。

【操作步驟】

用戶以帳套主管的身分註冊，選擇相應的帳套，進入系統管理界面。

選擇「帳套」菜單中的「修改」，則進入修改帳套的功能。

系統註冊進入后，可以修改的信息主要有：

帳套信息：帳套名稱。

單位信息：所有信息。

核算信息：只允許修改行業性質。

基礎設置信息：不允許修改。

對於帳套分類信息和數據精度信息：可以修改全部信息。

點擊「完成」按鈕，表示確認修改內容；如放棄修改，則點擊「放棄」。

在帳套的使用中，可以對本年未啟用的會計期間修改其開始日期和終止日期。只有沒有業務數據的會計期間才可以修改其開始日期和終止日期。使用該會計期間的模塊均需要根據修改后的會計期間來確認業務所在的正確期間。只有帳套管理員用戶才有權限修改相應的帳套。

例如：

若第 4 會計期間為 3 月 26 日至 4 月 25 日，現業務數據已經做到第 4 個會計期間，則不允許修改第 4 個會計期間的起始日期，只允許將第 4 個會計期間的終止日期修改成大於 4 月 25 日（如 4 月 28 日），且不允許將第 5 會計期間的起始日期修改成小於 4 月 26 日（如 4 月 23 日）。

（二）引入帳套

引入帳套功能是指將系統外某帳套數據引入本系統中。該功能的增加將有利於集團公司的操作，子公司的帳套數據可以定期被引入母公司系統中，以便進行有關帳套數據的分析和合併工作。

【操作步驟】

系統管理員用戶在系統管理界面單擊「帳套」的下級菜單「引入」，則進入引入帳套的功能。

系統管理員在界面上選擇所要引入的帳套數據備份文件，點擊「打開」按鈕表示確認；如想放棄，則點擊「放棄」按鈕。

（三）輸出帳套

輸出帳套功能是指將所選的帳套數據進行備份輸出。對於企業系統管理員來講，定時地將企業數據備份出來存儲到不同的介質上（如常見的 U 盤、移動硬盤、網絡磁盤等），對數據的安全是非常重要的。如果企業由於不可預知的原因（如地震、火災、計算機病毒、人為的誤操作等），需要對數據進行恢復，此時備份數據就可以將企業的損失降到最小。當然，對於異地管理的公司，此種方法還可以解決審計和數據匯總的問題。各個企業應根據各企業實際情況加以應用。

【操作步驟】

以系統管理員身分註冊，進入系統管理模塊。然后點擊「帳套」菜單下級的「輸出」功能進入帳套輸出界面，如圖 2-9 所示。

在帳套輸出界面中的「帳套號」處選擇需要輸出的帳套，在「輸出文件位置」選擇輸出帳套保存的路徑，點擊「確認」進行輸出。

只有系統管理員（Admin）有權限進行帳套輸出。如果將「刪除當前輸出帳套」同時選中，在輸出完成后系統會確認是否將數據源從當前系統中刪除。正在使用的帳套系統不允許刪除。

五、帳套庫管理

（一）新帳套庫建立

對於企業來講其是持續經營的，因此企業的日常工作是一個連續性的工作，用友 U8 支持在一個帳套庫中保存連續多年數據，理論上一個帳套可以在一個帳套庫中一直使用下去。但是由於某些原因，比如需要調整重要基礎檔案、調整組織機構、調整部分業務等，或者一個帳套庫中數據過多影響業務處理性能，需要使用新的帳套庫並重

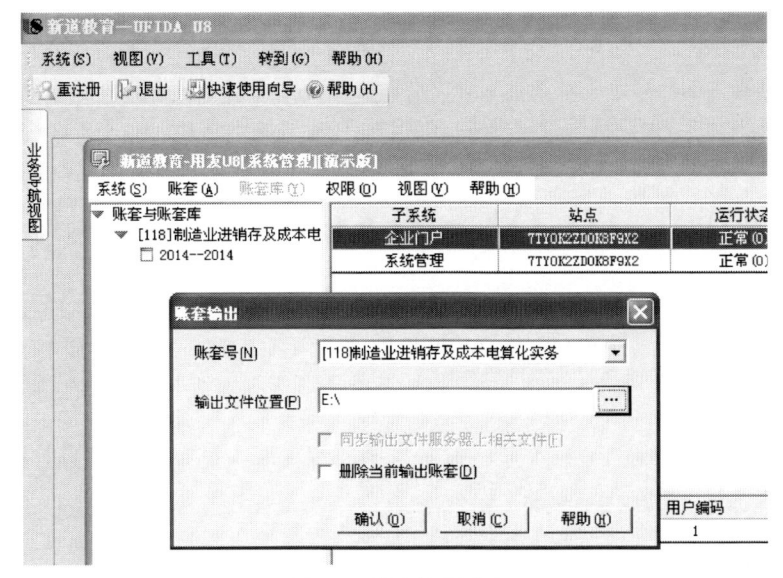

圖 2-9　帳套輸出界面

置一些數據，這樣就需要新建帳套庫。

帳套庫的建立是在已有帳套庫的基礎上，通過新帳套庫建立，自動將老帳套庫的基本檔案信息結轉到新的帳套庫中，對於以前余額等信息需要在帳套庫初始化操作完成後，由老帳套庫自動轉入新庫的下年數據中。

【操作步驟】

首先要以帳套主管的身分登錄，選定需要進行建立新庫的帳套和上年的時間，進入系統管理界面。例如：需要建立 118 帳套的 2015 新帳套庫，此時就要登錄 118 帳套的包含 2014 年數據的那個帳套庫。

然后，在系統管理界面單擊「帳套庫」—「建立」菜單，進入建立帳套庫的界面。在建立帳套庫的界面，顯示當前帳套、將要建立的新帳套庫的起始年度、本帳套庫內各子系統所在會計期間清單和建立新庫主要步驟及其進度。這些項目都是系統默認顯示內容，不可修改，便於用戶確認建庫的信息。如果需要調整，請點擊「放棄」按鈕操作重新注冊登錄選擇。如果確認可以建立新帳套庫，點擊「確定」按鈕；如果放棄帳套庫的建立可點擊「放棄」按鈕。

在用友 ERP-U8 軟件中，其帳套和帳套庫是有一定的區別的，具體體現在以下方面。

帳套是帳套庫的上一級，帳套是由一個或多個帳套庫組成，一個帳套庫含有一年或多年使用數據。一個帳套對應一個經營實體或核算單位，帳套中的某個帳套庫對應這個經營實體的某年度區間內的業務數據。例如：建立帳套「118 正式帳套」後在 2014 年使用，然后在 2015 年的期初建 2015 帳套庫后使用，則「118 正式帳套」具有兩個帳套庫即「118 正式帳套 2014 年」和「118 正式帳套 2015 年」。如果希望連續使

用也可以不建新庫，直接錄入 2015 年數據，則「118 正式帳套」具有一個帳套庫即「118 正式帳套 2014—2015 年」。

對於擁有多個核算單位的客戶，可以擁有多個帳套（最多可以擁有 999 個帳套）。

帳套和帳套庫的兩層結構的方式的好處是：便於企業的管理，如進行帳套的上報、跨年度區間的數據管理結構調整等；方便數據備份輸出和引入；減少數據的負擔，提高應用效率。

(二) 帳套庫初始化

新建帳套庫后，為了支持新舊帳套庫之間業務銜接，可以通過帳套庫初始化功能將上一個帳套庫中相關模塊的余額及其他信息結轉到新帳套庫中。為了統計分析的規整性，每個帳套庫包含的數據都以年為單位，上一帳套庫的結束年加 1 就是新帳套庫的開始年。

以帳套主管的身分註冊進入系統管理，選擇「帳套庫」菜單中的「帳套庫初始化」，則進入帳套庫初始化的功能。

【操作步驟】

(1) 系統顯示將要初始化的帳套，以及數據結轉的年度，這些都是用於確認，不可修改的。

(2) 選擇需要結轉的業務檔案和余額信息，已結轉過的產品置為「粉紅色」，如圖 2-10 所示。

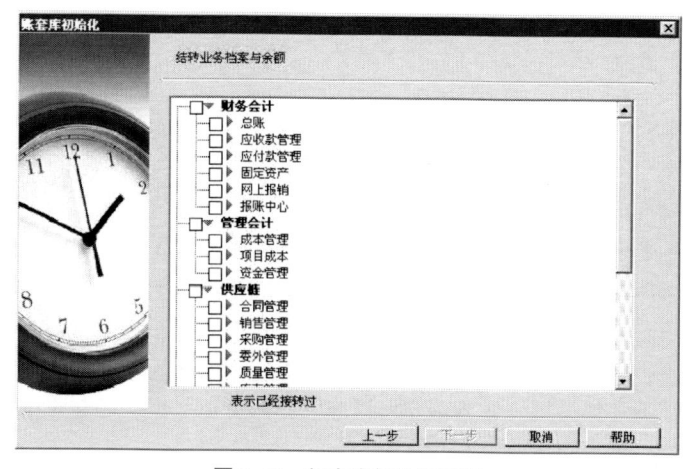

圖 2-10　帳套庫初始化界面

(3) 根據選擇內容進行數據檢查，系統將分別檢查上一帳套庫的數據是否滿足各項結轉要求，並列出詳細檢查結果。如果有子系統不滿足結轉要求，則不允許繼續結轉。

(4) 如果檢查全部通過，單擊「下一步」可以看到待結轉產品的列表，點擊「結轉」就開始按照列表逐項結轉。

(5) 如果第 3 步沒有全部選擇結轉，以后還可以再次進入本功能結轉其他數據，

或清空對應業務系統的數據后再次結轉。

【注意事項】
· 如果登錄帳套庫的上一個帳套庫不存在，不能進行初始化。
· 該帳套庫如果進行過數據卸出操作，不能進行初始化。

(三) 清空帳套庫數據

有時，如發現某帳套庫中錯誤太多，或不希望將上一帳套庫的余額或其他信息全部轉到下一年度，這時候，便可使用清空帳套庫數據的功能。「清空」並不是指將帳套庫的數據全部清空，還是要保留一些信息的，主要有基礎信息、系統預置的科目報表等。保留這些信息主要是為了方便使用清空后的帳套庫重新做帳。

【操作步驟】
(1) 以帳套主管的身分註冊，並且選定帳套和登錄時間，進入系統管理界面。
(2) 在系統管理界面單擊「帳套庫」菜單，再將鼠標移動到「清空帳套庫數據」上，單擊鼠標。
(3) 帳套主管用戶可在界面中的會計年度欄目確認要清空的帳套庫的年度區間（僅供確認，不可修改），同時做好清空前的備份、選擇輸出路徑，點擊「確定」按鈕表示確認。這時為保險起見，系統還將彈出一窗口，要求用戶進行再度確認；如果想放棄，則直接點擊「放棄」按鈕。
(4) 帳套庫數據清空后，系統彈出確認窗口。點擊「確認」完成清空帳套庫數據操作。

(四) 數據卸出

在一個帳套庫中包含過多年份數據體積過於龐大而影響業務處理性能時，可以通過數據卸出功能把一些歷史年度的歷史數據卸出，減小本帳套庫的體積，提高運行效率。

數據卸出時，只能以會計年為單位進行處理，從本帳套庫的最小年度開始，到指定年度結束，卸出這個年度區間中所有業務產品的不常用數據。

數據卸出后，系統將自動生成一個帳套庫保留這些卸出的數據，相對當前使用的帳套庫來說，這個包含卸出數據的帳套庫可以稱之為「歷史帳套庫」。

以帳套主管的身分註冊進入系統管理，選擇「帳套庫」菜單中的「數據卸出」，則進入數據卸出的功能。

【操作步驟】
(1) 系統簡要介紹數據卸出的功能，明確后按提示點擊「下一步」按鈕。
(2) 系統列示出本帳套庫中啟用系統的使用情況，包括啟用日期和該系統當前所處的會計期間（這些都是用於確認，不可修改的），在此基礎上可以選擇需要卸出的年度。同時，卸出前最好做好備份，選擇輸出路徑。
(3) 根據啟用系統的情況進行數據檢查，系統將分別檢查本帳套庫的數據是否滿足各項卸出要求，並列出詳細檢查結果。如果有系統不滿足卸出要求，則不允許繼續卸出。

（4）如果檢查全部通過，點擊「下一步」，系統顯示卸出的主要步驟的列表，如創建新帳套庫、各業務系統卸出準備、各業務系統清除數據前準備等。點擊「卸出」按鈕開始逐項執行，並有進度條顯示各項執行進度。

【注意事項】

・只有帳套中的最新帳套庫（所含年度最大）才能進行數據卸出。

・可以卸出的年度，最小是本帳套庫的最小年度，最大是本帳套庫已啓產品中所處會計期間最小值所在年份減 1，即當前期間不可卸出。

・在一次卸出操作中，必須同時卸出指定年度範圍內所有已啟用產品的數據，不可分次卸出。

・卸載前請一定做好數據備份，以免數據卸出後無法恢復。

（五）帳套庫的引入與輸出

帳套庫的引入與輸出作用和帳套的引入與輸出作用相同，操作步驟相似。

第二節　企業應用平臺基礎設置

　　信息的及時溝通、資源的有效利用、與合作夥伴的在線和即時的連結，將提高企業員工的工作效率以及企業的總處理能力。用友 ERP-U8 就為企業提供了這樣一個應用平臺，它使企業能夠存儲在企業內部和外部的各種信息，使企業員工、用戶和合作夥伴能夠從單一的渠道訪問其所需的個性化信息。通過用友 ERP-U8 的企業應用平臺，企業員工可以通過單一的訪問入口訪問企業的各種信息，定義自己的業務工作，並設計自己的工作流程。

一、基本信息

　　建帳完成后，如未及時設置編碼方案、數據精度、啟用子系統，或需修改以前設置的編碼方案、數據精度、會計期間以及啟用的子系統，可執行「開始→程序→用友 U8 V10.1→企業應用平臺」命令，打開「登錄」對話框，輸入操作員「1」或「王齊」，選擇帳套「118 製造業進銷存及成本電算化實務」，單擊「確認」按鈕，進入用友「UFIDA U8」窗口。從「企業應用平臺—基礎設置—基本信息」進入，進行系統啟用設置，或修改已設置的信息。

（一）系統啟用

　　「系統啟用」功能用於系統的啟用，記錄啟用日期和啟用人。要對某個系統進行操作必須先啟用此系統。在企業應用平臺中，單擊「基礎設置—基本信息—系統啟用」選項，打開「系統啟用」對話框，選擇要啟用的系統，在方框內打鉤，只有系統管理員和帳套主管才有系統啟用權限。在啟用會計期間內輸入啟用的年、月數據。按「確認」按鈕後，保存此次的啟用信息，並將當前操作員寫入啟用人。

(二) 編碼方案

為了便於進行分級核算、統計和管理，用友 U8 V10.1 系統可以對基礎數據的編碼進行分級設置，可分級設置的內容有科目編碼、客戶分類編碼、部門編碼、存貨分類編碼、地區分類編碼、貨位編碼、供應商分類編碼、收發類別編碼和結算方式編碼等。

編碼級次和各級編碼長度的設置將決定企業如何編製基礎數據的編號，進而構成分級核算、統計和管理的基礎。

【欄目說明】

・科目編碼級次：系統最大限制為十三級四十位，且任何一級的最大長度都不得超過九位編碼，一般單位用 42222 即可。在此設定的科目編碼級次和長度將決定單位的科目編號如何編製。例如某單位將科目編碼設為 42222，則科目編號時一級科目編碼是四位長，二至五級科目編碼均為兩位長。又如某單位將科目編碼長度設為 4332，則科目編號時一級科目編碼為四位長，二級科目編碼為三位長，四級科目編碼為兩位長。

・客戶分類編碼級次：系統最大限制為五級十二位，且任何一級的最大長度都不得超過九位編碼。

・供應商、存貨分類編碼級次、貨位編碼級次、收發類別編碼級次等同理。

・在建立帳套時設置存貨（客戶、供應商）不需分類，則在此不能進行存貨分類（客戶分類、供應商分類）的編碼方案設置。

二、基礎檔案

設置基礎檔案就是把手工資料經過加工整理，根據本單位建立信息化管理的需要，建立軟件系統應用平臺，這是手工業務的延續和提高。

基礎檔案的設置順序如圖 2-11 所示。

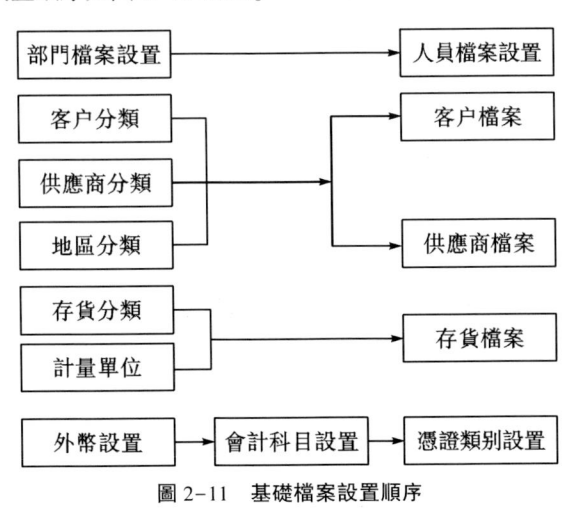

圖 2-11　基礎檔案設置順序

(一) 機構人員（部門檔案、人員檔案）

　　1. 部門檔案設置

　　部門檔案主要用於設置企業各個職能部門的信息，部門指某使用單位下轄的具有分別進行財務核算或業務管理要求的單元體，不一定是實際中的部門機構，按照已經定義好的部門編碼級次原則輸入部門編號及其信息。

　　[實務案例]

　　飛躍摩托車製造公司的部門檔案如表 2-5 所示：

表 2-5　　　　　　　　　　飛躍摩托車製造公司部門檔案

部門編碼	部門名稱
01	總經理辦公室
02	行政部
03	財務部
04	技術部
05	生產部
0501	動力車間
0502	成車車間
0503	包裝車間
06	採購部
0601	原材料採購部
0602	配套件採購部
0603	其他採購
07	銷售部
0701	西南辦事處
0702	西北辦事處
0703	北方辦事處
08	倉管部
09	質檢部

　　【操作步驟】

　　在企業應用平臺中，執行「基礎設置→基礎檔案→機構人員→部門檔案」命令，進入部門檔案設置主界面，單擊「增加」按鈕，在編輯區輸入部門編碼、部門名稱、負責人、部門屬性、電話、地址、備註、信用額度、信用等級等信息即可，點擊「保存」按鈕，保存此次增加的部門檔案信息后，再次單擊「增加」按鈕，可繼續增加其他部門信息，如圖 2-12 所示。

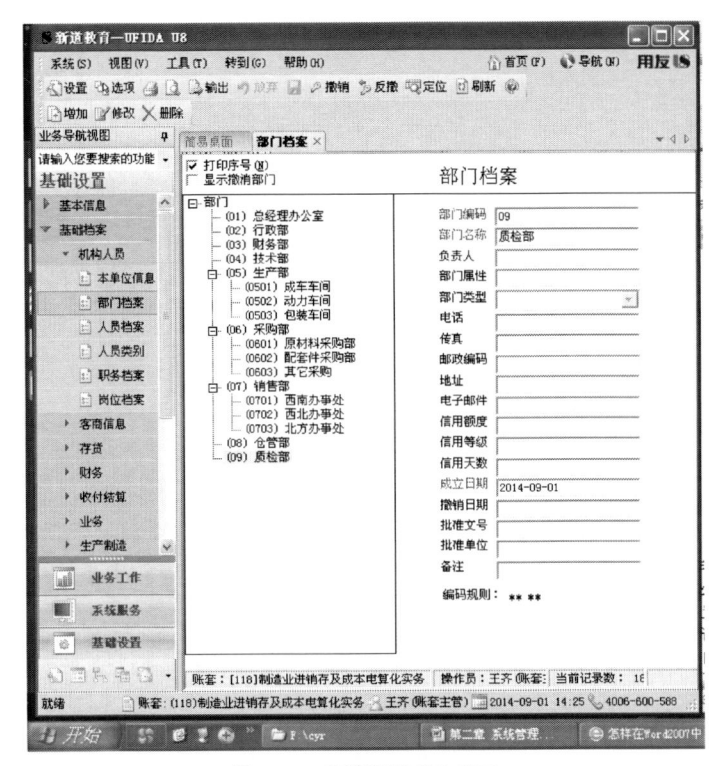

圖 2-12　部門檔案錄入窗口

‧修改部門檔案：在部門檔案界面左邊，將光標定位到要修改的部門編號上，用鼠標單擊「修改」按鈕。這時界面即處於修改狀態，除部門編號不能修改外，其他信息均可修改。

‧刪除部門檔案：點擊左邊目錄樹中要刪除的部門，背景顯示藍色表示選中，單擊「刪除」按鈕即可刪除此部門。注意，若部門被其他對象引用則不能被刪除。

‧刷新檔案記錄：在網絡操作中，可能同時有多個操作員在操作相同的目錄。可以點擊「刷新」按鈕，查看到當前最新目錄情況，即可以查看其他有權限的操作員新增或修改的目錄信息。

2. 人員檔案設置

職員檔案主要用於記錄本單位使用系統的職員列表，包括職員編號、名稱、所屬部門及職員屬性等。

［實務案例］

飛躍摩托車製造公司的人員檔案如表 2-6 所示：

表 2-6　　　　　　　飛躍摩托車製造公司人員檔案

職員編碼	職員名稱	性別	行政部門	雇傭狀態	人員類別	人員屬性
01001	周興華	男	總經理辦公室	在職	正式工	總經理

表2-6(續)

職員編碼	職員名稱	性別	行政部門	雇傭狀態	人員類別	人員屬性
01002	姚強	男	總經理辦公室	在職	正式工	副總經理
02001	陳曉	女	行政部	在職	正式工	負責人
02002	任輝	男	行政部	在職	正式工	管理人員
03001	王齊	女	財務部	在職	正式工	財務經理
03002	羅梁	男	財務部	在職	正式工	財務人員
03003	董小輝	男	財務部	在職	正式工	財務人員
03004	吳紅梅	女	財務部	在職	正式工	出納
04001	趙小強	男	技術部	在職	正式工	負責人
04002	李明	男	技術部	在職	正式工	技術人員
04003	張小風	男	技術部	在職	正式工	技術人員
0501001	趙兵	男	成車車間	在職	正式工	工人
0502001	劉波	男	動力車間	在職	正式工	負責人
0502002	曾家強	男	動力車間	在職	正式工	工人
0503001	李飛	男	包裝車間	在職	正式工	工人
0503002	鄭瑩	女	包裝車間	在職	正式工	工人
0601001	吳纖	男	原材料採購部	在職	正式工	負責人
0601002	何亮	男	原材料採購部	在職	正式工	業務人員
0601003	代方	男	原材料採購部	在職	正式工	業務人員
0602001	黃強	男	配套件採購部	在職	正式工	業務人員
0603001	趙紅兵	男	其他採購	在職	正式工	負責人
0701001	於慶	男	西南辦事處	在職	正式工	負責人
0701002	魯志	男	西南辦事處	在職	正式工	業務人員
0701003	何飛	男	西南辦事處	在職	正式工	業務人員
0702001	張全	男	西北辦事處	在職	正式工	業務人員
0703001	石海	男	北方辦事處	在職	正式工	業務人員
08001	李遙	男	倉管部	在職	正式工	倉管人員
09001	張小全	男	質檢部	在職	正式工	負責人
09002	程雙泉	男	質檢部	在職	正式工	質檢人員

【操作步驟】

在企業應用平臺中，執行「基礎設置→基礎檔案→機構人員→人員檔案」命令，進入人員檔案設置主界面，在左側部門目錄中選擇要增加人員的末級部門，單擊功能

鍵中的「增加」按鈕，顯示「添加職員檔案」空白頁，用戶可根據自己企業的實際情況，在相應欄目中輸入適當內容。其中藍色名稱為必輸項，如圖 2-13 所示。然後，點擊「保存」按鈕，保存此次增加的人員檔案信息後，再次單擊「增加」按鈕，可繼續增加其他人員信息。

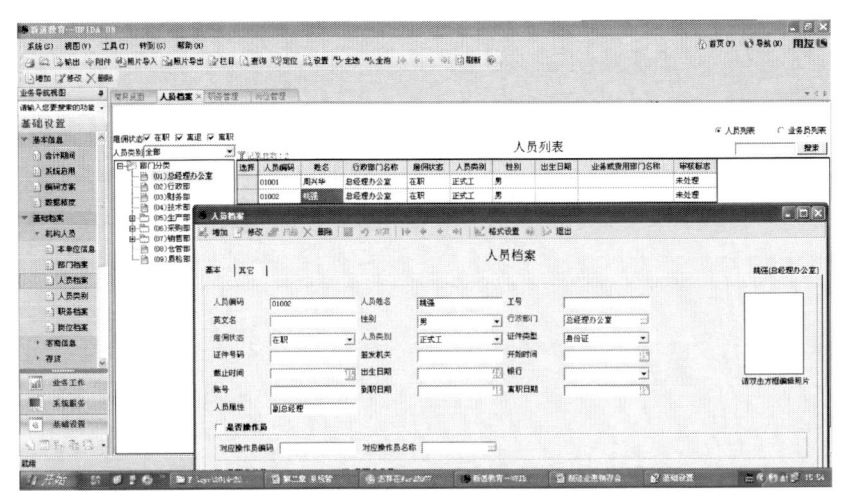

圖 2-13　人員檔案錄入窗口

人員檔案設置界面和其他基礎檔案設置界面的「修改」、「刪除」等功能按鈕操作與部門檔案的功能操作類似。

(二) 客商信息

1. 供應商分類

企業可以根據自身管理的需要對供應商進行分類管理，建立供應商分類體系。可將供應商按行業、地區等進行劃分，設置供應商分類后，根據不同的分類建立供應商檔案。沒有對供應商進行分類管理需求的用戶可以不使用本功能。

[實務案例]

飛躍摩托車製造公司的供應商分類如表 2-7 所示：

表 2-7　　　　　　　　飛躍摩托車製造公司供應商分類

分類編碼	分類名稱
01	原材料供應商
02	配套品供應商
03	包裝物及其他

【操作步驟】

在企業應用平臺中，執行「基礎設置→基礎檔案→客商信息→供應商分類」命令，進入供應商分類設置主界面，單擊「增加」按鈕，在編輯區輸入分類編碼和名稱等分

39

類信息，點擊「保存」按鈕，保存此次增加的客戶分類后，再次單擊「增加」按鈕，可繼續增加其他分類信息。

· 修改供應商分類：選擇要修改的供應商分類，單擊「修改」，注意這時只能修改類別名稱，類別編碼不可修改。

· 刪除供應商分類：將光標移到要刪除的供應商分類上，單擊「刪除」按鈕，即可刪除當前分類。已經使用的供應商分類不能刪除，非末級供應商分類不能刪除。

2. 客戶分類

企業可以根據自身管理的需要對客戶進行分類管理，建立客戶分類體系。可將客戶按行業、地區等進行劃分，設置客戶分類后，根據不同的分類建立客戶檔案。不對客戶進行分類管理需求時可以不使用本功能。

[實務案例]

飛躍摩托車製造公司的客戶分類如表 2-8 所示：

表 2-8　　　　　　　　飛躍摩托車製造公司客戶分類

分類編碼	分類名稱
01	西南
02	西北
03	北方
04	代理商
05	零售
99	其他

【操作步驟】

客戶分類的增加、修改和刪除功能按鈕操作與供應商分類相同。

3. 供應商檔案

建立供應商檔案主要是為企業的採購管理、庫存管理、應付帳管理服務的。在填製採購入庫單、採購發票和進行採購結算、應付款結算和有關供貨單位統計時都會用到供貨單位檔案，因此必須應先設立供應商檔案，以便減少工作差錯。在輸入單據時，如果單據上的供貨單位不在供應商檔案中，則必須在此建立該供應商的檔案。供應商檔案的欄目包括供應商檔案基本頁、供應商檔案聯繫頁、供應商檔案其他頁、供應商檔案信用頁等。

(1) 供應商檔案基本頁，如圖 2-14 所示。

· 供應商編碼：供應商編碼必須唯一；供應商編碼可以用數字或字符表示，最多可輸入 20 位數字或字符。

· 供應商名稱：可以是漢字或英文字母，供應商名稱最多可寫 49 個漢字或 98 個字符。供應商名稱用於採購發票的錄入、應付往來業務的核對等。

· 供應商簡稱：可以是漢字或英文字母，供應商名稱最多可寫 30 個漢字或 60 個字符。供應商簡稱用於業務單據和帳表的屏幕顯示，例如，屏幕顯示的採購入庫單的供

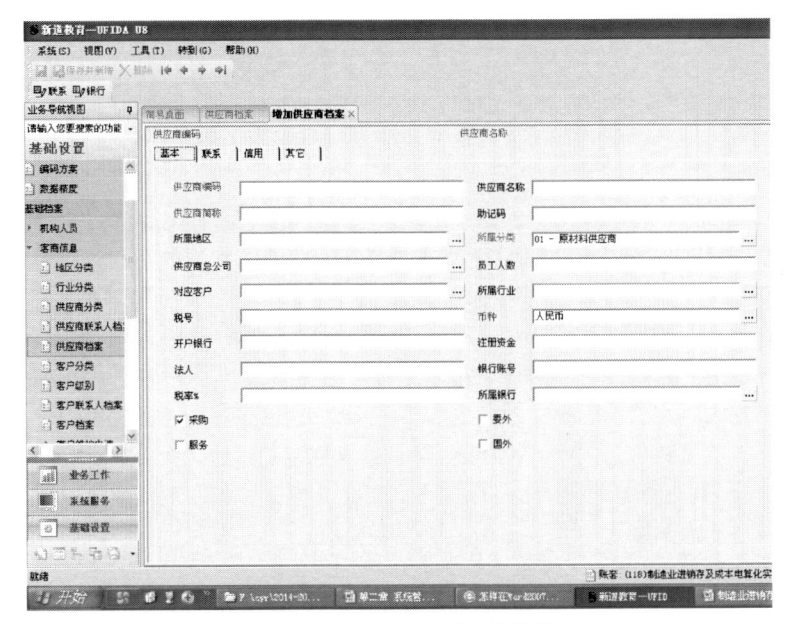

圖 2-14　供應商檔案基本頁界面

應商欄目中顯示的內容為供應商簡稱。

・助記碼：根據供應商名稱自動生成助記碼，也可手工修改。在單據上可以錄入助記碼快速找到供應商。

・對應客戶：在供應商檔案中輸入對應客戶名稱時不允許記錄重複，即不允許有多個供應商對應一個客戶的情況出現。且當在 001 供應商中輸入了對應客戶編碼為 666，則在保存該供應商信息時同時需要將 666 客戶檔案中的對應供應商編碼記錄存為 001。

・員工人數：輸入供應商企業員工人數，只能輸入數值，不能有小數。此信息為企業輔助信息可以不填，可以隨時修改。

・所屬分類碼：點擊參照按鈕選擇供應商所屬分類，或者直接輸入分類編碼。

・所屬地區碼：可輸入供應商所屬地區的代碼，輸入系統中已存在代碼時，自動轉換成地區名稱，顯示在該欄目的右編輯框內。也可以用參照輸入法，即在輸入所屬地區碼時用鼠標按參照鍵顯示所有地區供選擇，用戶用鼠標雙擊選定行或當光標位於選定行時用鼠標單擊確認按鈕即可。

・總公司編碼：參照供應商檔案選擇供應商總公司編碼，同時帶出顯示供應商簡稱。供應商總公司指當前供應商所隸屬的最高一級的公司，該公司必須是已經通過「供應商檔案設置」功能設定的另一個供應商。在供應商開票結算處理時，具有同一個供應商總公司的不同供應商的發貨業務，可以匯總在一張發票中統一開票結算。

・所屬行業：輸入供應商所歸屬的行業，可輸入漢字。

・稅號：輸入供應商的工商登記稅號，用於銷售發票的稅號欄內容的屏幕顯示和

41

打印輸出。

·註冊資金：輸入企業註冊資金總額，必須輸入數值，可以有 2 位小數。此信息為企業輔助信息，可以不填，可以隨時修改。

·註冊幣種：必須輸入，可參照選擇或輸入；所輸的內容應為幣種檔案中的記錄。默認為本位幣。

·法定代表人：輸入供應商的企業法定代表人的姓名，長度 40 個字符，20 個字。

·開戶銀行：輸入供應商的開戶銀行的名稱，如果供應商的開戶銀行有多個，在此處輸入該企業同用戶之間發生業務往來最常用的開戶銀行。

·銀行帳號：輸入供應商在其開戶銀行中的帳號，可輸入 50 位數字或字符。銀行帳號應對應於開戶銀行欄目所填寫的內容。如果供應商在某開戶銀行中有多個銀行帳號，在此處輸入該企業同用戶之間發生業務往來最常用的銀行帳號。

·稅率：數值類型，大於等於 0。採購單據和庫存的採購入庫單中，在取單據表體的稅率時，優先按「選項」中設置的取價方式取稅率；如果取不到或取價方式是手工錄入時，按供應商檔案上的「稅率%」值、存貨檔案上的「稅率%」值、表頭稅率值的優先順序取稅率。

·供應商屬性：請在採購、委外、服務和國外四種屬性中選擇一種或多種，採購屬性的供應商用於採購貨物時可選的供應商，委外屬性的供應商用於委外業務時可選的供應商，服務屬性的供應商用於費用或服務業務時可選的供應商。如果此供應商已被使用，則供應商屬性不能刪除修改，可增選其他項。

（2）供應商檔案聯繫頁，如圖 2-15 所示。

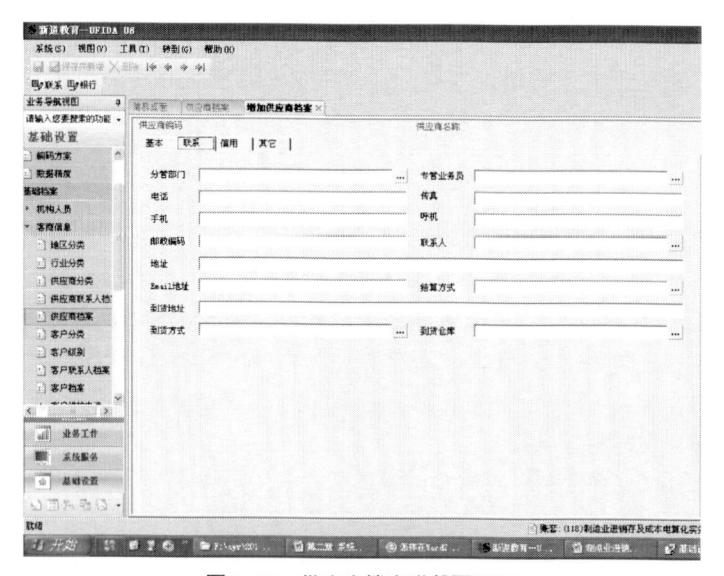

圖 2-15　供應商檔案聯繫頁界面

·分管部門：該供應商歸屬分管的採購部門。

·專營業務員：指該供應商由哪個業務員負責聯繫業務。

‧地址：可用於採購到貨單的供應商地址欄內容的屏幕顯示和打印輸出，最多可輸入 127 個漢字和 255 個字符。如果供應商的地址有多個，則在此處輸入該企業同用戶之間發生業務往來最常用的地址。

‧電話、手機號碼：可用於採購到貨單的供應商電話欄內容的屏幕顯示和打印輸出。

‧到貨地址：可用於採購到貨單中到貨地址欄的缺省取值。在很多情況下，到貨地址是本企業倉庫的地址。

‧Email 地址：最多可輸入 127 個漢字和 255 個字符，手工輸入，可為空。

‧到貨方式：可用於採購到貨單中發運方式欄的缺省取值，輸入系統中已存在代碼時，自動轉換成發運方式名稱。也可以用參照輸入法，即在輸入發運方式碼時用鼠標按參照鍵顯示所有發運方式供選擇，用鼠標雙擊選定行或當光標位於選定行時用鼠標單擊確認按鈕即可。

‧到貨倉庫：可用於採購單據中倉庫的缺省取值，輸入系統中已存在代碼時，自動轉換成倉庫名稱。也可以用參照輸入法，即在輸入發運方式碼時用鼠標按參照鍵顯示所有倉庫供選擇，用戶用鼠標雙擊選定行或當光標位於選定行時用鼠標單擊確認按鈕即可。

‧結算方式：在收付款單據錄入時可以根據選擇的「供應商」帶出「結算方式」進而帶出「結算科目」。

（3）供應商檔案信用頁，如圖 2-16 所示。

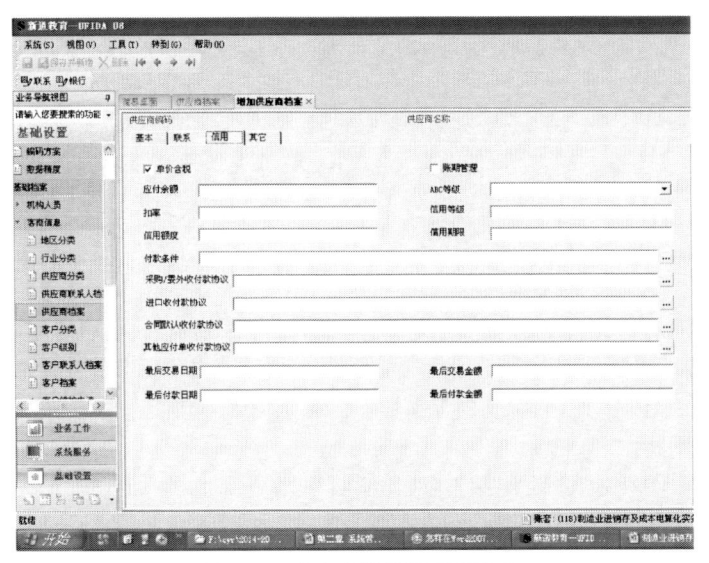

圖 2-16 供應商檔案信用頁界面

‧單價是否含稅：顯示的單價是含稅價格還是不含稅價格。

‧帳期管理：默認為不可修改。如果選中，則表示要對當前供應商進行帳期的管理。

‧應付余額：應付余額指供應商當前的應付帳款的余額。由系統自動維護，不能修

改該欄目的內容。點擊供應商檔案主界面上的「信用」按鈕，計算並顯示應付款管理系統中供應商當前應付款餘額。

·ABC 等級：可根據該供應商的表現選擇 A、B、C 三個信用等級符號表示該供應商的信用等級，可隨時根據實際發展情況予以調整。

·扣率：顯示供應商在一般情況下給予的購貨折扣率，可用於採購單據中折扣的缺省取值。

·信用等級：按照自行設定的信用等級分級方法，依據在供應商應付款項方面的表現，輸入供應商的信用等級。

·信用額度：內容必須是數字，可輸入兩位小數，可以為空。

·信用期限：可作為計算供應商超期應付款項的計算依據，其度量單位為「天」。

·付款條件：可用於採購單據中付款條件的缺省取值，輸入系統中已存在代碼時，自動轉換成付款條件表示。

·採購/委外收付款協議：默認為空，可以修改，從收付款協議中選擇（支持立帳依據是採購入庫單或代管掛帳確認單的收付款協議）。

·進口收付款協議：默認為空，可以修改，從收付款協議中選擇（只支持立帳依據是進口發票的收付款協議）。

·其他應付單據收付款協議：默認為空，可以修改，從收付款協議中選擇。

·最后交易日期：由系統自動顯示供應商的最后一筆業務的交易日期，即在各種交易中業務日期最大的那天。例如，該供應商的最后一筆業務是開具一張採購發票，那麼最后交易日期即為這張發票的發票日期，不能手工修改最后交易日期。

·最后交易金額：由系統自動顯示供應商的最后一筆業務的交易金額，即在最后交易日期發生的交易金額。

·最后付款日期：由系統自動顯示供應商的最后一筆付款業務的付款日期。

·最后付款金額：由系統自動顯示供應商的最后一筆付款業務的付款金額，即最后付款日期發生的金額。金額單位為發生實際付款業務的幣種。

應付餘額、最后交易日期、最后交易金額、最后付款日期、最后付款金額這五個條件項，是點擊供應商檔案主界面上的「信用」按鈕，在應付款管理系統中計算相關數據並顯示的。如果沒有啟用應付款管理系統，則這五個條件項不可使用。

應付餘額、最后交易日期、最后交易金額、最后付款日期、最后付款金額在基礎檔案中只可查看，不允許修改，點擊主界面上的「信用」按鈕，由系統自動維護。

（4）供應商檔案其他頁。

·發展日期：該供應商是何時建立供貨關係的。

·停用日期：輸入因信用等原因和停止業務往來的供應商被停止使用的日期。停用日期欄內容不為空的供應商，在任何業務單據開具時都不能使用，但可進行查詢。如果要使用被停用的供應商，將停用日期欄的內容清空即可。

·使用頻度：指供應商在業務單據中被使用的次數。

·對應條形碼中的編碼：最多可輸入 30 個字符，可以隨時修改，可以為空，不能重複。

・備註：如果還有有關該供應商的其他信息要錄入說明的，可以在備註欄錄入長度為 120 個漢字的內容，可輸可不輸，可隨時修改備註內容。

・所屬銀行：指付款帳號缺省時所屬的銀行，可輸可不輸。

・默認委外倉：來源於具有「委外倉」屬性的倉庫檔案，可隨時修改。該倉庫用於指定該委外商倒衝領料的默認委外倉，在委外用料表的倒衝領料的默認倉庫中，系統會自動帶這裡指定的默認委外倉。

以下四項只能查看不能修改：

・建檔人：在增加供應商記錄時，系統自動將該操作員編碼存入該記錄中作為建檔人，以后不管是誰修改這條記錄均不能修改這一欄目，且系統也不能自動進行修改。

・所屬的權限組：該項目不允許編輯，只能查看；該項目在數據分配權限中進行定義。

・變更人：新增供應商記錄時變更人欄目存放的操作員與建檔人內容相同，以后修改該條記錄時系統自動將該記錄的變更人修改為當前操作員編碼，該欄目不允許手工修改。

・變更日期：新增供應商記錄時變更日期存放當時的系統日期，以后修改該記錄時系統將自動用修改時的系統日期替換原來的信息，該欄目不允許手工修改。

建檔日期：自動記錄該供應商檔案建立日期，建立后不可修改（如果以供應商資質審批方式加入的供應商，取該供應商錄入供應商檔案的時間）。

［實務案例］

飛躍摩托車製造公司的供應商檔案如表 2-9 所示：

表 2-9　　　　　　　　　飛躍摩托車製造公司供應商檔案

供應商編碼	供應商名稱	供應商簡稱	所屬分類	稅號	開戶銀行	銀行帳號	分管部門	專管業務員
01001	重慶五工機電製造有限公司	五工機電	原材料供應商	23458438518	重慶市農業銀行	3563456242145	原料採購部	何亮
01002	重慶振中制動器有限公司	振中制動	原材料供應商	58492849651	光大銀行大坪營業廳	4563456345324	原料採購部	何亮
01003	重慶春華發動機制造有限公司	春華發動機	原材料供應商	65745673465	中國銀行新橋分理處	3467345643568	原料採購部	何亮
01004	重慶化工有限責任公司	重慶化工	原材料供應商	56475674567	重慶招商銀行江津營業廳	4567856734523	原料採購部	何亮
02001	重慶卓越摩托車配件公司	卓越摩配	配套品供應商	27456234579	上海浦東發展銀行壁山營業廳	6574563245234	配套件採購部	黃強
03001	重慶南華塑印裝潢有限公司	南華塑印	包裝物及其他	49856034756	農業銀行長壽分行	8956734897568	其他採購	趙紅兵

【操作步驟】

在企業應用平臺中，執行「基礎設置→基礎檔案→客商信息→供應商檔案」命令，進入供應商檔案設置主界面，在左邊的樹型列表中選擇一個末級的供應商分類（如果在建立帳套時設置供應商不分類，則不用進行選擇），單擊「增加」按鈕，進入增加狀

態。逐一選擇「基本」「聯繫」「信用」「其他」頁簽，填寫相關內容。如果設置了自定義項，還需要填寫自定義項頁簽。然後，點擊「保存」按鈕，保存此次增加的供應商檔案信息；或點擊「保存並新增」按鈕保存此次增加的供應商檔案信息，並增加空白頁供繼續錄入供應商信息。

4. 客戶檔案

本功能主要用於設置往來客戶的檔案信息，以便於對客戶資料的管理和業務數據的錄入、統計、分析。如果建立帳套時選擇了客戶分類，則必須在設置完成客戶分類檔案的情況下才能編輯客戶檔案。客戶檔案的欄目包括客戶檔案基本頁、客戶檔案聯繫頁、客戶檔案信用頁、客戶檔案其他頁等。其各頁面欄目的含義及錄入要求與供應商檔案相似。

[實務案例]

飛躍摩托車製造公司的客戶檔案如表 2-10 所示：

表 2-10　　　　　　　　　飛躍摩托車製造公司客戶檔案

客戶編碼	客戶名稱	客戶簡稱	稅號	開戶銀行	銀行帳號	業務員	部門名稱
01001	四川鑫鑫摩托車銷售公司	四川鑫鑫	6345634675346	工商銀行龍泉分理處	45673456236345	何飛	西南辦事處
01002	重慶金泰貿易有限公司	重慶金泰	5346856782345	中國銀行南岸支行	567845623453456	何飛	西南辦事處
01003	成都志遠貿易公司	成都志遠	4352874356245	工商銀行五桂橋分理處	764563456345635	魯志	西南辦事處
02001	江西新陽光車業有限公司	江西新陽光	253689723857	上海浦東發展銀行江西分行	245869837459827	張全	西北辦事處
03001	北京宏圖貿易有限公司	北京宏圖	458769857627	農業銀行加興分行	2548693475698	石海	北方辦事處

【操作步驟】

客戶檔案的增加、修改和刪除功能按鈕操作與供應商檔案相同。

(三) 存貨（分類、計量單位和檔案）

1. 存貨分類

企業可以根據對存貨的管理要求對存貨進行分類管理，以便於業務數據的統計和分析。存貨分類最多可分為 8 級，編碼總長不能超過 30 位，每級級長用戶可自由定義。存貨分類用於設置存貨分類編碼、名稱及所屬經濟分類。

[實務案例]

飛躍摩托車製造公司的存貨分類信息如表 2-11 所示：

表 2-11　　　　　　　　飛躍摩托車製造公司存貨分類信息

分類編碼	分類名稱
01	原材料

表2-11(續)

分類編碼	分類名稱
02	零用件
0201	外購件
0202	自制件
03	產成品
04	半成品
05	包裝物
06	低值易耗品
07	工具
99	其他

【操作步驟】

在企業應用平臺中，執行「基礎設置→基礎檔案→存貨→存貨分類」命令，進入存貨分類設置主界面，單擊「增加」按鈕，在編輯區輸入分類編碼和名稱等分類信息，點擊「保存」按鈕，保存此次增加的客戶分類后，可繼續增加其他分類信息。

2. 計量單位

要設置計量單位檔案，必須先增加計量單位組，然后再在該組下增加具體的計量單位內容。計量單位組分無換算、浮動換算、固定換算三種類別，每個計量單位組中有一個主計量單位、多個輔助計量單位，可以設置主輔計量單位之間的換算率，還可以設置採購、銷售、庫存和成本系統所默認的計量單位。

・無換算計量單位組：在該組下的所有計量單位都以單獨形式存在，各計量單位之間不需要輸入換算率，系統默認為主計量單位。

・浮動換算計量單位組：設置為浮動換算率時，可以選擇的計量單位組中只能包含兩個計量單位。此時需要將該計量單位組中的主計量單位、輔計量單位顯示在存貨卡片界面上。

・固定換算計量單位組：設置為固定換算率時，可以選擇的計量單位組中才可以包含兩個（不包括兩個）以上的計量單位，且每一個輔計量單位對主計量單位的換算率不為空。此時需要將該計量單位組中的主計量單位顯示在存貨卡片界面上。

［實務案例］

飛躍摩托車製造公司的計量單位信息如表2-12所示：

表2-12　　　　　　　飛躍摩托車製造公司計量單位信息

單位編碼	單位名稱	單位組編碼	計量單位組名稱	計量單位組類別	主計量單位標誌	換算率
01001	件	01	基本計量	無換算	否	
01002	套	01	基本計量	無換算	否	

表2-12(續)

單位編碼	單位名稱	單位組編碼	計量單位組名稱	計量單位組類別	主計量單位標誌	換算率
01003	輛	01	基本計量	無換算	否	
01004	臺	01	基本計量	無換算	否	
01005	千克	01	基本計量	無換算	否	
01006	個	01	基本計量	無換算	否	
01007	付	01	基本計量	無換算	否	
01008	元	01	基本計量	無換算	否	
01009	桶	01	基本計量	無換算	否	
02001	米	02	包裝帶	浮動換算	是	1
02002	包	02	包裝帶	浮動換算	否	100
03001	米	03	封口膠	固定換算	是	1
03002	卷	03	封口膠	固定換算	否	150
03003	箱	03	封口膠	固定換算	否	1,800
04001	升	04	油漆	固定換算	是	1
04002	桶	04	油漆	固定換算	否	100

【操作步驟】

在企業應用平臺中，執行「基礎設置→基礎檔案→存貨→計量單位」命令，進入計量單位設置主界面。第一步點擊「分組」進入設置計量單位組界面，單擊「增加」按鈕後，輸入計量單位組編碼和組名稱，並根據三種計量單位組的特點選擇計量單位組類別；點擊「保存」，保存添加的內容，如圖2-17所示；然後點擊「退出」，返回計量單位設置主界面。

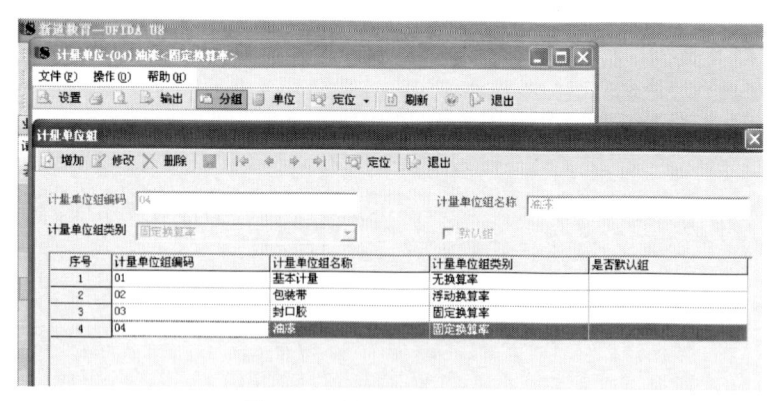

圖2-17　計量單位組設置界面

第二步設置計量單位，在計量單位設置主界面的左邊選擇要增加的計量單位所歸屬的組名，點擊「單位」，彈出計量單位設置窗口；點擊「增加」，錄入主計量、輔計量單位；按「保存」，保存添加的內容，如圖2-18所示。

圖2-18　計量單位錄入窗口

3. 倉庫檔案

［實務案例］

飛躍摩托車製造公司的倉庫檔案如表2-13所示：

表2-13　　　　　　　　飛躍摩托車製造公司倉庫檔案

倉庫編碼	倉庫名稱	計價方式	是否貨位管理	是否參與MRP運算
001	原料倉庫	全月平均法	否	是
002	成品倉庫	全月平均法	否	是
003	自制件倉庫	全月平均法	否	是
004	外購件倉庫	全月平均法	否	是
005	不良品倉庫	全月平均法	否	否
006	低值易耗品及其他倉庫	全月平均法	否	否
007	廢品倉庫	全月平均法	否	否

【操作步驟】

在企業應用平臺中，執行「基礎設置→基礎檔案→業務→倉庫檔案」命令，進入

倉庫檔案設置主界面，單擊「增加」按鈕，進入增加狀態，根據需要填寫相關內容。然後，點擊「保存」按鈕，保存此次增加的倉庫檔案信息。

4. 存貨檔案

存貨主要用於設置企業在生產經營中使用到的各種存貨信息，以便於對這些存貨進行資料管理、實物管理和業務數據的統計、分析。本功能完成對存貨目錄的設立和管理，隨同發貨單或發票一起開具的應稅勞務等也應設置在存貨檔案中。同時提供基礎檔案在輸入中的方便性，完備基礎檔案中數據項，提供存貨檔案的多計量單位設置。用友 ERP-U8 系統中存貨檔案各頁面主要欄目說明如下：

（1）存貨檔案基本頁，如圖 2-19 所示。

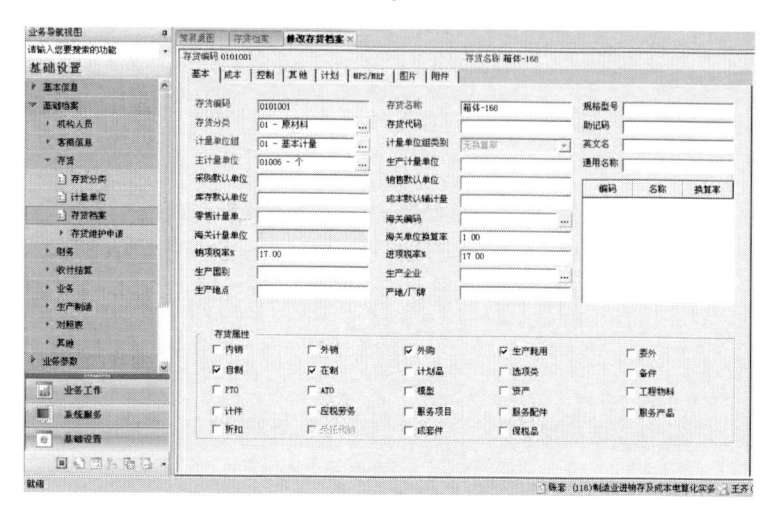

圖 2-19　存貨檔案基本頁界面

‧存貨編碼：必須輸入，最多可輸入 60 位數字或字符。

‧存貨名稱：本頁中藍色名稱的項目為必填項，必須輸入，最多可輸入 255 位漢字或字符。

‧計量單位組：可參照選擇錄入，最多可輸入 20 位數字或字符。

‧計量單位組類別：根據已選的計量單位組，系統自動帶入。

‧主計量單位：根據已選的計量單位組，顯示或選擇不同的計量單位。

‧生產計量單位：設置生產製造系統缺省時使用的輔計量單位。對應每個計量單位組均可以設置一個生產訂單系統缺省使用的輔計量單位。

‧庫存（採購、銷售、成本、零售）系統默認單位：對應每個計量單位組均可以設置一個且最多設置一個庫存（成本、銷售、採購）系統缺省使用的輔計量單位。其中成本默認輔計量單位，不可輸入主計量單位。

‧存貨分類：系統根據增加存貨前所選擇的存貨分類自動填寫，也可以修改。

‧銷項稅率%：錄入，此稅率為銷售單據上該存貨默認的銷項稅稅率，默認為 17，可修改，可以輸入小數位，允許輸入的小數位長根據數據精度對稅率小數位數的要求進行限制，可修改。

・進項稅率%：默認新增檔案時進項稅率等於銷項稅率，為 17%，可修改。

・存貨屬性：系統為存貨設置了多種屬性。同一存貨可以設置多個屬性，但當一個存貨同時被設置為自制、委外和（或）外購時，MPS/MRP 系統默認自制為其最高優先屬性而自動建議計劃生產訂單；而當一個存貨同時被設置為委外和外購時，MPS/MRP 系統默認委外為其最高優先屬性而自動建議計劃委外訂單。

・內銷：具有該屬性的存貨可用於銷售，該存貨的客戶是國內客戶。發貨單、發票、銷售出庫單等與銷售有關的單據參照存貨時，參照的都是具有銷售屬性的存貨。開在發貨單或發票上的應稅勞務，也應設置為銷售屬性，否則開發貨單或發票時無法參照。升級的數據默認為內銷屬性，新增存貨檔案內銷默認為不選擇。

・外銷：具有該屬性的存貨可用於銷售，該存貨的客戶是國外客戶。發貨單、發票、銷售出庫單等與銷售有關的單據參照存貨時，參照的都是具有銷售屬性的存貨。開在發貨單或發票上的應稅勞務，也應設置為銷售屬性，否則開發貨單或發票時無法參照。新增存貨檔案外銷默認為不選擇。

・外購：具有該屬性的存貨可用於採購。到貨單、採購發票、採購入庫單等與採購有關的單據參照存貨時，參照的都是具有外購屬性的存貨。開在採購專用發票、普通發票、運費發票等票據上的採購費用，也應設置為外購屬性，否則開具採購發票時無法參照。

・生產耗用：具有該屬性的存貨可用於生產耗用。如生產產品耗用的原材料、輔助材料等。具有該屬性的存貨可用於材料的領用，材料出庫單參照存貨時，參照的都是具有生產耗用屬性的存貨。

・委外：具有該屬性的存貨主要用於委外管理。委外訂單、委外到貨單、委外發票、委外入庫單等與委外有關的單據參照存貨時，參照的都是具有委外屬性的存貨。

・自制：具有該屬性的存貨可由企業生產自制。如工業企業生產的產成品、半成品等存貨。具有該屬性的存貨可用於產成品或半成品的入庫，產成品入庫單參照存貨時，參照的都是具有自制屬性的存貨。

・計劃品：具有該屬性的存貨主要用於生產製造中的業務單據，以及對存貨的參照過濾。計劃品代表一個產品系列的物料類型，其物料清單中包含子件物料和子件計劃百分比。可以使用計劃物料清單來幫助執行主生產計劃和物料需求計劃。與「存貨」所有屬性互斥。

・選項類：是 ATO 模型或 PTO 模型物料清單上，對可選子件的一個分類。選項類作為一個物料，成為模型物料清單中的一層。

・備件：具有該屬性的存貨主要用於設備管理的業務單據和處理，以及對存貨的參照過濾。與「應稅勞務」，「計劃品」，「PTO」選項類屬性互斥。

・PTO：指訂單挑庫，就是產品先生產，接訂單后發貨，可使用標準 BOM，選擇 BOM 版本，可選擇模擬 BOM，直接將標準 BOM 展開到單據表體。

・ATO：指面向訂單裝配，即接受客戶訂單后方可下達生產裝配。ATO 在接受客戶訂單之前雖可預測，但目的在於事先提前準備其子件供應，ATO 件本身則需按客戶訂單下達生產。本系統中，ATO 一定同時為自制件屬性。若 ATO 與模型屬性共存，則

是指在客戶訂購該物料時，其物料清單可列出其可選用的子件物料，即在銷售管理或出口貿易系統中可以按客戶要求訂購不同的產品配置。

・模型：在其物料清單中可列出其可選配的子件物料。本系統中，模型可以是 ATO 或者為 PTO。

・PTO+模型：指面向訂單挑選出庫。本系統中，PTO 一定同時為模型屬性，是指在客戶訂購該物料時，其物料清單可列出其可選用的子件物料，即在銷售管理或出口貿易系統中可以按客戶要求訂購不同的產品配置。ATO 模型與 PTO 模型的區別在於，ATO 模型需選配后下達生產訂單，組裝完成再出貨，PTO 模型則按選配子件直接出貨。

・資產：「資產」與「受託代銷」屬性互斥。「資產」屬性存貨不參與計劃，「計劃方法」（MRP 頁簽）只能選擇 N。資產存貨，默認倉庫只能錄入和參照倉庫檔案中的資產倉。非「資產」存貨，默認倉庫只能錄入和參照倉庫檔案中的非資產倉。

・工程物料：企業在進行新品大批量生產之前，小批量試製，試製用到新物料，這種物料在採購時需要進行單次採購數量的限制。

・計件：選中，表示該產品或加工件需要核算計件工資，可批量修改。

・應稅勞務：指開具在採購發票上的運費費用、包裝費等採購費用或開具在銷售發票或發貨單上的應稅勞務。應稅勞務屬性應與「自制」「在制」「生產耗用」屬性互斥。

・服務項目：默認為不選擇，升級默認為「否」。

・服務配件：默認為不選擇，同「服務項目」選擇互斥，與備件屬性的控制規則相同。

・服務產品：服務單選擇故障產品時，只可參照該標誌的存貨。服務產品控制規則同服務配件控制規則。

・是否折扣：即折讓屬性，若選擇是，則在採購發票和銷售發票中錄入折扣額。該屬性的存貨在開發票時可以沒有數量，只有金額，或者在藍字發票中開成負數。與「生成耗用」「自制」「在制」屬性互斥，即不能與它們三個中任一個屬性同時錄入。

・是否受託代銷：在建立帳套時，企業類型為商業和醫藥流通才可以啟用受託代銷業務。要選此項需要先在「庫存管理」選項設置中選中「有無受託代銷業務」選項。

・是否成套件：選擇是，則該存貨可以進行成套業務。要選此項需要先在「庫存管理」選項設置中選中「有無成套件管理」選項。

・保稅品：進口的被免除關稅的產品被稱為保稅品。只要有業務發生，該存貨就不能變為非保稅存貨。

（2）存貨檔案成本頁，如圖 2-20 所示。

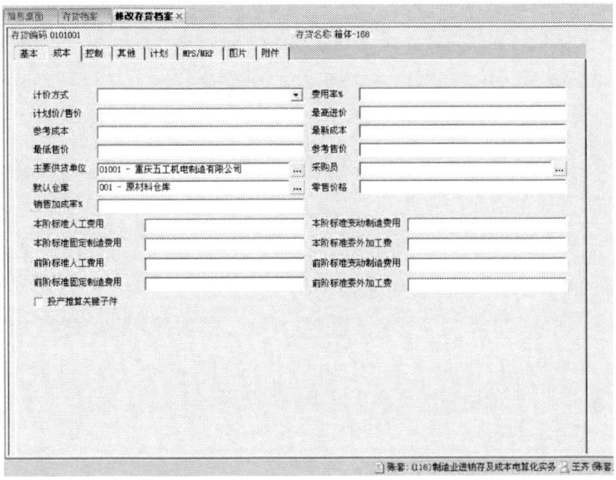

圖 2-20　存貨檔案成本頁界面

　　存貨檔案成本頁中各種屬性主要用於在進行存貨的成本核算過程中提供價格計算的基礎依據。具體屬性說明如下：
　　在存貨核算系統選擇存貨核算時必須對每一個存貨記錄設置一個計價方式，缺省選擇全月平均，若前面已經有新增記錄，則計價方式與前面新增記錄相同。
　　當存貨核算系統中已經使用該存貨以后就不能修改該計價方式。
　　·費用率%：錄入，可為空，可以修改，小數位數是最大可為 6 的正數。用於存貨核算系統，計提存貨跌價準備。
　　·計劃單價/售價：該屬性對於計劃價法核算的帳套必須設置，因為在單據記帳等處理中必須使用該單價；計算差異和差異率也以該價格為基礎，工業企業使用計劃價對存貨進行核算，商業企業使用售價對存貨進行核算，根據核算方式的不同，分別通過按照倉庫、部門、存貨設置計劃價/售價核算。核算體系為標準成本時，該價格特指材料計劃價，採購屬性的存貨在此錄入，半成品或產成品的材料計劃價由系統自動計算，無需手工錄入。
　　·最高進價：指進貨時用戶參考的最高進價，為採購進行進價控製。如果用戶在採購管理系統中選擇要進行最高進價控製，則在填製採購單據時，如果最高進價高於此價，系統會要求用戶輸入口令，如果口令輸入正確，方可高於最高進價採購，否則不行。
　　·參考成本：該成本指非計劃價或售價核算的存貨填製出入庫成本時的參考成本。採購商品或材料暫估時，參考成本可作為暫估成本；存貨負出庫時，參考成本可作為出庫成本。該屬性比較重要，建議都進行填寫。在存貨核算系統，該值可以和「零成本出庫單價確認」「入庫成本確認方式」「紅字回衝單成本確認方式」「最大最小單價

控制方式」等選項配合使用，如果各種選項設置為參考成本，則在各種成本確認的過程中都會自動取該值作為成本。

· 最新成本：指存貨的最新入庫成本，用戶可修改。存貨成本的參考值，不進行嚴格的控制。產品材料成本、採購資金預算是以存貨檔案中的計劃售價、參考成本和最新成本為依據，所以，如果要使用這兩項功能，在存貨檔案中必須輸入計劃售價、參考成本和最新成本，可隨時修改。如果使用了採購管理系統，那麼在做採購結算時，提取結算單價作為存貨的最新成本，自動更新存貨檔案中的最新成本。

· 最低售價：存貨銷售時的最低銷售單價，為銷售進行售價控制。在錄入最低售價時，根據報價是否含稅錄入無稅售價或含稅售價。

· 參考售價：錄入，大於零。客戶價格、存貨價格中的批發價，根據報價是否含稅錄入無稅售價或含稅售價。

· 主要供貨單位：指存貨的主要供貨單位。如商業企業商品的主要進貨單位或工業企業材料的主要供應商等。

· 銷售加成率%：錄入百分比。銷售管理系統設置取價方式為最新成本加成，則銷售報價＝存貨最新成本×（1+銷售加成率%）。報價根據「報價是否含稅」帶入到無稅單價或含稅單價。

· 零售價格：用於零售系統錄入單據時缺省帶入的銷售價格。

· 本階標準人工費用、本階標準變動製造費用、本階標準固定製造費用、本階標準委外加工費：用於存貨在物料清單子件產出類型為「聯產品或副產品」時，計算單位標準成本及標準成本時引用此數據作為計算本階主、副、聯產品的權重。

· 前階標準人工費用、前階標準變動製造費用、前階標準固定製造費用、前階標準委外加工費：用於存貨在物料清單子件產出類型為「聯產品或副產品」時，計算單位標準成本及標準成本時引用此數據作為計算前階主、副、聯產品的權重。

· 投產推算關鍵子件：成本管理在產品分配率選擇按約當產量時，勾選此選項，可作為成本管理推算產品投產數量的依據。此字段屬性會直接帶到 BOM 子件中，成本管理「月末在產品處理表」取數選擇「按關鍵子件最大套數」或「按關鍵子件最小套數」時，將根據此選擇取出產品的投產數量。注意：在存貨檔案修改「投產推算關鍵子件」屬性，僅影響新增 BOM 子件。

(3) 存貨檔案控製頁，如圖 2-21 所示。

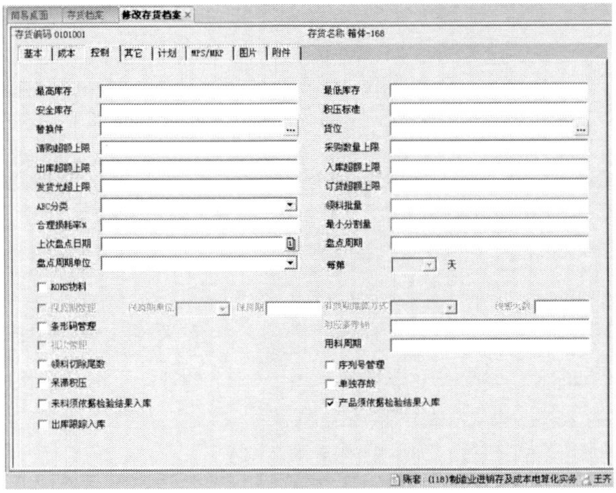

圖 2-21　存貨檔案控製頁界面

‧最高庫存：存貨在倉庫中所能儲存的最大數量，超過此數量就有可能形成存貨的積壓。最高庫存不能小於最低庫存。在填製出入庫單時，如果某存貨的目前結存量高於最高庫存，系統將予以報警。庫存管理系統需要設置此選項，才能報警。

‧最低庫存：存貨在倉庫中應保存的最小數量，低於此數量就有可能形成短缺，影響正常生產。如果某存貨當前可用量小於此值，在庫存管理系統填製出入庫單及登錄時系統將予以報警。

‧安全庫存：在庫存中保存的貨物項目數量，為了預防需求或供應方面不可預料的波動，在庫存管理中，根據此來進行安全預警。安全庫存指為了預防需求或供應方面不可預料的波動而定義的貨物在庫存中保存的基準數量。如果補貨政策選擇按再訂貨點（ROP）方法，庫存管理 ROP 運算、再訂貨點維護以及查詢安全庫存預警報表時以此處的設置為基準。

‧積壓標準：輸入存貨的週轉率。呆滯積壓存貨分析根據積壓標準進行統計，即週轉率小於積壓標準的存貨，在庫存管理中要進行統計分析。在庫存管理系統進行呆滯積壓存貨分析時，以實際存貨週轉率與該值進行比較，以確定存貨在庫存中存放的狀態（呆滯、積壓或非呆滯積壓狀態）。

‧替換件：指可作為某存貨的替換品的存貨，來源於存貨檔案。錄入可替換當前存貨（被替換品）的存貨（替換品）。錄入庫存單據時如果發現被替換品存量不足，可以用替換品代替原存貨出庫。

‧貨位：主要用於倉儲管理系統中對倉庫實際存放空間的描述，指存貨的默認存放貨位。在庫存系統填製單據時，系統會自動將此貨位作為存貨的默認貨位，但用戶可修改。在企業中倉庫的存放貨位一般用數字描述，例如 3-2-12 表示第 3 排第 2 層第 12 個貨架。貨位可以分級表示，貨位可以是三維立體形式，也可以是二維平面表示。

・請購超額上限：設置根據請購單生成採購訂單時，可以超過來源請購單訂貨的上限範圍。指採購管理系統選項設置為「允許超請購訂貨」時，訂貨可超過請購量的上限值。

・採購數量上限：用於採購時需要進行單次採購數量的限制。如果在基本頁簽中工程物料被選中，則可以錄入；否則置灰不可錄入，錄入正數。

・入庫、出庫超額上限：百分比數據以小數類型錄入。手工輸入的數據，在出入庫時根據錄入的數據計算控制。

・入庫、出庫超額上限：設置根據來源單據做出入庫單時，可以超過來源單據出庫或入庫的上限範圍。

・訂貨超額上限：控制訂貨時不能超所需量的上限數量。參照 MPR/MPS 建議訂貨量生成採購訂單的時候，訂購量可超過建議訂貨量的上限值，允許採購管理系統的選項中「是否允許超計劃訂貨」，此參數才會有效。

・發貨允許上限：即發貨允許超出訂單的上限。

ABC 分類：在存貨核算系統中用戶可自定義 ABC 分類的方法，並且系統根據設置的 ABC 分類方法自動計算 A、B、C 三類都有哪些存貨。ABC 分類法是指由用戶指定每一存貨的 ABC 類別，只能輸入 A、B、C 三個字母其中之一。基本原理是按成本比重高低將各成本項目分為 A、B、C 三類，對不同類別的成本採取不同控制方法。這一方法符合抓住關鍵少數、突出重點的原則，是一種比較經濟合理的管理方法。該法既適用於單一品種各項成本的控制，又可以用於多品種成本控制，亦可用於某項成本的具體內容的分類控制。A 類成本項目其成本占 A、B、C 三類成本總和的比重最大，一般應為 70% 以上，但實物數量則不超過 20%；歸入 B 類的成本項目其成本比重為 20% 左右，其實物量則一般不超過 30%；C 類項目實物量不低於 50%，但其成本比重則不超過 10%。按照 ABC 分析法的要求，A 類項目是重點控制對象，必須逐項嚴格控制；B 類項目是一般控制對象，可分不同情況採取不同措施；C 類項目不是控制的主要對象，只需採取簡單控制的方法即可。顯然，按 ABC 分類法分析成本控制對象，可以突出重點，區別對待，做到主次分明，抓住成本控制的主要矛盾。

・合理損耗率%：可以手工輸入小數位數最大為 6 位的正數，可以為空，可以隨時修改。庫存盤點時使用，庫存管理進行存貨盤點時用戶可以根據實際損耗率與此值進行比較，確定盤虧存貨的處理方式。還作為 BOM 中子件損耗率默認值攜帶。

・領料批量：可空，可輸入小數，如果存貨設置成切除尾數，則不允許錄入小數。如果設置了領料批量，在庫存管理系統根據生產訂單、委外訂單進行領料及調撥時，系統將執行的領料量調整為領料批量的整數倍。

・最小分割量：在進行配額分配時，對於有些採購數量較小的採購需求，企業並不希望將需求按照比例在多個供應商間進行分割，而是全部給實際完成率比較低的那個供應商。因此，這個參數針對存貨設置。在進行配額前，系統可根據用戶的設置和這個參數自動判斷需不需要分給多個供應商。

・ROHS[①]物料：標示當前存貨是否是ROHS物料。某些企業在採購ROHS涉及的物料時需要從通過ROHS認證的供應商採購。

・是否保質期管理：指存貨是否要進行保質期管理。如果某存貨是保質期管理，可用鼠標點擊選擇框，選擇「是」，且錄入入庫單據時，系統將要求輸入該批存貨的失效日期。

・保質期單位：設置保質期值對應的單位，可設為年、月、天，默認為天，可隨時修改。只有保質期管理的存貨才能選擇保質期單位；保質期單位和保質期必須同時輸入或同時不輸入，不能一個為空另一個不為空；輸入保質期之前必須先選擇保質期單位。

・保質期：只能手工輸入大於0的4位整數，可以為空，可以隨時修改。

・是否條形碼管理：可以隨時修改該選項。在庫存系統可以對條形碼管理的存貨分配條件形碼規則。可以隨時修改該選項。只有設置為條形碼管理的存貨才可以在庫存系統中分配條形碼規則。

・對應條形碼：最多可輸入30位數字或字符，可以隨時修改，可以為空。但不允許有重複的條形碼存在。庫存生成條形碼時，作為存貨對應條形碼的組成部分。

・是否批次管理：指存貨是否需要批次管理。只有在庫存選項設置為「有批次管理」時，此項才可選擇。如果存貨是批次管理，錄入出、入庫單據時，系統將要求輸入出、入庫批號。

・用料週期：指物料從上次出庫到下次出庫的時間間隔。此參數用於庫存進行用料週期分析時使用。用料週期分析用於分析若干時間內沒有做過出庫業務的物料，以便統計物料的使用週期及呆滯積壓情況。

・領料切除尾數：指經過MRP/MPS運算后得到的領料數量是否要切除小數點后的尾數。如果選擇，當領料批量存在小數時會給出提示，可進行修改。

・是否序列號管理：是否序列號管理默認為「否」，可隨時可改。存貨啟用序列號管理作用於「服務管理」和「庫存管理」兩個系統。服務管理中服務選項設置為「啟用序列號管理」時，則服務單執行完工操作時必須輸入產品的序列號。庫存管理中庫存選項設置為「啟用序列號管理」時，對於有序列號管理存貨，在出入庫時可以維護其對應序列號信息。

・是否呆滯積壓：用於設置該存貨是否為呆滯積壓存貨。只在設置成此項才可以在庫存管理的「呆滯積壓備查簿」裡查詢。

・是否單獨存放：用於設置該存貨是否需要單獨存放，可以隨時修改，在貨位跟別的存貨可放在一個貨位上。

・是否來料須依據檢驗結果入庫：用於來料檢驗合格物料入庫的控製，如果設置為來料須依據檢驗結果入庫，則根據來料檢驗單生成採購入庫單時系統控製累計入庫量不得大於檢驗合格量加讓步接受量。

---

① ROHS：The restriction of the use of certain nazardous substances in electrical and electronic equipment，限制使用某些有害物質的電氣和電子設備。

・是否出庫跟蹤入庫：可以修改，但是若需要將該選項從不選擇狀態改成選擇狀態，則需要檢查該存貨有無期初數據或者出入庫數據，有數據的情況下不允許修改。在錄入出庫單時需要指定對應的入庫單，只有設置此項才可以跟到供應商對應存貨收發存情況。

・產品須依據檢驗結果入庫：庫管部門做入庫時，有些企業或同一企業的某些品種，能夠嚴格按照質量部門確定的檢驗合格量入庫，而對有些企業或者有些品種來說，入庫量與檢驗合格量之間允許有一定的容差。可以通過勾選進行操作。

(4) 存貨檔案 MPS/MRP 頁，如圖 2-22 所示。

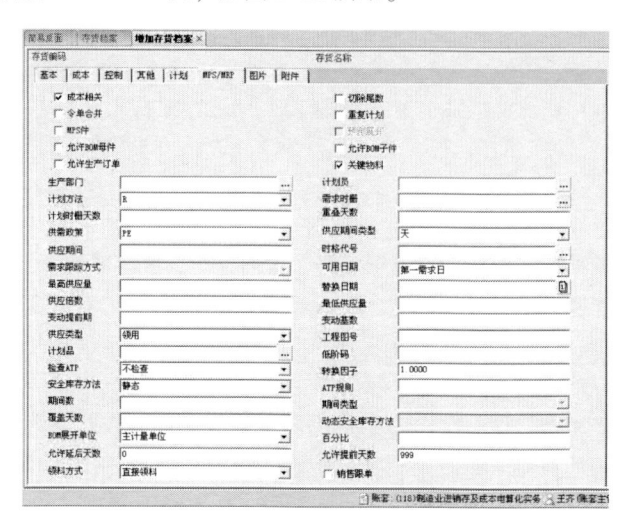

圖 2-22　存貨檔案 MPS/MRP 頁界面

其中：MPS 是主生產計劃（Master Production Schedule）的簡稱。MPS 件是指在制定主生產計劃時，可參照選用的存貨。MRP 是物料需求計劃（Material Requirement Planning）的簡稱。BOM 是物料清單（Bill of Material）的簡稱，它是計算機可以識別的產品結構數據文件，也是 MRP 的主導文件。設定為 BOM 母件的存貨，在設置物料清單母件時，可選用；設定為 BOM 子件的存貨，在設置物料清單子件時，可選用。

如果是工業帳套，則需要顯示並輸入存貨檔案 MPS/MRP 頁的相關信息資料。

・成本相關：表示該物料是否包含在物料清單中其母件的成本累計中，即該子件是否包含在因件標準成本計算中，當子件為產出品時，其值設置為「否」。如果存貨屬性內銷/外銷不選、生產耗用不選而允許 BOM 子件勾選，則成本相關默認不選。在存貨檔案中該欄位值，成為物料清單維護中子件設定為是否成本累計的默認值。

・是否切除尾數：一種計劃修正手段，說明由 MRP/MPS 系統計算物料需求時，是否需要對計劃訂單數量進行取整。選擇「是」時，系統會對數量進行向上進位取整，如計算出的數量為 3.4，選擇切除尾數后，MPS/MRP 會把此數量修正為 4。

・是否令單合併：當供需政策為 LP 時，可選擇同一銷售訂單或同一銷售訂單行號

或同一需求分類號（視需求跟蹤方式設定）的淨需求是否予以合併。

・是否重複計劃：表示此存貨按重複計劃方式還是按離散的任務方式進行計劃與生產管理。選擇「是」時，MPS/MRP 將按重複的日產量方式編製計劃和管理生產訂單。若不選擇此選項，系統則以傳統的離散計劃方式來管理。只有自製件才可以設置為重複計劃。在重複計劃中，重複性的計劃與重複計劃期間內的淨需求總和匹配；而在離散計劃中，它是計劃訂單和現有訂單的總和，始終與同一期間內的淨需求總和匹配。

・MPS 件：本欄位用於區分此物料是 MPS 件還是 MRP 件，供主生產計劃系統和物料需求計劃之用，可選或不選擇。若選擇，則表明此存貨為主生產計劃對象，稱為 MPS 件（MPS Items）。列入 MPS 件範圍的，通常為銷售品、關鍵零組件、供應提前期較長或占用產能負荷多或作為預測對象的存貨等。MPS 件的選擇可按各階段需要而調整，以求適量。若不選擇，則不列為主生產計劃對象，即為 MRP 展開對象，也稱為非 MPS 件。未啟用主生產計劃系統之前，可將全部存貨定為非 MPS 件，即將全部存貨列為 MRP 計算對象。在啟用主生產計劃或需求規劃系統之前，本欄位可不設置。

・預測展開：可選擇是或否。選項類、PTO 模型屬性的存貨默認為是不可改，ATO 模型、計劃品屬性的存貨默認為是可改，其他屬性的存貨默認為否不可改。設置為是的存貨，在產品預測訂單按計劃、模型或選項類物料清單執行預測展開時，將視為被展開對象。

・允許 BOM 母件：如果存貨屬性為計劃品、ATO、PTO、選項類、自製、委外件時，該屬性默認為可改，如果該存貨為外購件，則該屬性默認為不可改，其他存貨屬性一律為不可改。

・允許 BOM 子件：計劃品、ATO、PTO、選項類、自製、委外件、外購件默認為可改，其他存貨屬性一律為不可改。

・允許生產訂單：自製屬性默認為可改；委外、外購屬性默認為不可改；其他存貨屬性一律為不可改。

・關鍵物料：是指在母件模擬計算其標準成本時是否考慮該物料。

・生產部門：該自製存貨通常負責的生產部門，為建立該存貨生產訂單時的默認值。

・計劃員：說明該存貨的計劃資料由誰負責，須首先在職員檔案建檔。

・計劃方法：可選擇 R 或 N。R 表示此存貨要列入 MRP/MPS 計算的對象，編製 MPS/MRP 計劃；N 表示該存貨及其以下子件都不計算需求，不列入 MRP/MPS 展開。如量少價低、可隨時取得的物料，可採用再訂購點或其他方式計劃其供應。如果存貨屬性內銷/外銷不選、生產耗用不選而允許 BOM 子件勾選，計劃方法默認為 N。

・需求時柵：MPS/MRP 計算時，在某一時段對某物料而言，其獨立需求來源可能是按訂單或按預測或兩者都有，系統是按各物料所對應的時柵內容而運作的。系統讀取時柵代號的順序為，先以物料在存貨主檔中的時柵代號為準，若無則按 MPS/MRP 計劃參數中設定的時柵代號。時柵是公司政策或做法的改變點，即計劃的時間段。

・計劃時柵天數：可輸入最多三位正整數，可不輸入。

・重疊天數：可輸入最多三位正或負整數，可不輸入。

供需政策：各存貨的供應方式，可以選擇 PE 或 LP。本欄位為主生產計劃及需求規劃系統，規劃計劃訂單之用。對應存貨在現存量表中有記錄則不允許 LP、PE 轉換。

・PE（Period）：表示期間供應法。MPS/MRP 計算時，按設定期間匯總淨需求一次性供應，即合併生成一張計劃訂單。此方式可增加供應批量，減少供應次數，但需求來源（如銷售訂單）變化太大時，將造成庫存太多、情況不明的現象。若供需政策採用 PE 且為非重複計劃物料，則可在「供應期間類型、供應期間、時格代號」欄位輸入相關值，並選擇「可用日期」參數。

・LP（Lot Pegging）：表示批量供應法，按各時間的淨需求分別各自供應。所有淨需求都不合併，按銷售訂單不同各自生成計劃訂單。此方式可使供需對應關係明朗化，庫存較低，但供應批量可能偏低，未達經濟規模。若供需政策選擇 LP，則可選擇「是否令單合併」欄位。

・需求跟蹤方式：如果供需政策為 LP，可選擇「訂單號/訂單行號/需求分類代號」三種需求跟蹤方式之一，分別表示是按銷售訂單號、銷售訂單行或需求分類號來對物料的供需資料分組。

・替換日期：因某些原因（如技術、經濟上原因等），而確定存貨將在該日期被另一存貨所替代，但在該存貨被另一存貨替代之前，該存貨的現有庫存將被使用完畢。MRP 展開時，一旦該存貨庫存在替換日期之後被完全使用完畢，系統自動將該存貨的相關需求分配給另一存貨（替換料）。該存貨的替換料資料在物料清單中維護。

・最高供應量：一種計劃修正手段，在 MPS/MRP 編製時使用。此處輸入存貨的最低供應量，若該存貨有結構性自由項，則新增存貨時為各結構自由項默認的最高供應量，如果要按各結構自由項分別設置其不同的最高供應量，可按結構自由項個別修改。MPS/MRP 計算時，如果淨需求小於最高供應量，系統將保持原淨需求量；而在淨需求超過最高供應量時，系統將計劃數量修改為等於最高供應量的計劃訂單。

・最低供應量：一種計劃修正手段，在 MPS/MRP 編製時使用。輸入存貨的最低供應量，若該存貨有結構性自由項，則新增存貨時為各結構自由項默認的最低供應量，如果要按各結構自由項分別設置其不同的最低供應量，可按結構自由項個別修改。MPS/MRP 計算時，如果淨需求數量小於最低供應量，將淨需求數量修改為最低供應量；否則，保持原淨需求數量不變。

・供應倍數：一種計劃修正手段，在 MPS/MRP 編製時使用。輸入存貨的供應倍數，若該存貨有結構性自由項，則新增存貨時為各結構自由項默認的供應倍數，如果要按各結構自由項分別設置其不同的供應倍數，可按結構自由項個別修改。MPS/MRP 計算時，按各存貨（或存貨加結構自由項）的供應倍數，將淨需求數量修正為供應倍數的整數倍，即各計劃訂單數量一定為供應倍數的整數倍。

・變動基數：如果有變動提前期考慮時，每日產量即為變動基數。

・固定提前期：從發出需求訊息，到接獲存貨為止所需的固定提前期。以採購件為例，即不論需求量多少，從發出採購訂單到可收到存貨為止的最少需求時間，稱為此採購件的固定提前期。

・變動提前期：如果生產、採購或委外時，會因數量造成生產、採購或委外時間不一時，此段時間稱為變動提前期。

總提前期的計算公式為：$\frac{總需求量}{變動基數}×變動提前期 + 固定提前期$

・工程圖號：輸入工程圖號，備註用。

・供應類型：用以控制如何將子件物料供應給生產訂單和委外訂單，如何計劃物料需求以及如何計算物料成本。此處定義的供應類型將帶入物料清單，成為子件供應類型的默認值。

・領用：可按需要直接領料而供應給相應的生產訂單和委外訂單。

・入庫倒沖：U8 倒沖在生產訂單和委外訂單母件完成入庫時，系統自動產生領料單，將子件物料發放給相應的生產訂單和委外訂單。

・工序倒沖：在生產訂單母件工序完工時，系統自動產生領料單，將子件物料發放給相應的生產訂單。

・虛擬件：虛擬件是一個無庫存的裝配件，它可以將其母件所需物料組合在一起，產生一個子裝配件。MPS/MRP 系統可以通過虛擬件直接展開到該虛擬件的子件，就好似這些子件直接連在該虛擬件的母件上。成本管理系統中計算產品成本時，這些虛擬件的母件的裝配成本將會包括虛擬件的物料成本，但不包含該其人工及製造費用等成本要素。

・直接供應：生產過程中，如果子件是直接為上階訂單生產，且子件實體不必進入庫存，這些子件稱為直接供應子件。

・低階碼：又稱為低層代碼，表示該存貨在所有物料清單中所處的最低層次，由「物料清單」系統中「物料低階碼自動計算」功能計算得到。MPS/MRP 計算使用低階碼來確保在計算出此子件的所有的毛需求之前不會對此存貨進行淨需求。

・計劃品編碼：可輸入一個計劃品的存貨編碼，目的在於建立存貨與某一計劃品的對應關係，與「轉換因子」欄位值配合，用於存貨的銷售訂單與該計劃品的需求預測進行預測消抵。只有銷售屬性的存貨才可輸入，輸入的計劃品其「預測展開」設置為否。輸入計劃品的 MPS/MRP 屬性與原存貨相同。

・轉換因子：輸入計劃品編碼時必須輸入，默認為 1，可改，須大於零。

・檢查 ATP：系統默認為「不檢查」，可改為「檢查物料」。如果選擇為「檢查物料」，則在生產訂單和委外管理系統中，可以檢查該物料的可承諾數量，以進行缺料分析與處理。

・ATP 規則：ATP 是可承諾量（Available To Promise）的簡稱，是指物料現有庫存及供應計劃，在滿足已有需求外，還可對新的需求進行承諾的量。可參照輸入自定義的 ATP 規則，資料來源於 ATP 規則檔案，可不輸入，支持修改。ATP 規則可以定義供應和需求來源、時間欄參數等。執行生產訂單/委外訂單子件 ATP 數量查詢時，如果子件「檢查 ATP」設置為「檢查物料」，則讀此處輸入的 ATP 規則，若未輸入則以生產製造參數設定中的 ATP 規則為準。

・安全庫存方法：選擇 MPS/MRP/SRP 自動規劃時，安全庫存的處理方式。默認

為「靜態」，可改為「靜態/動態」之一。如果設置為「靜態」，MPS/MRP/SRP 計算以物料檔案中輸入的安全庫存量為準；若設置為「動態」，則系統自動計算物料基於需求的安全庫存量。SRP 是銷售需求計劃（Sales Requirement Planning）的簡稱，是指按照接收到的銷售訂單展開計算出物料需求計劃，是一種補充計劃，如當前的供應計劃已經可以滿足接收到的銷售訂單的物料需求，不會產生新的供應計劃，如當前的供應計劃不能滿足接收到的銷售訂單的物料需求，會在現有計劃基礎之上產生新的供應計劃。

· 期間類型：MPS/MRP/SRP 計算動態安全庫存量，首先必須確定某一期間內物料的需求量，本欄位供選擇確定此一期間的期間類型，系統依該欄位值與「期間數」輸入值確定計算物料需求量的期間長度。如期間類型為天，期間數為 12，則期間長度為 12 天。系統默認為「天」，可改為「天/周/月」之一，安全庫存方法選擇為「動態」時必須輸入。

· 期間數：安全庫存方法選擇為「動態」時必須輸入。

動態安全庫存方法：選擇動態安全庫存量是以覆蓋日平均需求量的天數計算，或以動態安全庫存期間內總需求量的百分比來計算。默認為「覆蓋天數」，可改為「覆蓋天數/百分比」之一，安全庫存方法選擇為「動態」時必須輸入。

· 覆蓋天數：動態安全庫存方法選擇為「覆蓋天數」時必須輸入。

· 百分比：動態安全庫存方法選擇為「百分比」時必須輸入。

· BOM 展開單位：可選擇「主計量單位/輔助計量單位」之一。指執行 BOM 展開時，是以子件的基本用量或是以輔助基本用量作為子件使用數量的計算基準。

· 銷售跟單：如果供需政策為 PE，可選擇銷售跟單選項。銷售跟單選項需要配合需求跟蹤方式使用以確定計劃訂單帶入的跟蹤號是「訂單號/訂單行號/需求分類代號」之一。PE 物料的銷售跟單只是將跟蹤號帶入計劃訂單中顯示，其作用僅僅表示計劃訂單最初是根據哪一個需求跟蹤號產生的，再次計劃時並不按照需求跟蹤號來進行供應平衡。如果供需政策為 LP，用友 U8V10.1 系統默認為銷售跟單。

· 領料方式：在供應類型為「領用」時，可以選擇「直接領料/申請領料」兩者之一，直接領料表示生產時按照生產訂單進行領料作業，申請領料表示生產時需要預先按照生產訂單申請領料，再進行領料作業。

· 供應期間類型：對於非重複計劃的 PE 件，選擇其進行淨需求合併的供應期間的期間類型。除了採用時格進行供應期間劃分外，其他供應期間類型皆與「供應期間」欄位輸入值一併確定供應期間長度。如供應期間類型為天，供應期間為 12，則供應期間長度為 12 天。系統默認為「天」，可改為「天/周/月/時格」之一。

· 時格代號：如果供應期間類型選擇為「時格」，則參照時格檔案輸入。時格是指用於統計數據的一個時間段。

可用日期：表示同一供應期間內的淨需求合併之后，其需求日期如何確定。系統默認為「第一需求日」，可選擇「第一需求日/期間開始日/期間結束日」之一。

(5) 存貨檔案計劃頁。

在此頁簽輸入存貨檔案計劃頁的相關信息資料。用於庫存管理 ROP（Re-Order Point）再訂貨點法，這是一種傳統的庫存規劃方法，考慮安全庫存和採購提前期，當庫存量降到再訂貨點時，按照批量規則進行訂購。現主要針對未在 BOM 中體現的低值易耗品、勞保用品。如果該存貨補貨政策為依再訂貨點，則需要在此頁簽進行相關信息的設置。

・ROP 件：設置為外購屬性+ROP 的存貨，在庫存系統中可以參與 ROP 運算，生成 ROP 採購計劃。

・再訂貨點方法：設置為 ROP 件時，必選其一。（手工：由用戶手工輸入再訂貨點。自動：由系統自動計算再訂貨點，不可手工修改，可錄入日均耗量。再訂貨點＝日均耗量＊固定提前期+安全庫存）

・ROP 批量規則：此處選定的批量規則決定庫存系統 ROP 運算時計劃訂貨量的計算規則。

・保證供應天數：錄入不小於零的數字，默認為1。ROP 批量規則選擇歷史消耗量時，根據此值計算計劃訂貨量，計劃訂貨量＝日均耗量＊保證供應天數。

・日均耗量：在庫存系統進行日均耗量與再訂貨點維護時，系統自動填寫該項，日均耗量＝歷史耗量/計算日均耗量的歷史天數，可修改。

・固定供應量：錄入，不能小於零，即經濟批量。考慮批量可以使企業在採購或生產時按照經濟、方便的批量訂貨或組織生產，避免出現拆箱或量小不經濟的情況，多餘庫存可作為意外消耗的補充、瓶頸工序的緩解、需求變動的調節等。ROP 批量規則選擇固定批量時，根據此值計算計劃訂貨量。計劃訂貨量＝固定供應量。

・固定提前期：指從訂貨到貨物入庫的時間。再訂貨點方法選擇自動時，系統根據此值計算再訂貨點。

・累計提前期：指從取得原物料開始到完成製造該存貨所需的時間，可逐層比較而取得其物料清單下各層子件的最長固定提前期，再將本存貨與其各層子件中最長的提前期累加而得。該值由 MPS/MRP 系統中「累計提前期天數推算」作業自動計算而得。

在錄存貨檔案前，最好先把倉庫檔案錄完。

［實務案例］

飛躍摩托車製造公司的存貨檔案如表 2-13 所示：

表 2-13　　　　　　　飛躍摩托車製造公司存貨檔案

存貨編碼	存貨代碼	存貨名稱	存貨大類名稱	主計量單位	主要供貨單位名稱	默認倉庫名稱
0101001	XT	箱體-168	原材料	個	重慶五工機電製造有限公司	原料倉庫
0102001	DLG	動力蓋-170F	原材料	個	重慶五工機電製造有限公司	原料倉庫

表2-13(續)

存貨編碼	存貨代碼	存貨名稱	存貨大類名稱	主計量單位	主要供貨單位名稱	默認倉庫名稱
0102002	FLWG	飛輪外蓋-172S	原材料	個	重慶五工機電製造有限公司	原料倉庫
0102003	JSG	減速蓋-173FR	原材料	個	重慶五工機電製造有限公司	原料倉庫
0102004	LHG	離合蓋-173FRS	原材料	個	重慶五工機電製造有限公司	原料倉庫
0103001	GT100	缸體-泰100	原材料	個	重慶振中制動器有限公司	原料倉庫
0104001	ZC	軸承-D2208	原材料	個	重慶春華發動機制造有限公司	原料倉庫
0105001	YQ	黑酯膠調合漆	原材料	升	重慶化工有限責任公司	原料倉庫
0199001	LHF	磷化粉	原材料	千克	重慶化工有限責任公司	原料倉庫
0199002	NJLS	內六角螺絲-14*60	原材料	個	重慶振中制動器有限公司	原料倉庫
0199003	NJLS	內六角螺絲-12*80	原材料	個	重慶振中制動器有限公司	原料倉庫
020102001	XSQ	排氣消聲器-單孔	外購件	個	重慶春華發動機制造有限公司	外購件倉庫
020104001	HYQ100	化油器-100帶支架	外購件	套	重慶春華發動機制造有限公司	外購件倉庫
020105001	YLQ100	油冷器-100	外購件	套	重慶春華發動機制造有限公司	外購件倉庫
020106001	YB	儀表-100儀表總成	外購件	套	重慶卓越摩托車配件公司	外購件倉庫
020107001	YX	油箱-普通	外購件	個	重慶春華發動機制造有限公司	外購件倉庫
020107002	YX	油箱-加大	外購件	個	重慶春華發動機制造有限公司	外購件倉庫
020110001	D	燈-大燈	外購件	個	重慶卓越摩托車配件公司	外購件倉庫
020110002	D	燈-轉向燈	外購件	個	重慶卓越摩托車配件公司	外購件倉庫
020110003	D	燈-尾燈	外購件	個	重慶卓越摩托車配件公司	外購件倉庫
020111001	ZJ	摩托車支架-100	外購件	個	重慶卓越摩托車配件公司	外購件倉庫

表2-13(續)

存貨編碼	存貨代碼	存貨名稱	存貨大類名稱	主計量單位	主要供貨單位名稱	默認倉庫名稱
020199001	ZD	坐墊-減振	外購件	個	重慶卓越摩托車配件公司	外購件倉庫
020199002	DLZC	電纜總成	外購件	套	重慶卓越摩托車配件公司	外購件倉庫
020199003	ZD	坐墊-連座	外購件	個	重慶卓越摩托車配件公司	外購件倉庫
02010801	QLT	前輪胎-普通	外購件	個	重慶卓越摩托車配件公司	外購件倉庫
02010802	QLT	前輪胎-加寬	外購件	個	重慶卓越摩托車配件公司	外購件倉庫
02010901	HLT	后輪胎-普通	外購件	個	重慶卓越摩托車配件公司	外購件倉庫
02010902	HLT	后輪胎-加寬	外購件	個	重慶卓越摩托車配件公司	外購件倉庫
02010301	QLZC	前輪軸承-100	外購件	件	重慶卓越摩托車配件公司	外購件倉庫
02010302	HLZC	后輪軸承-100	外購件	件	重慶卓越摩托車配件公司	外購件倉庫
02020101	LTZJ	輪胎組件-100普通	自制件	套		自制件倉庫
02020102	LTZJ	輪胎組件-100加寬	自制件	套		自制件倉庫
02020103	D	燈-125燈總成	自制件	套		自制件倉庫
02020104	FDJ100	100型發動機-J腳啓動	自制件	臺		自制件倉庫
0301001	MTC100	100型摩托車-普通型	產成品	臺		成品倉庫
0301002	MTC100	100型摩托車-加強型	產成品	臺		成品倉庫
0501001	NBZ	泡沫墊	包裝物	個	重慶五工機電製造有限公司	低值易耗品及其他倉庫
0502001	WBZ	100型包裝箱	包裝物	個	重慶五工機電製造有限公司	低值易耗品及其他倉庫
0502002	BZD	包裝帶	包裝物	米	重慶五工機電製造有限公司	低值易耗品及其他倉庫
0502003	FKJ	封口膠	包裝物	米	重慶五工機電製造有限公司	低值易耗品及其他倉庫

表 2-13(續)

存貨編碼	存貨名稱	是否銷售	是否外購	是否自制	是否生產耗用	是否在制	是否允許BOM母件	是否允許生成訂單	是否允許BOM子件	是否關鍵物料	是否MPS件
0101001	箱體-168	否	是	是	是	是	否	否	是	是	否
0102001	動力蓋-170F	否	是	是	是	是	否	否	是	是	否
0102002	飛輪外蓋-172S	否	是	是	是	是	否	否	是	是	否
0102003	減速蓋-173FR	否	是	是	是	是	否	否	是	是	否
0102004	離合蓋-173FRS	否	是	是	是	是	否	否	是	是	否
0103001	缸體-泰100	否	是	是	是	是	否	否	是	是	否
0104001	軸承-D2208	否	是	否	是	否	否	否	是	是	否
0105001	黑酯膠調合漆	否	是	否	是	否	否	否	是	否	否
0199001	磷化粉	否	是	否	是	否	否	否	是	否	否
0199002	內六角螺絲－14*60	否	是	否	是	否	否	否	是	否	否
0199003	內六角螺絲－12*80	否	是	否	是	否	否	否	是	否	否
020102001	排氣消聲器-單孔	是	是	否	是	否	否	否	是	是	否
020104001	化油器－100帶支架	是	是	否	是	否	否	否	是	是	否
020105001	油冷器-100	否	是	否	是	否	否	否	是	是	否
020106001	儀表－100儀表總成	是	是	否	是	否	否	否	是	是	否
020107001	油箱-普通	是	是	否	是	否	否	否	是	是	否
020107002	油箱-加大	是	是	否	是	否	否	否	是	是	否
020110001	燈-大燈	是	是	否	是	否	否	否	是	是	否
020110002	燈-轉向燈	是	是	否	是	否	否	否	是	是	否
020110003	燈-尾燈	是	是	否	是	否	否	否	是	是	否
020111001	摩托車支架-100	否	是	否	是	否	否	否	是	是	否
020199001	坐墊-減振	否	是	否	是	否	否	否	是	是	否
020199002	電纜總成	否	是	否	是	否	否	否	是	是	否
020199003	坐墊-連座	否	是	否	是	否	否	否	是	是	否
02010801	前輪胎-普通	是	是	否	是	否	否	否	是	是	否
02010802	前輪胎-加寬	是	是	否	是	否	否	否	是	是	否
02010901	后輪胎-普通	是	是	否	是	否	否	否	是	是	否

表2-13（續）

存貨編碼	存貨名稱	是否銷售	是否外購	是否自制	是否生產耗用	是否在制	是否允許BOM母件	是否允許生成訂單	是否允許BOM子件	是否關鍵物料	是否MPS件
02010902	后輪胎-加寬	是	是	否	是	否	否	否	是	是	否
02010301	前輪軸承-100	是	是	否	是	否	否	否	是	是	否
02010302	后輪軸承-100	是	是	否	是	否	否	否	是	是	否
02020101	輪胎組件-100普通	是	是	是	是	否	是	是	是	是	是
02020102	輪胎組件-100加寬	是	是	是	是	否	是	是	是	是	是
02020103	燈-125燈總成	是	是	是	是	否	是	是	是	是	是
02020104	100型發動機-J腳啟動	是	否	是	是	否	是	是	是	是	是
0301001	100型摩托車-普通型	是	否	是	否	否	是	是	否	是	是
0301002	100型摩托車-加強型	是	否	是	否	否	是	是	否	是	是
0501001	泡沫墊	是	是	否	是	否	否	否	是	是	否
0502001	100型包裝箱	是	是	否	是	否	否	否	是	是	否
0502002	包裝帶	否	是	否	是	否	否	否	是	是	否
0502003	封口膠	否	是	否	是	否	否	否	是	是	否

【操作步驟】

在企業應用平臺中，執行「基礎設置→基礎檔案→存貨→存貨檔案」命令，進入存貨檔案設置主界面，在左邊的樹型列表中選擇一個末級的存貨分類（如果在建立帳套時設置存貨不分類，則不用進行選擇），單擊「增加」按鈕，進入增加狀態。逐一選擇「基本」「成本」「控製」「其他」「計劃」「MPS/MRP」「圖片」「附件」頁簽，填寫相關內容。然後，點擊「保存」按鈕，保存此次增加的存貨檔案信息；或點擊「保存並新增」按鈕保存此次增加的存貨檔案信息，並增加空白頁供繼續錄入存貨信息。

（四）業務

［實務案例］

飛躍摩托車製造公司的業務基礎檔案信息如下：

(1) 收發類別（表 2-14）。

表 2-14　　　　　　　　　　　　　收發類別

收發類別編碼	收發類別名稱	收發標誌
1	入庫	收
101	材料採購入庫	收
102	配件採購入庫	收
103	產成品入庫	收
104	盤盈入庫	收
105	調撥入庫	收
199	其他入庫	收
2	出庫	發
201	生產領料出庫	發
202	銷售出庫	發
203	維修部門領料	發
204	調撥出庫	發
205	盤虧出庫	發
299	其他出庫	發

(2) 採購類型（表 2-15）。

表 2-15　　　　　　　　　　　　　採購類型

採購類型編碼	採購類型名稱	入庫類別	是否默認值
01	原材料採購	材料採購入庫	是
02	配件採購	配件採購入庫	否
03	其他採購	其他入庫	否

(3) 銷售類型（表 2-16）。

表 2-16　　　　　　　　　　　　　銷售類型

銷售類型編碼	銷售類型名稱	出庫類別	是否默認值
01	普通銷售	銷售出庫	是
02	零售	銷售出庫	否
03	其他銷售	銷售出庫	否

(4) 成套件。

第一，在企業應用平臺中，執行「基礎設置→業務參數→供應鏈→庫存管理」命

令，在「庫存管理」參數中選擇有成套件管理。

第二，在「燈-125燈總成」「輪胎組建-100加寬」和「輪胎組件-100普通」的存貨檔案中，鈎選「成套件」。

①輪胎組件-100普通（表2-17）。

表2-17　　　　　　　　　　輪胎組件—100普通

成套件編碼	成套件名稱	序號	單件編碼	單件名稱	主計量單位	單件數量
02020101	輪胎組件-100普通	1	02010301	前輪軸承-100	件	1
		2	02010302	后輪軸承-100	件	1
		3	02010801	前輪胎-普通	個	2
		4	02010901	后輪胎-普通	個	2

②輪胎組件-100加寬（表2-18）。

表2-18　　　　　　　　　　輪胎組件—100加寬

成套件編碼	成套件名稱	序號	單件編碼	單件名稱	主計量單位	單件數量
02020102	輪胎組件-100加寬	1	02010301	前輪軸承-100	件	1
		2	02010302	后輪軸承-100	件	1
		3	02010802	前輪胎-加寬	個	2
		4	02010902	后輪胎-加寬	個	2

③燈-125燈總成（表2-19）。

表2-19　　　　　　　　　　燈—125燈總成

成套件編碼	成套件名稱	序號	單件編碼	單件名稱	主計量單位	單件數量
02020103	燈-125燈總成	1	020110001	燈-大燈	個	4
		2	020110002	燈-轉向燈	個	4
		3	020110003	燈-尾燈	個	2

（5）費用項目及其所屬分類（表2-20）。

表2-20　　　　　　　　　　費用項目及其所屬分類

費用項目編碼	費用項目名稱	所屬分類編碼	所屬分類名稱
01	運費	1	代墊費用
02	招待費	2	銷售支出費用

註：先設分類再設項目。

(6) 發運方式（表2-21）。

表2-21　　　　　　　　　　　　發運方式

發運方式編碼	發運方式名稱
01	公路運輸
02	鐵路運輸
03	空運
04	水運

（五）對照表

1. 倉庫存貨對照表

(1) 原材料庫（表2-22）。

表2-22　　　　　　　　　　　　原材料庫

存貨編碼	存貨名稱	主計量單位名稱	最高庫存	最低庫存	安全庫存	合理損耗率	上次盤點日期
0101001	箱體-168	個					2014-9-01
0102001	動力蓋-170F	個					2014-9-01
0102002	飛輪外蓋-172S	個					2014-9-01
0102003	減速蓋-173FR	個					2014-9-01
0102004	離合蓋-173FRS	個					2014-9-01
0103001	缸體-泰100	個					2014-9-01
0104001	軸承-D2208	個					2014-9-01
0105001	黑酯膠調合漆	升					2014-9-01
0199001	磷化粉	千克					2014-9-01
0199002	內六角螺絲-14*60	個					2014-9-01
0199003	內六角螺絲-12*80	個					2014-9-01

(2) 外購件倉庫（表2-23）。

表2-23　　　　　　　　　　　　外購件倉庫

存貨編碼	存貨名稱	主計量單位名稱	最高庫存	最低庫存	安全庫存	合理損耗率	上次盤點日期
020102001	排氣消聲器-單孔	個					2014-9-01
02010301	前輪軸承-100	件					2014-9-01
02010302	后輪軸承-100	件					2014-9-01
020104001	化油器-100 帶支架	套					2014-9-01
020105001	油冷器-100	套					2014-9-01
020106001	儀表-100 儀表總成	套					2014-9-01

表2-23(續)

存貨編碼	存貨名稱	主計量單位名稱	最高庫存	最低庫存	安全庫存	合理損耗率	上次盤點日期
020107001	油箱-普通	個					2014-9-01
020107002	油箱-加大	個					2014-9-01
02010801	前輪胎-普通	個					2014-9-01
02010802	前輪胎-加寬	個					2014-9-01
02010901	后輪胎-普通	個					2014-9-01
02010902	后輪胎-加寬	個					2014-9-01
020110001	燈-大燈	個					2014-9-01
020110002	燈-轉向燈	個					2014-9-01
020110003	燈-尾燈	個					2014-9-01
020111001	摩托車支架-100	個					2014-9-01
020199001	坐墊-減振	套					2014-9-01
020199002	電纜總成	套					2014-9-01
020199003	坐墊-連座	套					2014-9-01

（3）自制件倉庫（表2-24）。

表2-24　　　　　　　　　　自制件倉庫

存貨編碼	存貨名稱	主計量單位名稱	最高庫存	最低庫存	安全庫存	合理損耗率	上次盤點日期
02020101	輪胎組件-100 普通	套					2014-9-01
02020102	輪胎組件-100 加寬	套					2014-9-01
02020103	燈-125 燈總成	套					2014-9-01
02020104	100 型發動機-J 腳啓動	臺					2014-9-01

（4）成品倉庫（表2-25）。

表2-25　　　　　　　　　　成品倉庫

存貨編碼	存貨名稱	主計量單位名稱	最高庫存	最低庫存	安全庫存	合理損耗率	上次盤點日期
0301001	100 型摩托車-普通型	臺					2014-9-01
0301002	100 型摩托車-加強型	臺					2014-9-01

2. 供應商存貨對照表

[實務案例]

（1）重慶春華發動機制造有限公司（表2-26）。

表 2-26　　　　　　　重慶春華發動機制造有限公司存貨表

供應商名稱	序號	存貨編碼	存貨名稱	主計量單位名稱	配額%	最高進價（元）
重慶春華發動機制造有限公司	1	0104001	軸承-D2208	個	100	93.50
	2	020102001	排氣消聲器-單孔	個	100	41.00
	3	020104001	化油器-100 帶支架	套	100	23.00
	4	020105001	油冷器-100	套	100	32.00
	5	020107001	油箱-普通	個	100	63.00
	6	020107002	油箱-加大	個	100	64.00

（2）重慶化工有限責任公司（表 2-27）。

表 2-27　　　　　　　重慶化工有限責任公司存貨表

供應商名稱	序號	存貨編碼	存貨名稱	主計量單位名稱	配額%	最高進價（元）
重慶化工有限責任公司	1	0105001	黑酯膠調合漆	升	100	36.50
	2	0199001	磷化粉	千克	100	36.50

（3）重慶五工機電製造有限公司（表 2-28）。

表 2-28　　　　　　　重慶五工機電製造有限公司存貨表

供應商名稱	序號	存貨編碼	存貨名稱	主計量單位名稱	配額%	最高進價（元）
重慶五工機電製造有限公司	1	0101001	箱體-168	個	100	86.00
	2	0102001	動力蓋-170F	個	100	48.00
	3	0102002	飛輪外蓋-172S	個	100	31.00
	4	0102003	減速蓋-173FR	個	100	24.50
	5	0102004	離合蓋-173FRS	個	100	23.00

（4）重慶振中制動器有限公司（表 2-29）。

表 2-29　　　　　　　重慶振中制動器有限公司存貨表

供應商名稱	序號	存貨編碼	存貨名稱	主計量單位名稱	配額%	最高進價（元）
重慶振中制動器有限公司	1	0103001	缸體-泰100	個	100	91.00
	2	0199002	內六角螺絲-14*60	個	100	0.05
	3	0199003	內六角螺絲-12*80	個	100	0.05

（5）重慶卓越摩托車配件公司（表2-30）。

表 2-30　　　　　　　　　重慶卓越摩托車配件公司存貨表

供應商名稱	序號	存貨編碼	存貨名稱	主計量單位名稱	配額%	最高進價（元）
重慶卓越摩托車配件技術開發公司	1	020110001	燈-大燈	個	100	35.00
	2	020110002	燈-轉向燈	個	100	15.00
	3	020110003	燈-尾燈	個	100	6.00
	4	020111001	摩托車支架-100	個	100	98.00
	5	020199001	坐墊-減振	個	100	35.00
	6	020199002	電纜總成	套	100	37.80
	7	020199003	坐墊-連座	個	100	35.00
	8	02010801	前輪胎-普通	個	100	80.00
	9	02010802	前輪胎-加寬	個	100	85.00
	10	02010901	后輪胎-普通	個	100	80.00
	11	02010902	后輪胎-加寬	個	100	85.00
	12	02010301	前輪軸承-100	件	100	43.00
	13	02010302	后輪軸承-100	件	100	43.00

第三節　企業應用平臺財務基礎設置

一、設置相關的業務參數

用友U8總帳參數設置界面如圖2-23所示。執行「業務工作→總帳→設置→選項」命令，可進入總帳參數設置。

在建立新的帳套後由於具體情況需要，或業務變更，發生一些帳套信息與核算內容不符，可以通過「總帳參數」設置進行帳簿選項的調整和查看。可對「憑證選項」「帳簿選項」「憑證打印」「預算控製」「權限選項」「會計日曆」「其他選項」「自定義項核算」八部分內容的操作控製選項進行修改。

1. 憑證選項

（1）製單控製，主要設置在填製憑證時，系統應對哪些操作進行控製。

・製單序時控製：此項和「系統編號」選項聯用，製單時憑證編號必須按日期順序排列，10月25日編製25號憑證，則10月26日只能開始編製26號憑證，即製單序時，如果有特殊需要可以將其改為不序時製單。

・支票控製：若選擇此項，在製單時使用銀行科目編製憑證時，系統針對票據管理的結算方式進行登記，如果錄入支票號在支票登記簿中已存，系統提供登記支票報銷的功能；否則，系統提供登記支票登記簿的功能。

・赤字控製：若選擇了此項，在製單時，當「資金及往來科目」或「全部科目」

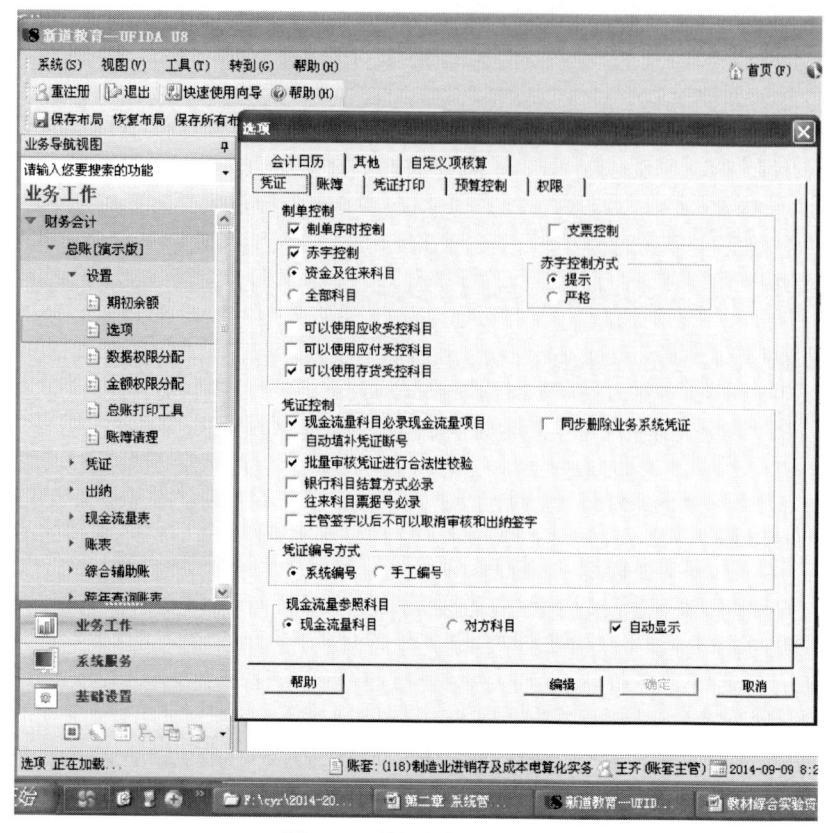

圖 2-23　總帳參數設置界面

的最新余額出現負數時，系統將予以提示。提供了提示、嚴格兩種方式，可根據需要進行選擇。

　　·可以使用應收受控科目：若科目為應收款管理系統的受控科目，為了防止重複製單，只允許應收系統使用此科目進行製單，總帳系統是不能使用此科目製單的。所以如果希望在總帳系統中也能使用這些科目填製憑證，則應選擇此項。（注意：總帳和其他業務系統使用了受控科目會引起應收系統與總帳對帳不平）

　　·可以使用應付受控科目：若科目為應付款管理系統的受控科目，為了防止重複製單，只允許應付系統使用此科目進行製單，總帳系統是不能使用此科目製單的。所以如果希望在總帳系統中也能使用這些科目填製憑證，則應選擇此項。（注意：總帳和其他業務系統使用了受控科目會引起應付系統與總帳對帳不平）

　　·可以使用存貨受控科目：若科目為存貨核算系統的受控科目，為了防止重複製單，只允許存貨核算系統使用此科目進行製單，總帳系統是不能使用此科目製單的。所以如果希望在總帳系統中也能使用這些科目填製憑證，則應選擇此項。（注意：總帳和其他業務系統使用了受控科目會引起存貨系統與總帳對帳不平）

（2）憑證控制，指管理流程設置。

・現金流量科目必錄現金流量項目：選擇此項后，在錄入憑證時如果使用現金流量科目則必須輸入現金流量項目及金額。

・自動填補憑證斷號：如果選擇憑證編號方式為系統編號，則在新增憑證時，系統按憑證類別自動查詢本月的第一個斷號默認為本次新增憑證的憑證號。如無斷號則為新號，與原編號規則一致。

・批量審核憑證進行合法性校驗：批量審核憑證時針對憑證進行二次審核，提高憑證輸入的正確率，合法性校驗與保存憑證時的合法性校驗相同。

・銀行科目結算方式必錄：選中該選項，填製憑證時結算方式必須錄入，錄入的結算方式如果勾選「是否票據管理」，則票據號也控製為必錄，錄入的結算方式如果不勾選「是否票據管理」，則票據號不控製必錄。不選中該選項，則結算方式和票據號都不控製必錄。

・往來科目票據號必錄：選中該選項，填製憑證時往來科目必須錄入票據號。

・同步刪除外部系統憑證：選中該選項，外部系統刪除憑證時相應的將總帳的憑證同步刪除；否則，將總帳憑證作廢，不予刪除。

（3）憑證編號方式。系統在「填製憑證」功能中一般按照憑證類別按月自動編製憑證編號，即「系統編號」；但有的企業需要系統允許在製單時手工錄入憑證編號，即「手工編號」。

（4）現金流量參照科目。用來設置現金流量錄入界面的參照內容和方式。「現金流量科目」選項選中時，系統只參照憑證中的現金流量科目；「對方科目」選項選中時，系統只顯示憑證中的非現金流量科目。「自動顯示」選項選中時，系統依據前兩個選項將現金流量科目或對方科目自動顯示在指定現金流量項目界面中，否則需要手工參照選擇。

2. 權限選項

・製單權限控製到科目：要在系統管理的「功能權限」中設置科目權限，再選擇此項，權限設置有效。選擇此項，則在製單時，操作員只能使用具有相應製單權限的科目製單。

・製單權限控製到憑證類別：要在系統管理的「功能權限」中設置憑證類別權限，再選擇此項，權限設置有效。選擇此項，則在製單時，只顯示此操作員有權限的憑證類別。同時在憑證類別參照中按人員的權限過濾出有權限的憑證類別。

・操作員進行金額權限控製：選擇此項，可以對不同級別的人員進行金額大小的控製，例如財務主管可以對 10 萬元以上的經濟業務製單，一般財務人員只能對 5 萬元以下的經濟業務製單，這樣可以減少由於不必要的責任事故帶來的經濟損失。如為外部憑證或常用憑證調用生成，則處理與預算處理相同，不做金額控製。

用友 U8V10.1 系統結轉憑證不受金額權限控製；在調用常用憑證時，如果不修改直接保存憑證，此時由被調用的常用憑證生成的憑證不受任何權限的控製，例如包括金額權限控製、輔助核算及輔助項內容的限製等；外部系統憑證是已生成的憑證，得到系統的認可，所以除非進行更改，否則不做金額等權限控製。

・憑證審核控製到操作員：如只允許某操作員審核其本部門操作員填製的憑證，則應選擇此選項。

・出納憑證必須經由出納簽字：若要求現金、銀行科目憑證必須由出納人員核對簽字后才能記帳，則選擇「出納憑證必須經由出納簽字」。

・憑證必須經由主管會計簽字：如要求所有憑證必須由主管簽字后才能記帳，則選擇「憑證必須經主管簽字」。

・允許修改、作廢他人填製的憑證：若選擇了此項，在製單時可修改或作廢別人填製的憑證，否則不能修改。

・可查詢他人憑證：如允許操作員查詢他人憑證，則選擇「可查詢他人憑證」。

・明細帳查詢權限控製到科目：這裡是權限控製的開關，在系統管理中設置明細帳查詢權限，必須在總帳系統選項中打開，才能起到控製作用。

・製單、輔助帳查詢控製到輔助核算：設置此項權限，製單時才能使用有輔助核算屬性的科目錄入分錄，輔助帳查詢時只能查詢有權限的輔助項內容。

3. 其他選項

（1）外幣核算。如果企業有外幣業務，則應選擇相應的匯率方式——固定匯率、浮動匯率。「固定匯率」即在製單時，一個月只按一個固定的匯率折算本位幣金額。「浮動匯率」即在製單時，按當日匯率折算本位幣金額。

（2）分銷聯查憑證 IP 地址，在這裡輸入分銷系統的網址，可以聯查分銷系統的單據。

（3）啟用調整期。如果希望在結帳後仍舊可以填製憑證用來調整報表數據，可在總帳選項中啟用調整期。調整期啟用後，加入關帳操作，在結帳之后關帳之前為調整期。在調整期內填製的憑證為調整期憑證。

二、設置會計科目

會計科目是對會計對象具體內容分門別類進行核算所規定的項目，也是填製會計憑證、登記會計帳簿、編製會計報表的基礎。會計科目設置的完整性、科學性影響著會計工作的順利實施，會計科目設置的層次深度直接影響會計核算的詳細、準確程度。除此之外，對於電算化系統會計科目的設置是應用系統的基礎，它是實施各個會計手段的前提。

（一）建立會計科目的原則

整理手工帳使用的會計科目，可以直接採用現有的科目，也可以根據電算化的特點對科目進行調整。一般來說，為了充分體現計算機管理的優勢，在企業原有的會計科目基礎上，應對以往的一些科目結構進行調整，以便充分發揮計算機的輔助核算功能。如果企業原來有許多往來單位、個人、部門、項目是通過設置明細科目來進行核算管理的，那麼，在使用總帳系統后，最好改用輔助核算進行管理，即將這些明細科目的上級科目設為輔助核算科目，並將這些明細科目設為相應的輔助核算目錄。總帳系統中一共可設置十余種輔助核算，包括部門、個人、客戶、供應商、項目五種輔助

核算以及部門客戶、部門供應商、客戶項目、供應商項目、部門項目及個人項目六種組合輔助核算。一個科目設置了輔助核算后，它所發生的每一筆業務將會登記在輔助總帳和輔助明細帳上。

(二) 建立會計科目時設置的主要項目（輔助帳等項目設置）

只把科目設置了輔助核算還是不夠的，還應將從科目中去掉的明細科目設置為輔助核算的目錄。若有部門核算，應設置相應的部門目錄；若有個人核算，應設置相應的個人目錄；若有項目核算，應設置相應的項目目錄；若有客戶往來核算，應設置相應的客戶目錄；若有供應商往來核算，應設置相應的供應商目錄。

(三) 增加、修改和刪除會計科目的要求與限制

1. 新增會計科目

單擊「增加」按鈕，進入會計科目頁編輯界面，根據欄目說明輸入科目信息，點擊「確定」后保存。

2. 修改會計科目

選擇要修改的科目，單擊「修改」按鈕或雙擊該科目，即可進入會計科目修改界面，可以在此對需要修改的會計科目進行修改。單擊「第一頁」「前頁」「后頁」「最后頁」找到下一個需要修改的科目，重複上述步驟即可。

沒有會計科目設置權的用戶只能在此瀏覽科目的具體定義，而不能進行修改。已使用的科目可以增加下級，新增的下級科目為原上級科目的全部屬性。

3. 刪除會計科目

刪除選中的科目，但已使用的科目不能刪除。

已有授權系統、已錄入科目期初余額、已在多欄定義中使用、已在支票登記簿中使用、已錄入輔助帳期初余額、已在憑證類別設置中使用、已在轉帳憑證定義中使用、已在常用摘要定義中使用和已製單、記帳或錄入待核銀行帳期初的科目均為已使用科目。

［實務案例］

飛躍摩托車製造公司的會計科目如表 2-31 所示：

表 2-31　　　　　　　　飛躍摩托車製造公司會計科目

類型	級次	科目編碼	科目名稱	輔助帳類型	帳頁格式	餘額方向
資產	1	1001	庫存現金		金額式	借
資產	1	1002	銀行存款		金額式	借
資產	2	100201	中國工商銀行		金額式	借
資產	2	100202	中國農業銀行		金額式	借
資產	2	100203	中國招商銀行		金額式	借
資產	2	100204	中國建設銀行		金額式	借
資產	2	100205	中國人民銀行		金額式	借
資產	1	1009	其他貨幣資金		金額式	借

表2-31(續)

類型	級次	科目編碼	科目名稱	輔助帳類型	帳頁格式	余額方向
資產	2	100901	外埠存款		金額式	借
資產	2	100902	銀行本票		金額式	借
資產	2	100903	銀行匯票		金額式	借
資產	2	100904	信用卡		金額式	借
資產	2	100905	信用證保證金		金額式	借
資產	2	100906	存出投資款		金額式	借
資產	1	1101	交易性金融資產		金額式	借
資產	2	110101	股票		金額式	借
資產	2	110102	債券		金額式	借
資產	2	110103	基金		金額式	借
資產	2	110110	其他		金額式	借
資產	1	1121	應收票據	客戶往來	金額式	借
資產	1	1122	應收帳款	客戶往來	金額式	借
資產	1	1131	應收股利		金額式	借
資產	1	1132	應收利息		金額式	借
資產	1	1221	其他應收款		金額式	借
資產	2	122101	個人	個人往來	金額式	借
資產	2	122102	單位	客戶往來	金額式	借
資產	2	122103	應收出口退稅款		金額式	借
資產	2	122199	其他		金額式	借
資產	1	1231	壞帳準備		金額式	貸
資產	1	1151	預付帳款	供應商往來	金額式	借
資產	1	1161	應收補貼款		金額式	借
資產	1	1401	材料採購		金額式	借
資產	2	140101	原材料採購		金額式	借
資產	3	14010101	買價		金額式	借
資產	3	14010102	採購費用		金額式	借
資產	2	140102	配件採購		金額式	借
資產	3	14010201	買價		金額式	借
資產	3	14010202	採購費用		金額式	借
資產	2	140199	其他採購		金額式	借
資產	1	1403	原材料		金額式	借
資產	2	140301	生產用材料		金額式	借
資產	2	140302	外購件		金額式	借
資產	2	140303	自制件		金額式	借

表2-31(續)

類型	級次	科目編碼	科目名稱	輔助帳類型	帳頁格式	余額方向
資產	2	140399	其他		金額式	借
資產	1	1412	包裝物		金額式	借
資產	1	1233	低值易耗品		金額式	借
資產	1	1404	材料成本差異		金額式	借
資產	1	1241	包裝物		金額式	借
資產	1	1242	半成品		金額式	借
資產	1	1405	庫存商品		金額式	借
資產	2	140501	100普通型摩托車		數量金額式	借
資產	2	140502	100加強型摩托車		數量金額式	借
資產	1	1244	商品進銷差價		金額式	借
資產	1	1251	委託加工物資		金額式	借
資產	1	1261	委託代銷商品		金額式	借
資產	1	1271	受託代銷商品		金額式	借
資產	1	1281	存貨跌價準備		金額式	貸
資產	1	1291	分期收款發出商品		金額式	借
資產	1	1301	待攤費用		金額式	借
資產	1	1501	持有至到期投資		金額式	借
資產	2	150101	債券投資		金額式	借
資產	2	150102	其他債權投資		金額式	借
資產	1	1502	持有至到期投資減值準備		金額式	貸
資產	1	1503	可供出售金融資產		金額式	借
資產	1	1511	長期股權投資		金額式	借
資產	2	151101	股票投資		金額式	借
資產	2	151102	其他股權投資		金額式	借
資產	1	1512	長期股權投資減值準備		金額式	貸
資產	1	1521	投資性房地產		金額式	借
資產	1	1531	長期應收款		金額式	借
資產	1	1532	未實現融資收益		金額式	借
資產	1	1541	存出資本保證金		金額式	借
資產	1	1601	固定資產		金額式	借
資產	1	1602	累計折舊		金額式	貸
資產	1	1603	固定資產減值準備		金額式	貸
資產	1	1604	在建工程	項目核算	金額式	借
資產	1	1605	工程物資		金額式	貸

表2-31(續)

類型	級次	科目編碼	科目名稱	輔助帳類型	帳頁格式	余額方向
資產	1	1606	固定資產清理		金額式	借
資產	1	1701	無形資產		金額式	借
資產	1	1702	累計攤銷		金額式	貸
資產	1	1703	無形資產減值準備		金額式	貸
資產	1	1801	長期待攤費用		金額式	借
資產	1	1901	待處理財產損益		金額式	借
資產	2	190101	待處理流動資產損益		金額式	借
資產	2	190102	待處理固定資產損益		金額式	借
負債	1	2001	短期借款		金額式	貸
負債	1	2201	應付票據	供應商往來	金額式	貸
負債	1	2202	應付帳款	供應商往來	金額式	貸
負債	1	2203	預收帳款	客戶往來	金額式	貸
負債	1	2211	應付職工薪酬		金額式	貸
負債	1	2231	應付利息		金額式	貸
負債	1	2232	應付股利		金額式	貸
負債	1	2221	應交稅費		金額式	貸
負債	2	222101	應交增值稅		金額式	貸
負債	3	22210101	進項稅額		金額式	貸
負債	3	22210102	已交稅金		金額式	貸
負債	3	22210103	轉出未交增值稅		金額式	貸
負債	3	22210104	減免稅款		金額式	貸
負債	3	22210105	銷項稅額		金額式	貸
負債	3	22210106	出口退稅		金額式	貸
負債	3	22210107	進項稅額轉出		金額式	貸
負債	3	22210108	出口抵減內銷產品應納稅額		金額式	貸
負債	3	22210109	轉出多交增值稅		金額式	貸
負債	2	222102	未交增值稅		金額式	貸
負債	2	222103	應交營業稅		金額式	貸
負債	2	222104	應交消費稅		金額式	貸
負債	2	222105	應交資源稅		金額式	貸
負債	2	222106	應交所得稅		金額式	貸
負債	2	222107	應交土地增值稅		金額式	貸
負債	2	222108	應交城市維護建設稅		金額式	貸
負債	2	222109	應交房產稅		金額式	貸

表2-31(續)

類型	級次	科目編碼	科目名稱	輔助帳類型	帳頁格式	余額方向
負債	2	222110	應交土地使用稅		金額式	貸
負債	2	222111	應交車船使用稅		金額式	貸
負債	2	222112	應交個人所得稅		金額式	貸
負債	1	2241	其他應付款		金額式	貸
負債	1	2191	預提費用		金額式	貸
負債	1	2501	長期借款		金額式	貸
負債	1	2502	應付債券		金額式	貸
負債	2	250201	債券面值		金額式	貸
負債	2	250202	債券溢價		金額式	貸
負債	2	25203	債券折價		金額式	貸
負債	2	250204	應計利息		金額式	貸
負債	1	2701	長期應付款		金額式	貸
權益	1	4001	實收資本（或股本）		金額式	貸
權益	1	4002	資本公積		金額式	貸
權益	2	400201	資本（或股本）溢價		金額式	貸
權益	2	400202	接受捐贈非現金資產準備		金額式	貸
權益	2	400203	接受現金捐贈		金額式	貸
權益	2	400204	股權投資準備		金額式	貸
權益	2	400205	撥款轉入		金額式	貸
權益	2	400206	外幣資本折算差額		金額式	貸
權益	2	400207	其他資本公積		金額式	貸
權益	1	4101	盈余公積		金額式	貸
權益	2	410101	法定盈余公積		金額式	貸
權益	2	410102	任意盈余公積		金額式	貸
權益	2	410103	法定公益金		金額式	貸
權益	2	410104	儲備基金		金額式	貸
權益	2	410105	企業發展基金		金額式	貸
權益	2	410106	利潤歸還投資		金額式	貸
權益	1	4103	本年利潤		金額式	貸
權益	1	4104	利潤分配		金額式	貸
權益	2	410401	其他轉入		金額式	貸
權益	2	410402	提取法定盈余公積		金額式	貸
權益	2	410403	提取法定公益金		金額式	貸
權益	2	410404	提取儲備基金		金額式	貸

表2-31(續)

類型	級次	科目編碼	科目名稱	輔助帳類型	帳頁格式	余額方向
權益	2	410405	提取企業發展基金		金額式	貸
權益	2	410406	提取職工獎勵及福利基金		金額式	貸
權益	2	410407	利潤歸還投資		金額式	貸
權益	2	410408	應付優先股股利		金額式	貸
權益	2	410409	提取任意盈余公積		金額式	貸
權益	2	410410	應付普通股股利		金額式	貸
權益	2	410411	轉作資本（或股本）的普通股股利		金額式	貸
權益	2	410415	未分配利潤		金額式	貸
成本	1	5001	生產成本		金額式	借
成本	2	500101	基本生產	部門、項目	金額式	借
成本	3	50010101	直接材料	部門、項目	金額式	借
成本	3	50010102	直接人工	部門、項目	金額式	借
成本	3	50010103	製造費用	部門、項目	金額式	借
成本	2	500102	薪資費用分配	部門核算	金額式	借
成本	2	500103	生產成本結轉	部門、項目	金額式	借
成本	1	5101	製造費用	部門核算	金額式	借
成本	2	510101	折舊費	部門核算	金額式	借
成本	2	510102	薪資費	部門核算	金額式	借
成本	1	5201	勞務成本		金額式	借
損益	1	6001	主營業務收入		金額式	貸
損益	1	6051	其他業務收入		金額式	貸
損益	1	6111	投資收益		金額式	貸
損益	1	6301	營業外收入		金額式	貸
損益	1	6401	主營業務成本		金額式	借
損益	1	6403	主營業務稅金及附加		金額式	借
損益	1	6402	其他業務成本		金額式	借
損益	1	6601	銷售費用	部門核算	金額式	借
損益	2	660101	運輸費	部門核算	金額式	借
損益	2	660102	廣告費	部門核算	金額式	借
損益	2	660103	會務費	部門核算	金額式	借
損益	2	660104	培訓費	部門核算	金額式	借
損益	2	660105	業務招待費	部門核算	金額式	借
損益	2	660106	通信費	部門核算	金額式	借
損益	2	660107	辦公費	部門核算	金額式	借

表2-31(續)

類型	級次	科目編碼	科目名稱	輔助帳類型	帳頁格式	余額方向
損益	2	660199	其他	部門核算	金額式	借
損益	1	6602	管理費用		金額式	借
損益	2	660201	辦公費		金額式	借
損益	3	66020101	水電費		金額式	借
損益	3	66020102	電話費	部門核算	金額式	借
損益	3	66020103	辦公用品	部門核算	金額式	借
損益	3	66020104	郵寄費	部門核算	金額式	借
損益	3	55020105	複印費	部門核算	金額式	借
損益	3	66020199	其他		金額式	借
損益	2	660202	會務費	部門核算	金額式	借
損益	2	660203	差旅費	個人往來	金額式	借
損益	3	66020301	車船住宿費	個人往來	金額式	借
損益	3	66020302	出差補助費	個人往來	金額式	借
損益	2	660204	折舊	部門核算	金額式	借
損益	2	660205	薪酬福利	部門核算	金額式	借
損益	3	66020501	工資	部門核算	金額式	借
損益	3	66020502	獎金	部門核算	金額式	借
損益	3	66020503	福利	部門核算	金額式	借
損益	2	660206	業務招待費	部門核算	金額式	借
損益	2	660207	稅金		金額式	借
損益	3	66020701	印花稅		金額式	借
損益	3	66020702	房產稅		金額式	借
損益	3	66020703	土地使用稅		金額式	借
損益	2	660208	汽車費		金額式	借
損益	3	66020801	油料費		金額式	借
損益	3	66020802	修理費		金額式	借
損益	3	66020803	路橋停車費		金額式	借
損益	3	66020804	養路保險費		金額式	借
損益	3	66020805	車船使用稅		金額式	借
損益	3	66020806	汽車年審費		金額式	借
損益	3	66020899	其他		金額式	借
損益	2	660209	壞帳		金額式	借
損益	2	660299	其他		金額式	借
損益	3	66029901	房屋租賃費		金額式	借
損益	3	66029902	律師代理費		金額式	借

表2-31(續)

類型	級次	科目編碼	科目名稱	輔助帳類型	帳頁格式	余額方向
損益	3	66029903	稅務代理費		金額式	借
損益	3	66029904	商標費		金額式	借
損益	3	66029905	報刊費		金額式	借
損益	3	66029906	技術開發費		金額式	借
損益	1	6603	財務費用		金額式	借
損益	1	6711	營業外支出		金額式	借
損益	1	6801	所得稅費用		金額式	借
損益	1	6901	以前年度損益調整		金額式	借

【操作步驟】

在企業應用平臺中，執行「基礎設置→基礎檔案→財務→會計科目」命令，進入會計科目設置主界面，單擊「增加」按鈕，進入會計科目頁編輯界面，根據欄目說明輸入科目信息，「確定」后保存。

指定科目：現金科目為「庫存現金」；銀行存款科目為「銀行存款」；現金流量科目為「庫存現金」以及銀行存款和其他貨幣資金下的所有明細科目。

三、設置憑證類型

許多單位為了便於管理或登帳方便，一般對記帳憑證進行分類編製，但各單位的分類方法不盡相同，可利用「憑證類別」功能，按照本單位的需要對憑證進行分類。

如果是第一次進行憑證類別設置，可以按以下幾種常用分類方式進行定義：

第一種，記帳憑證；第二種，收款、付款、轉帳憑證；第三種，現金、銀行、轉帳憑證；第四種，現金收款、現金付款、銀行收款、銀行付款、轉帳憑證。

[實務案例]

飛躍摩托車製造公司的會計憑證類別如表2-32所示：

表2-32　　　　　　　飛躍摩托車製造公司會計憑證類別

類別字	類別名稱	限制類型	限制科目
收	收款憑證	借方必有	1001，1002
付	付款憑證	貸方必有	1001，1002
轉	轉帳憑證	貸方必無	1001，1002

【操作步驟】

在企業應用平臺中，執行「基礎設置→基礎檔案→財務→憑證類別」命令，進入憑證類別設置主界面，單擊「增加」按鈕，在表格中新增的空白行中填寫憑證類別字、憑證類別名稱並參照選擇限制類型及限制科目。

「限制科目」含義如下：

當填製收款憑證時，借方必有 1001 或 1002 科目至少一個科目，如果沒有，則為不合法憑證，不能保存。

當填製付款憑證時，貸方必有 1001 或 1002 科目至少一個科目，如果沒有，則為不合法憑證，不能保存。

當填製轉帳憑證時，借、貸方均不能有 1001 或 1002 科目，如果有則為不合法憑證，不能保存。

若限制科目為非末級科目，則在製單時，其所有下級科目都將受到同樣的限制。如：限制科目為 1002，且 1002 科目下有 100201、100202 兩個下級科目，那麼，在填製轉帳憑證時，將不能使用科目 100201 和 100202。

已經使用的憑證類別不能被刪除，如選中了已使用的憑證類別，則系統會在「憑證類別窗口」中顯示「已使用」的紅字標誌。

四、設置結算方式

該功能用來建立和管理企業在經營活動中所涉及的結算方式。它與財務結算方式一致，如現金結算、支票結算等。結算方式最多可以分為 2 級。結算方式一旦被引用，便不能進行修改和刪除的操作。

[實務案例]

飛躍摩托車製造公司的結算方式如表 2-33 所示：

表 2-33　　　　　　　　　飛躍摩托車製造公司的結算方式

結算方式編碼	結算方式名稱	是否票據管理
1	現金	否
2	現金支票	是
3	轉帳支票	是
301	工商銀行	是
302	農業銀行	是
303	招商銀行	是
304	建設銀行	是
4	電匯	是
5	網上銀行	是
6	銀行承兌匯票	是
7	銀行本票	是
8	其他	否

【操作步驟】

在企業應用平臺中，執行「基礎設置→基礎檔案→收付結算→結算方式」命令，進入結算方式設置主界面，單擊「增加」按鈕，輸入結算方式編碼、結算方式名稱和是否票據管理。點擊「保存」按鈕，便可將本次增加的內容保存，並在左邊部分的樹

形結構中添加和顯示。

五、設置外匯及匯率

匯率管理是專為外幣核算服務的。在此可以對本帳套所使用的外幣進行定義；在「填製憑證」中所用的匯率應先在此進行定義，以便製單時調用，減少錄入匯率的次數和差錯。

當匯率變化時，應預先在此進行定義，否則，製單時不能正確錄入匯率。

對於使用固定匯率（即使用月初或年初匯率）作為記帳匯率的用戶，在填製每月的憑證前，應預先在此錄入該月的記帳匯率，否則在填製該月外幣憑證時，將會出現匯率為零的錯誤

對於使用變動匯率（即使用當日匯率）作為記帳匯率的用戶，在填製該天的憑證前，應預先在此錄入該天的記帳匯率。

［實務案例］

飛躍摩托車製造公司的外匯及匯率：「中國人民銀行（100201）」科目「美元」採用固定匯率6.15進行核算。

六、設置項目檔案

［實務案例］

飛躍摩托車製造公司的項目管理如下：

1. 項目成本核算管理

項目大類：項目管理。

核算科目：在建工程。

項目分類：①自建；②其他。

項目目錄：

項目編碼	項目名稱	是否結算	所屬分類碼
01	生產二線	否	1
02	職工停車棚	否	1

2. 產品成本核算管理

項目大類：成本對象。

核算科目：生產成本及其明細科目。

項目分類：①自制；②委外；③其他。

項目目錄：

項目編碼	項目名稱	是否結算	所屬分類碼	存貨編碼	存貨名稱
01	100型摩托車-普通型	否	1	0301001	100型摩托車-普通型

表(續)

項目編碼	項目名稱	是否結算	所屬分類碼	存貨編碼	存貨名稱
02	100 型摩托車-加強型	否	1	0301002	100 型摩托車-加強型
03	輪胎組件-100 普通	否	1	02020101	輪胎組件-100 普通
04	輪胎組件-100 加寬	否	1	02020102	輪胎組件-100 加寬
05	燈-125 燈總成	否	1	02020103	燈-125 燈總成
06	100 型發動機-J 腳啓動	否	1	02020104	100 型發動機-J 腳啓動

注意：設置產品成本核算管理，需先在企業應用平臺中，執行「業務工作→生產製造→物料清單（演示版）→物料清單維護」命令，將「100 型摩托車-普通型」和「100 型摩托車-加強型」等五種產品的物料清單增加完畢。

七、期初余額錄入

［實務案例］

飛躍摩托車製造公司 2014 年 9 月的期初余額信息如下：

（1）科目余額表（表 2-34）。

表 2-34　　　　　　　　　　　　科目余額表

科目名稱	方向	幣別/計量	期初余額
現金（1001）	借		3,392.00
銀行存款（1002）	借		14,907,741.80
中國工商銀行（100201）	借		2,150,312.00
中國農業銀行（100202）	借		360,000.00
中國招商銀行（100203）	借		12,000,000.00
中國建設銀行（100204）	借		397,429.80
交易性金融資產（1101）	借		662,040.00
股票（110101）	借		662,040.00
應收帳款	借		312,000.00
其他應收款	借		10,320.00
個人	借		2,000.00
單位	借		8,200.00
其他	借		120.00
原材料	借		562,165.00
生產用材料	借		131,030.08
外購件	借		431,135.00
包裝物	借		3,210.00
庫存商品	借		47,960.00
固定資產	借		18,003,200.00

表2-34(續)

科目名稱	方向	幣別/計量	期初余額
累計折舊	貸		597,586.00
在建工程	借		567,123.00
無形資產	借		3,000,000.00
短期借款	貸		6,000,000.00
應付帳款	貸		538,713.00
應付職工薪酬	貸		2,927,396.88
應交稅費	貸		1,044,315.00
應交增值稅	貸		679,302.00
進項稅額	貸		-4,998,787.00
銷項稅額	貸		5,678,089.00
未交增值稅	貸		44,581.00
應交所得稅	貸		320,432.00
長期借款	貸		15,000,000.00
實收資本（或股本）	貸		10,000,000.00
資本公積	貸		547,895.00
盈余公積	貸		420,000.00
法定盈余公積	貸		200,000.00
任意盈余公積	貸		100,000.00
企業發展基金	貸		120,000.00
利潤分配	貸		1,003,246.00
未分配利潤	貸		1,003,246.00

(2) 其他應收款——單位期初余額（表2-35）。

表2-35　　　　　　　　其他應收款——單位期初余額

客戶編碼	客戶名稱	摘要	方向	本幣期初余額
01005	成都志遠	銷售包裝物	借	5,000.00
03004	北京宏圖	銷售包裝物	借	3,200.00

(3) 其他應收款——個人期初余額（表2-36）。

表2-36　　　　　　　　其他應收款——個人期初余額

部門名稱	個人名稱	摘要	方向	本幣期初余額
西南辦事處	何飛	借差旅費	借	2,000.00

(4) 應收帳款期初余額（表 2-37）。

表 2-37　　　　　　　　　應收帳款期初余額

客戶編碼	客戶名稱	摘要	方向	本幣期初余額
01001	四川鑫鑫	期初貨款	借	32,000.00
02001	江西新陽光	期初貨款	借	280,000.00

(5) 應付帳款期初余額（表 2-38）。

表 2-38　　　　　　　　　應付帳款期初余額

供應商編碼	供應商名稱	摘要	方向	本幣期初余額
01003	振中制動	材料款	貸	321,981.00
01004	春華發動機	材料款	貸	216,732.00

(6) 在建工程期初余額（表 2-39）。

表 2-39　　　　　　　　　在建工程期初余額

項目編碼	項目名稱	方向	本幣期初余額
01	生產二線	借	565,123.00
02	職工停車棚	借	2,000.00

(7) 庫存商品期初余額（表 2-40）。

表 2-40　　　　　　　　　庫存商品期初余額

科目名稱	方向	幣別/計量	期初余額
庫存商品（1405）	借		47,960
100 普通型摩托車（140501）	借		25,160.00
		臺	5
100 加強型摩托車（140502）	借		22,800.00
	借	臺	4

【操作步驟】

在總帳系統中，執行「設置→期初余額」命令，進入期初余額錄入界面，將光標移到需要輸入數據的余額欄，直接輸入數據即可。錄完所有余額後，點擊「試算」按鈕，進行試算平衡。點擊「對帳」按鈕，檢查總帳、明細帳、輔助帳的期初余額是否一致。

【功能按鍵說明】

・「試算」指顯示期初試算平衡表，顯示試算結果是否平衡，如果不平，需重新調整至平衡後再進行下一步工作。

・「查找」指輸入科目編碼或名稱，或通過科目參照輸入要查找的科目，可快速顯示此科目所在的記錄行。如果在錄入期初余額時使用查找功能，可以提高輸入速度。

- 「清零」指期初余額清零功能，當此科目的下級科目的期初數據互相抵消使本科目的期初余額為零時，清除此科目的所有下級科目的期初數據。存在已記帳憑證時此按鈕置為灰色，不可用。

- 「對帳」指期初余額對帳，核對總帳上下級、核對總帳與部門帳、核對總帳與客戶往來帳、核對總帳與供應商往來帳、核對總帳與個人往來帳、核對總帳與項目帳。

如果對帳后發現有錯誤，可按「顯示對帳錯誤」按鈕，系統將把對帳中發現的問題列出來。

第三章　生產製造

第一節　生產製造基礎設置

一、生產製造業務流程

(一) 生產計劃管理流程

用友 U8 生產計劃管理流程如圖 3-1 所示。

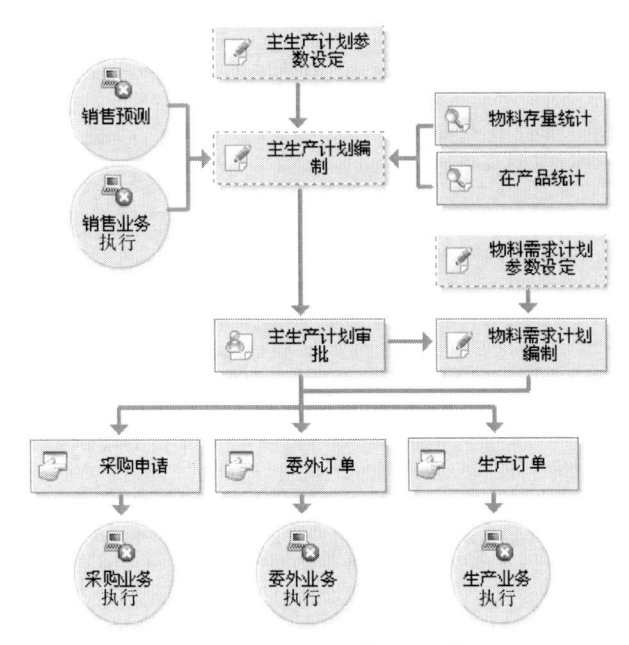

圖 3-1　生產計劃管理流程圖

(二) 生產業務統計分析流程

用友 U8 生產業務統計分析流程如圖 3-2 所示。

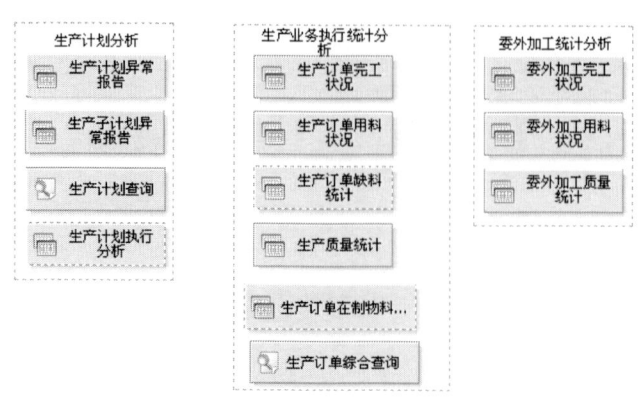

圖 3-2　生產業務統計分析流程圖

(三) 生產業務執行流程

　　用友 U8 生產業務執行流程如圖 3-3 所示：

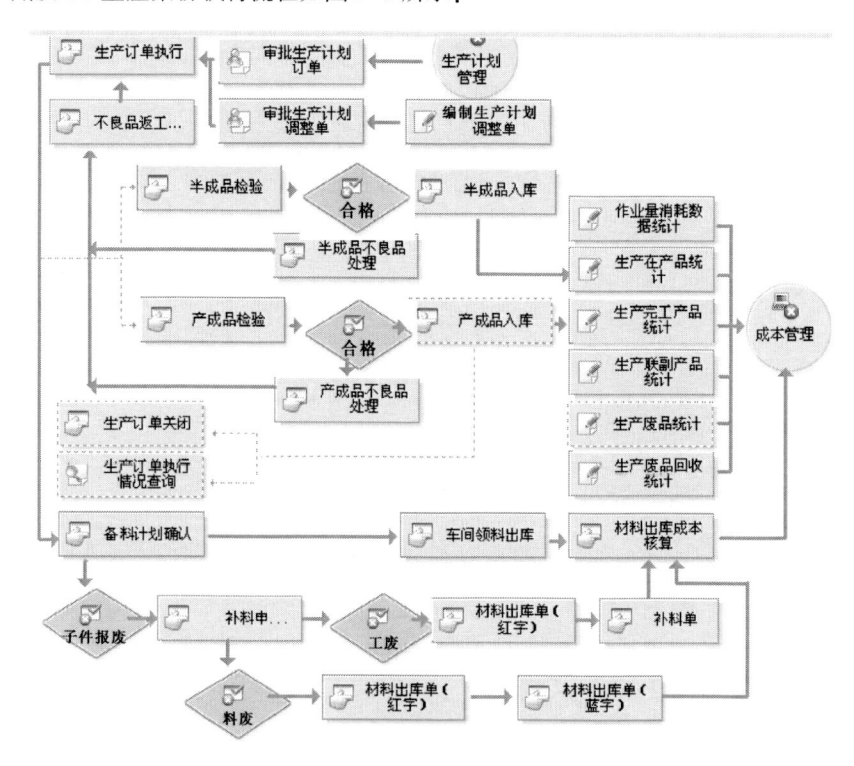

圖 3-3　生產業務執行流程圖

(四) 物料清單管理流程

　　用友 U8 物料清單管理流程如圖 3-4 所示。

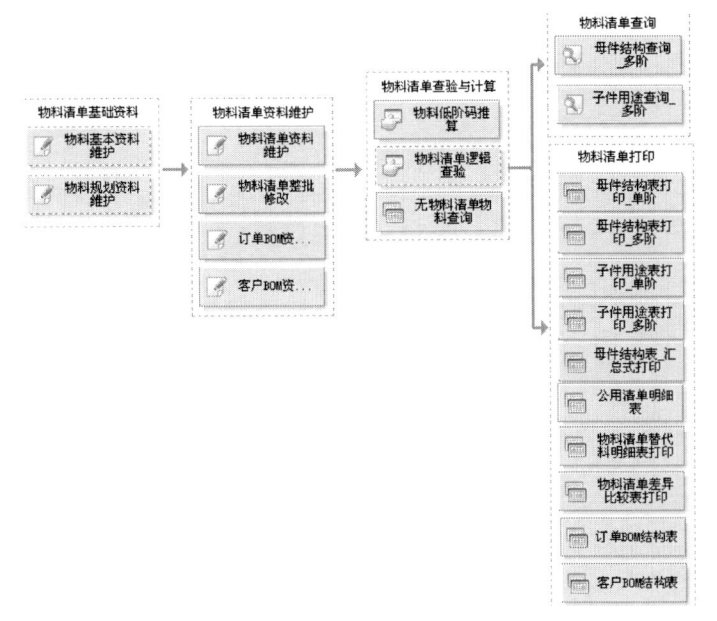

圖 3-4　物料清單管理流程圖

二、主生產計劃參數設定

設定生產製造系統參數，供生產製造系統各模塊控製使用。為提高生產製造系統運行效率，該參數設置用友 U8 系統採用客戶端緩存機制，因此在修改有關參數后，需重新註冊登錄 U8 系統，以使修改后的參數在后續作業中被正式採用。在企業應用平臺中，執行「基礎設置→基礎檔案→生產製造→生產製造參數設定」命令，進入生產製造參數設定主界面，如圖 3-5 所示。

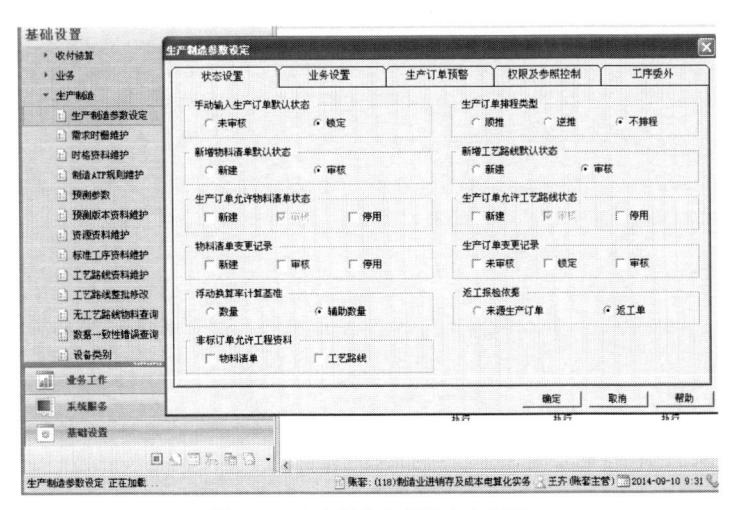

圖 3-5　生產製造參數設定主界面

（一）狀態設置

・手動輸入生產訂單默認狀態：手動輸入標準/非標準/重複製造生產訂單時，系統默認的生產訂單狀態為鎖定，可改。當訂單狀態由鎖定修改為未審核保存時，若該生產訂單已存在 PE 子件庫存預留，系統將自動釋放預留量。

・生產訂單排程類型：作為建立生產訂單時的默認值，表示生產訂單轉車間管理時工序計劃的生成方式。默認為不排程，可改。若選擇順推或逆推，則按照指定的工藝路線，以各工序工作中心資源需求日期作為生產訂單的開工/完工日期；若選擇為不排程，則系統默認各工序日期分別等於生產訂單的開工/完工日期。

・新增物料清單默認狀態：建立物料清單時，系統默認的物料清單的狀態。默認為審核，可改。

・新增工藝路線默認狀態：建立工藝路線時，系統默認的工藝路線的狀態。默認為審核，可改。

・生產訂單允許物料清單狀態：建立或修改生產訂單時，允許選擇的物料清單的狀態。默認為審核，可另選擇新建和停用。

・生產訂單允許工藝路線狀態：建立或修改生產訂單時，允許選擇的工藝路線的狀態。默認為審核，可另選擇新建和停用。

・浮動換算率計算基準：默認為輔助數量，可改為數量/輔助數量之一。在相關單據或基礎資料中，新增輸入浮動換算率計量單位組物料時，系統自動帶入主計量單位、輔助單位、換算率。數量、輔助數量、換算率可以修改。

・物料清單變更記錄：選擇需要保留修改歷史記錄的物料清單的狀態。對於選定狀態的物料清單，如果物料清單資料有任何變更，系統將自動記錄其變更歷史資料供查詢。

・生產訂單變更記錄：選擇需要保留修改歷史記錄的生產訂單的狀態。對於選定狀態的生產訂單，如果生產訂單資料有任何變更，系統將自動記錄其變更歷史資料供查詢。

・返工報檢依據：由不良品處理單生成的生產訂單（返工單）進行質量報檢的依據。如果選擇為來源生產訂單，則生成的生產訂單是否報檢欄目默認為「否」；若選擇為返工單，則生成的生產訂單是否報檢欄目默認為「是」。

・非標訂單允許工程資料：選擇是否允許非標準生產訂單引用工程物料清單或工程工藝路線，用於生成非標準生產訂單的物料清單和工藝路線。

（二）業務設置

・ATP 規則代號：可參照輸入自定義的 ATP 規則，資料來源於 ATP 規則檔案，不可輸入。ATP 規則可以定義供應和需求來源、時間欄參數等。執行生產訂單子件 ATP 數量查詢時，如果子件在存貨檔案中「檢查 ATP」設置為「檢查物料」，則讀該存貨中的「ATP 規則」，若未輸入則以該 ATP 規則為準。

・是否檢查參照數據：選擇在輸入資料時若有引用其他基礎檔案或單據，該資料保存時，是否檢查引用的基礎檔案或單據是否存在。如果選擇為不檢查，可提高資料

保存效率。

・生產訂單工序日期修改時更新生產訂單：生產訂單工序日期不同於生產訂單計劃日期時，系統是否自動以生產訂單工序日期來更新其母件的開工/完工日和子件的需求日期。默認為是，可改。

・超量完工控製：默認為否，可改。表示在車間管理系統中工序轉移單執行工序轉移時，當從工序加工狀態移入同一工序檢驗、合格、拒絕、報廢之任一狀態，或從當前工序的加工、檢驗、合格、拒絕狀態移入到本工序之后續工序的任何狀態時，是否允許移入數量之和大於移出工序狀態可用數量。

・工序轉移跨報告點控製：默認為否，可改。表示在車間管理系統中工序轉移單執行工序正向轉移時，是否允許移入工序跨越生產訂單工藝路線中的報告點工序。

・生產訂單自動關閉：默認為是，可改。控製當生產訂單累積入庫數量達到生產訂單計劃生產數量且子件產出品的已領數量大於等於應領數量時，生產訂單是否自動關閉。若設置為否，則生產訂單完成后須在生產訂單系統執行手動關閉處理。

・現存量考慮在庫檢驗量：如果選擇為「是」，則物料的在庫檢驗數量應加入到製造系統的現存量之中；若設置為「否」，則物料的在庫檢驗數量不包含在製造的現存量中。

・工序轉移領料控製：默認為否，可改。生產訂單工序轉移單時，是否需要根據是否領料來控製工序轉移單的錄入。選擇該選項，當錄入生產訂單工序轉移單時如果生產訂單子件資料中該工序需要領料則檢查該工序是否已領料，如已領料，則允許工序轉移單保存；如沒有領料，則不允許工序轉移單保存。

・子件/工序行號增加值：默認為10，可改，輸入範圍為整數1至100。在物料清單和工藝路線維護、新增子件或工序行號時，系統自動以當前最大行號加該增加值作為其默認行號。

・清單/工藝路線版本增加值：默認為10，可改，輸入範圍為整數1至100。在物料清單和工藝路線維護、新增版本時，系統自動以當前最大版本號加該增加值作為其默認版本號。

・清單/工藝路線版本日期默認值：默認為2000/01/01，可改為空。物料清單和工藝路線維護、新增版本時，系統自動以該日期作為版本日期的默認值，若未設置則默認系統日期。

・物料清單展開層數：默認為10，可改，輸入範圍為整數1至50。系統查驗物料清單邏輯錯誤，即物料清單中所有物料是否有成為自我子件的錯誤邏輯時，以此為參照基準，因此輸入時應注意大於系統中所有物料清單的最大階層數。

(三) 生產訂單預警設置

・生產訂單狀態：選擇需要對哪些狀態的生產訂單進行預警和報警處理，可不輸入，可同時選擇「未審核」「鎖定」「審核」。

・開工提前天數：若未選擇生產訂單狀態，則不可輸入。若為空，則生產訂單不對開工日作預警處理。當生產訂單開工日大於或等於當前日期，且生產訂單臨近開工

天數小於或等於開工提前天數時，系統將產生生產訂單預警資料。

・完工提前天數：若未選擇生產訂單狀態，則不可輸入。若為空，則生產訂單不對完工日作預警處理。當生產訂單完工日大於等於當前日期，且生產訂單臨近完工天數小於或等於完工提前天數時，系統將產生生產訂單預警資料。

・逾期天數：若未選擇生產訂單狀態，則不可輸入。若為空，則生產訂單不對完工日作報警處理。當生產訂單完工日小於當前日期，且生產訂單完工日超過逾期天數時，系統將產生生產訂單報警資料。

・允超百分比：若未選擇生產訂單狀態之「審核」，則不可輸入，且不可與允超數量同時輸入。若為空，則生產訂單不對完成數量作報警處理。當生產訂單完成數量超過允超百分比時，系統將產生生產訂單報警資料。

・允超數量：若未選擇生產訂單狀態之「審核」，則不可輸入，且不可與允超百分比同時輸入。若為空，則生產訂單不對完成數量作報警處理。當生產訂單完成數量超過允超數量時，系統將產生生產訂單報警資料。

(四) 權限及參照控製設置

・操作員權限：對各模塊皆默認為不控製，可按模塊修改，但必須首先在「企業應用平臺—系統服務—權限—數據權限控製設置」中進行用戶權限控製設置，否則不可修改。若設為控製，則操作者只能對單據製單人有權限的單據進行查詢、修改、刪除、審核、棄審、關閉、還原等操作。

・部門權限：對各模塊（生產訂單、車間管理、工程變更）皆默認為不控製，可按模塊修改，但必須首先在「企業應用平臺—系統服務—權限—數據權限控製設置」中進行部門權限控製設置，否則不可修改。若設為控製，則操作者只能對其有查詢權限的部門及其記錄進行查詢；輸入資料時，只能參照錄入有錄入權限的部門資料。

・生產訂單類別權限：對各模塊（生產訂單、車間管理）皆默認為不控製，可按模塊修改，但必須首先在「企業應用平臺—系統服務—權限—數據權限控製設置」中進行生產訂單類別權限控製設置，否則不可修改。若設為控製，則操作者只能對其有查詢權限的生產訂單類別及其記錄進行查詢；輸入資料時，只能參照錄入有錄入權限的生產訂單類別資料。

・參照控製：選擇不同的模糊參照方式。例如，在供貨單位欄目錄入參照內容，點擊參照按鈕，系統根據參照控製選項，顯示符合條件的供應商檔案。

・參照物料批次錄入：對各模塊（產能管理、車間管理除外）皆默認為可批次錄入，可按模塊修改。表示在參照物料主檔錄入物料時，是否可以同時選擇多條物料檔案。

(五) 工序委外設置

・修改稅額時是否改變稅率：若選擇是，則稅額變動時系統反算稅率，不進行容差控製；若選擇否，則稅額變動不反算稅率。在調整稅額尾差（單行）、保存單據（合計）時，系統檢查是否超過容差，超過時不允許修改，未超過則允許修改。

・單行容差：默認為 0.06，可改。當用戶修改稅額時，系統根據當前行修改前的

稅額與用戶修改后的稅額進行比較，如果修改后的稅額與修改后的稅額的差值的絕對值大於設置的容差數值，則提示「輸入的稅額變化超過容差」，取消修改，恢復原稅額。

·合計容差：默認為 0.36，可改。當用戶修改單據中表體行的稅額時，系統將修改后的稅額合計與修改前的稅額合計進行比較，如果修改后的稅額與修改后的稅額的差值的絕對值大於設置的合計容差數值，則提示超過容差，返回單據。

·根據加工單發料：如果選擇為是，則工序委外必須按委外加工單發料；反之，可按委外加工單發料，也可直接參照生產訂單工序計劃發料。

·控制業務員權限：如選擇控制，則查詢時只能顯示有查詢權限的業務員及其記錄；填製單據時只能參照錄入有錄入權限的業務員。

·控制供應商權限：如選擇控制，則查詢時只能顯示有查詢權限的供應商及其記錄；製單時只能參照錄入有錄入權限的供應商。

·控制存貨權限：如選擇控製，查詢時只能顯示有查詢權限的存貨及其記錄；填製單據時只能參照錄入有錄入權限的存貨。

·控製部門權限：如選擇控製，查詢時只能顯示有查詢權限的部門及其記錄；填製單據時只能參照錄入有錄入權限的部門。

·控製操作員權限：如選擇控製，則查詢、修改、刪除、審核、棄審、關閉、打開單據時，只能對單據製單人有權限的單據進行操作；對單據審核人有權限的單據進行操作；對單據關閉人有權限的單據進行操作；變更不控製操作員數據權限，僅判斷當前操作員是否有變更功能權限和其他幾項數據的錄入權限。

三、生產製造基礎檔案

（一）需求時柵設置

需求時柵也稱時間欄，表示公司政策或做法改變的時點。

MPS/MRP 展開計算時，在某一時段對某物料而言，其獨立需求來源可能是按訂單或按預測或兩者都有，系統是按各物料所對應的時柵內容而運作的。

MPS/MRP 展開時，系統讀取時柵代號的順序為：先以物料在存貨主檔中的時柵代號為準，若無則按 MPS/MRP 計劃參數中設定的時柵代號。

（二）時格資料維護

時格：也稱時段。從計劃當前日期往后，將以后的時間劃分為一段一段的區間，用來統計某些與時間相關的資料時所用的時間單位。如查詢某一時間段內匯總的產能或負載狀況、物料的可承諾量等。

用友 U8V10.1 的時格供查看物料可承諾量、MPS/MRP 供需資料、工作中心資源產能/負載資料，及設定資源需求計劃、重複計劃期間時使用。

（三）製造 ATP 規則維護

製造 ATP 主要是解決再下生產訂單時能夠查詢出子件是否缺料，計算出子件的可

承諾量。

（四）預測參數

預測參數設定用於展開式預測訂單輸入的相關參數。

（五）預測版本資料維護

預測版本資料維護用於需求預測訂單的版本號及其類別，以說明 MPS/MRP 展開所用的產品預測資料來源的設定。

［實務案例］

飛躍摩托車製造公司的生產製造部分基礎檔案信息如下：

(1) 需求時柵（表 3-1）。

表 3-1　　　　　　　　　　　　　需求時柵

行號	日數	需求來源
1	30	預測+客戶訂單不消抵

(2) 時格資料（表 3-2）。

表 3-2　　　　　　　　　　　　　時格資料

行號	類別	期間數	起始位置
1	月	1	1 日

(3) 製造 ATP 規則（表 3-3）。

表 3-3　　　　　　　　　　　　製造 ATP 規則

規則代號	說明	逾期需求數	逾期供應天數	無限供應天數	需求來源	供應來源
1	100 型摩托車製造規則	5	5	0	考慮銷售訂單、出口訂單、生產訂單、委外訂單、計劃需求、安全庫存需求	考慮計劃訂單、生產訂單、委外訂單、採購訂單、進口訂單、請購單、現存量供應

(4) 預測參數（表 3-4）。

表 3-4　　　　　　　　　　　　　預測參數

說明	行號	時段類別	期間數	起始位置	均化類型	均化取整
100 型摩托車製造預測	1	月	1	1 日	不均化	不取整

（5）預測版本資料（表3-5）。

表3-5　　　　　　　　　　　預測版本資料

版本代號	版本說明	版本類別	默認版本
1	輪胎組件-100 普通	MPS	是
2	輪胎組件-100 加寬	MPS	否
3	燈-125 燈總成	MPS	否
4	100 型發動機-J 腳啟動	MPS	否
5	100 型摩托車-普通型	MPS	否
6	100 型摩托車-加強型	MPS	否
7	輪胎組件-100 普通	MRP	否
8	輪胎組件-100 加寬	MRP	否
9	燈-125 燈總成	MRP	否
10	100 型發動機-J 腳啟動	MRP	否
11	100 型摩托車-普通型	MRP	否
12	100 型摩托車-加強型	MRP	否

［操作步驟］

在企業應用平臺中，執行「基礎設置→基礎檔案→生產製造→需求時柵維護（等）」命令，進入上述各基礎設置的主界面，單擊「增加」按鈕，輸入相應內容後，點擊保存按鈕。

第二節　物料清單

一、物料清單系統概述

物料清單（Bills Of Material，BOM）是指產品所需零部件明細表。具體而言，物料清單是構成父項裝配件的所有子裝配件、零件和原材料的清單，也是製造一個裝配件所需要每種零部件的數量的清單。

BOM 是 ERP 系統中最重要的基礎數據，其組織格式設計合理與否直接影響到系統的處理性能。BOM 不僅是 MRP 重要的輸入數據，而且是財務部門核算成本、製造部門組織生產（生產型配料）、採購部門外協加工或採購以及銷售部門制定價格等的重要數據。如果說 MRP 是 ERP 的核心，那麼 BOM 則是 MRP 的基礎。

（一）物料清單系統

用友 U8V10.1 系統提供了定義組成各產成品的所有零配件及原材料，以達到以下目的：標準成本卷疊計算，包括物料、人工、製造費用等；新產品的成本模擬，作為

擬定售價的參考；物料需求計劃計算用料的基礎；計劃品、模型及選項類物料需求預測展開的依據；支持按訂單配置產品的組件選配；領料、發料的依據。

(二) 與其他系統的主要關係

物料清單系統與其他系統的主要關係如圖 3-6 所示。

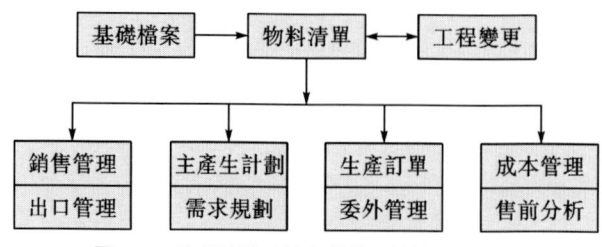

圖 3-6　物料清單系統與其他系統的主要關係

(三) 物料清單操作流程

用友 U8 物料清單操作流程如圖 3-7 所示。

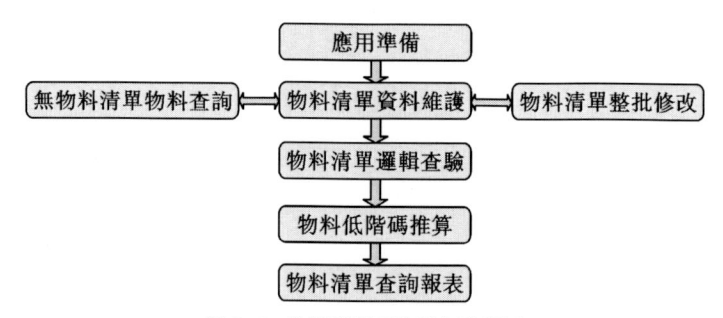

圖 3-7　物料清單系統操作流程圖

二、物料清單維護

(一) 主要和替代物料清單

主要物料清單是建立產品最常用的子件用料清單，替代物料清單則是另一相同母件的子件清單。

主生產計劃系統和需求規劃系統使用主要物料清單來計劃物料需求，銷售管理系統和出口管理系統使用模型和選項類物料的主要物料清單來進行產品配置，另外主要物料清單被默認用來計算物料標準成本、定義生產訂單和委外訂單的子件用料。

在建立生產訂單和委外訂單、計算物料標準成本、定義重複計劃物料生產線關係以及執行其他使用物料清單的功能時，可以指定使用主要物料清單（默認）還是替代物料清單。如執行產品返工、維修等作業，以及同一物料在不同生產線生產時，其生產訂單可以特別指定使用替代物料清單。

必須在定義替代清單前定義物料的主要清單，一個物料可以定義多個替代清單。

任何物料清單類型都可以建立替代清單。

［實務案例］

飛躍摩托車製造公司的主要物料清單如下：

（1）100 型發動機-J 腳啓動（表 3-6）。

表 3-6　　　　　　　　　　　　　　100 型發動機-J 腳啓動

母件編碼	母件名稱	序號	子項編碼	子項名稱	主計量單位	基本用量	倉庫名稱	領料部門
02020104	100 型發動機-J 腳啓動	1	0101001	箱體-168	個	1	原料倉庫	動力車間
		2	0102001	動力蓋-170F	個	2	原料倉庫	動力車間
		3	0102002	飛輪外蓋-172S	個	1	原料倉庫	動力車間
		4	0102003	減速蓋-173FR	個	1	原料倉庫	動力車間
		5	0102004	離合蓋-173FRS	個	1	原料倉庫	動力車間
		6	0103001	缸體-泰 100	個	2	原料倉庫	動力車間
		7	0104001	軸承-D2208	個	1	原料倉庫	動力車間
		8	0105001	黑酯膠調合漆	升	2	原料倉庫	動力車間
		9	0199001	磷化粉	千克	0.5	原料倉庫	動力車間
		10	0199002	內六角螺絲-14＊60	個	12	原料倉庫	動力車間
		11	0199003	內六角螺絲-12＊80	個	6	原料倉庫	動力車間

（2）100 型摩托車-普通型（表 3-7）。

表 3-7　　　　　　　　　　　　　　100 型摩托車-普通型

母件編碼	母件名稱	序號	子項編碼	子項名稱	主計量單位	基本用量	倉庫名稱	領料部門
0301001	100 型摩托車-普通型	1	020102001	排氣消聲器-單孔	個	1	外購件倉庫	成車車間
		2	020104001	化油器-100 帶支架	套	1	外購件倉庫	成車車間
		3	020105001	油冷器-100	套	1	外購件倉庫	成車車間
		4	020106001	儀表-100 儀表總成	套	1	外購件倉庫	成車車間
		5	020107001	油箱-普通	個	1	外購件倉庫	成車車間
		6	02020103	燈-125 燈總成	套	1	自制件倉庫	成車車間
		7	020111001	摩托車支架-100	個	1	外購件倉庫	成車車間
		8	02020101	輪胎組件-100 普通	套	1	自制件倉庫	成車車間
		9	020199002	電纜總成	套	2	外購件倉庫	成車車間
		10	020199003	坐墊-連座	個	1	外購件倉庫	成車車間
		11	02020104	100 型發動機-J 腳啓動	臺	1	自制件倉庫	成車車間

(3) 100 型摩托車-加強型（表 3-8）。

表 3-8　　　　　　　　　　100 型摩托車-加強型

母件編碼	母件名稱	序號	子項編碼	子項名稱	主計量單位	基本用量	倉庫名稱	領料部門
0301002	100 型摩托車-加強型	1	020102001	排氣消聲器-單孔	個	1	外購件倉庫	成車車間
		2	020104001	化油器-100 帶支架	套	1	外購件倉庫	成車車間
		3	020105001	油冷器-100	套	1	外購件倉庫	成車車間
		4	020106001	儀表-100 儀表總成	套	1	外購件倉庫	成車車間
		5	020107002	油箱-加大	個	1	外購件倉庫	成車車間
		6	02020103	燈-125 燈總成	套	1	自制件倉庫	成車車間
		7	020111001	摩托車支架-100	個	1	外購件倉庫	成車車間
		8	02020102	輪胎組件-100 加寬	套	1	自制件倉庫	成車車間
		9	020199002	電纜總成	套	2	外購件倉庫	成車車間
		10	020199001	坐墊-減振	個	1	外購件倉庫	成車車間
		11	02020104	100 型發動機-J 腳啓動	臺	1	自制件倉庫	成車車間

(4) 輪胎組件-100 普通（表 3-9）。

表 3-9　　　　　　　　　　輪胎組件-100 普通

成套件編碼	成套件名稱	序號	單件編碼	單件名稱	主計量單位	單件數量	倉庫名稱	領料部門
02020101	輪胎組件-100 普通	1	02010301	前輪軸承-100	件	1	外購件倉庫	動力車間
		2	02010302	后輪軸承-100	件	1	外購件倉庫	動力車間
		3	02010801	前輪胎-普通	個	2	外購件倉庫	動力車間
		4	02010901	后輪胎-普通	個	2	外購件倉庫	動力車間

(5) 輪胎組建-100 加寬（表 3-10）。

表 3-10　　　　　　　　　　輪胎組建-100 加寬

成套件編碼	成套件名稱	序號	單件編碼	單件名稱	主計量單位	單件數量	倉庫名稱	領料部門
02020102	輪胎組件-100 加寬	1	02010301	前輪軸承-100	件	1	外購件倉庫	動力車間
		2	02010302	后輪軸承-100	件	1	外購件倉庫	動力車間
		3	02010802	前輪胎-加寬	個	2	外購件倉庫	動力車間
		4	02010902	后輪胎-加寬	個	2	外購件倉庫	動力車間

（6）燈-125 燈總成（表 3-11）。

表 3-11　　　　　　　　　　　燈-125 燈總成

成套件編碼	成套件名稱	序號	單件編碼	單件名稱	主計量單位	單件數量	庫存名稱	領料部門
02020103	燈-125燈總成	1	020110001	燈-大燈	個	4	外購件倉庫	動力車間
		2	020110002	燈-轉向燈	個	4	外購件倉庫	動力車間
		3	020110003	燈-尾燈	個	2	外購件倉庫	動力車間

［操作步驟］

在企業應用平臺中，執行「業務工作→生產製造→物料清單→物料清單維護→物料清單資料維護」命令，進入物料清單資料維護主界面，單擊「增加」按鈕，逐一輸入母子件編碼等信息后，點擊「保存」按鈕。

在物料清單資料維護主界面，單擊「增加」按鈕的下拉菜單中的「替代 BOM」，可增加替代物料清單，即與主要物料清單相同母件的子件清單。

(二) 客戶物料清單

特為某一客戶建立的物料清單。如果要滿足某一客戶產品結構的特定需求，同時不需要為該產品建立新的物料主檔，則可以使用客戶 BOM，以與標準產品結構相區別。用一個客戶代號和一個標準物料，來唯一識別一個客戶 BOM。

(三) 訂單物料清單

特為銷售訂單建立的物料清單。如果要滿足某一銷售訂單產品結構的特定需求，同時不需要為該產品建立新的物料主檔，則可以使用訂單 BOM，以與標準產品結構相區別。用一個銷售訂單號、銷售訂單行和一個標準物料，來唯一識別一個訂單 BOM。

在面向訂單生產的企業中，有一類企業，其產品的訂單交期非常短（由於市場競爭或產品本身生產週期的原因），並且由於客戶個性化定制的要求，最終交付產品的形態往往不完全一樣（如消費類電子數碼產品等），因此需要在不影響標準 BOM 的前提下可以根據銷售訂單建立訂單 BOM 資料。

此外，物料清單系統還提供了物料清單整批修改、物料清單邏輯查驗、物料低階碼推算、物料清單變更記錄清除等。

三、物料清單查詢與報表

(一) 母件結構查詢——多階

母件結構查詢——多階用於查詢母件之下各階的子件資料。按查詢資料，系統據以繪出各物料上下隸屬物料清單結構圖。

(二) 子件用途查詢——多階

子件用途查詢——多階用於查詢子件之上各階的母件資料。按查詢資料，系統據以繪出各物料上下隸屬物料清單結構圖。

（三）母件結構表——單階

母件結構表——單階用於依指定母件代號範圍，打印母件其下一階的子件資料。

（四）物料清單替代料明細表

物料清單替代料明細表用於打印母件物料清單中各子件可被替代的物料編碼及數量關係等，供核對用。

（五）物料清單差異比較表

物料清單差異比較表用於打印同一母件/不同母件主要清單和替代清單，或同一母件/不同母件主要清單不同版本、訂單 BOM 之間、訂單 BOM 與主要/替代 BOM，以及訂單 BOM 與客戶 BOM、客戶 BOM 與主要/替代 BOM、不同客戶 BOM 之間的比較表。

此外，物料清單系統還提供了母件結構表-單階、母件結構表——多階、客戶 BOM 結構表、訂單 BOM 結構表、子件用途表——單階、子件用途表——多階、母件結構表——匯總式、公用清單明細表、物料清單變更記錄明細表等的物料清單資料查詢功能。

第三節　主生產計劃

一、主生產計劃系統概述

（一）主生產計劃系統

MPS 是主生產計劃（Master Production Schedule）的簡稱，是描述企業生產什麼、生產多少以及什麼時段完成的生產計劃，是把企業戰略、企業生產計劃大綱等宏觀計劃轉化為生產作業和採購作業等微觀作業計劃的工具，是企業物料需求計劃的直接來源，是粗略平衡企業生產負荷和生產能力的方法，是聯繫市場銷售和生產製造的紐帶，是指導企業生產管理部門開展生產管理和調度活動的權威性文件。

用友 U8V10.1 系統通過獨立需求來源（需求預測和客戶訂單），考慮現有庫存和未關閉訂單，生成主生產計劃。有效的主生產計劃為銷售承諾提供基準，並用以識別所需資源（物料、勞力、設備與資金等）及其所需要的時間。可以使用 MPS 調節生產，以便有效地利用資源並推動物料需求計劃。因此 MPS 是產銷協調的依據，是所有作業計劃的根源。製造、委外和採購三種活動的細部日程，均是依據 MPS 的日程加以計算而得到的。如果 MPS 日程不夠穩定，或可行性不高，那麼它將迫使所有的供應活動搖擺不定，造成極大的浪費。

（二）與其他系統的主要關係

主生產計劃系統與其他系統的主要關係如圖 3-8 所示。

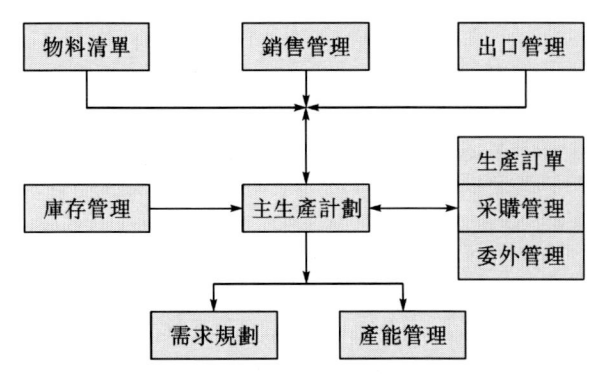

圖 3-8　主生產計劃系統與其他系統的主要關係圖

(三) 主生產計劃操作流程

主生產計劃系統操作流程如圖 3-9 所示。

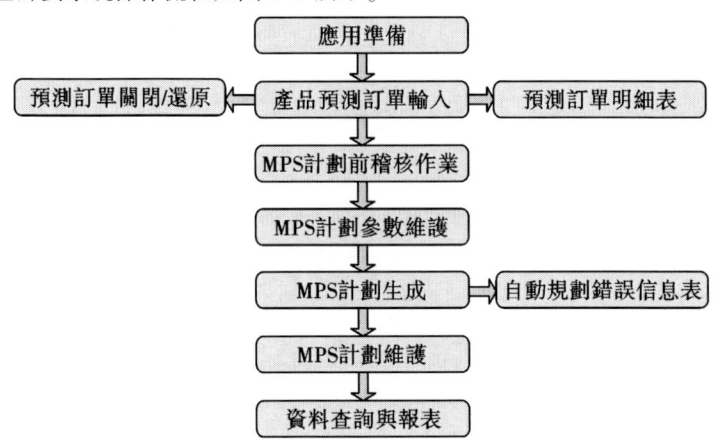

圖 3-9　主生產計劃系統操作流程圖

二、MPS 計劃參數維護

MPS 計劃參數維護用於建立 MPS 計劃代號及其相關參數。MPS 計劃參數是 MPS 展開計算時所依據的條件。

[實務案例]

飛躍摩托車製造公司的 MPS 計劃參數如表 3-12 所示：

表 3-12　　　　　　飛躍摩托車製造公司的 MPS 計劃參數

計劃代號	計劃說明	預測版本	需求時柵	截止日期	時柵優先考慮	初始庫存	計劃時考慮	出貨消抵
1	100 加強型	6	1	2014-09-30	物料	現存量	生產訂單、採購訂單	是
2	100 普通型	5	1	2014-09-30	物料	現存量	生產訂單、採購訂單	是

105

［操作步驟］

在企業應用平臺中，執行「業務工作→生產製造→主生產計劃→基本資料維護→MPS 計劃參數維護」命令，進入 MPS 計劃參數維護主界面，單擊「增加」按鈕，逐一輸入相關信息后，點擊「確定」按鈕保存。

三、需求來源資料維護

（一）產品預測訂單輸入

產品預測訂單輸入用於建立 MPS/MRP 物料的需求預測資料，以作為 MPS/MRP 計算的獨立需求來源之一。

［實務案例］

飛躍摩托車製造公司的產品預測訂單輸入如表 3-13 所示：

表 3-13　　　　　　　飛躍摩托車製造公司產品預測訂單

預測單號	單據類型	預測版本號	起始日期	結束日期	物料編碼	物料名稱	預測數量	均化類型	均化取整
1	MPS	6	2014-09-01	2014-09-30	0301002	100 型摩托車-加強型	1500	不均化	不取整
2	MPS	5	2014-09-01	2014-09-30	0301001	100 型摩托車-普通型	2000	不均化	不取整

註：錄入產品預測訂單前，需先將對應的物料清單審核。

［操作步驟］

在企業應用平臺中，執行「業務工作→生產製造→主生產計劃→需求來源資料維護→產品預測訂單輸入」命令，進入產品預測訂單輸入主界面，單擊「增加」按鈕，逐一輸入相關信息后，點擊「確定」按鈕保存，並立即審核產品預測訂單。

（二）產品預測訂單——展開式

產品預測訂單——展開式用於按時段建立 MPS/MRP 物料的需求預測資料，以作為 MPS/MRP 計算的獨立需求來源之一。

（三）產品預測訂單整批處理

產品預測訂單整批處理用於對產品預測訂單執行審核/棄審/關閉/還原/刪除/重展處理。關閉后的預測訂單不可參與 MPS/MRP 運算。

（四）產品預測訂單明細表

產品預測訂單明細表用於打印產品預測訂單及其均化處理、預測展開后的產品預測資料，供核對用。

（五）產品預測資料比較表

產品預測資料比較表用於打印不同預測版本產品預測資料的比較表。

四、MPS 計劃前稽核作業

（一）累計提前天數推算

物料的固定提前期或主要物料清單更改時，執行本作業，以計算各物料的累計提

前天數，並更新存貨主檔及 MPS/MRP 系統參數的最長累計提前天數。

(二) 庫存異常狀況查詢

查詢各倉庫中現存量為負值的不正常物料資料，供 MPS/MRP 展開前查核用。

(三) 倉庫淨算定義查詢

查詢各倉庫代號在倉庫主檔中是否被定義為 MRP 倉，MPS/MRP 展開前查核用，以免設置不當造成計算錯誤。

(四) 訂單異常狀況查詢

查詢預計完工/交貨日期逾期或超出物料替換日期的訂單資料，包括鎖定/審核狀態的銷售訂單、預測訂單、請購訂單、採購訂單、進口訂單、委外訂單和生產訂單，供 MPS/MRP 展開前查核，以免這些異常資料造成 MPS/MRP 計算結果不合實際而無法執行。

五、MPS 計劃作業

(一) MPS 計劃生成

系統依據物料的需求來源（需求預測及客戶訂單），考慮現有物料存量和鎖定、已審核訂單（採購請購單、採購訂單、生產訂單、委外訂單）余量，及物料提前期、數量供需政策等，自動產生 MPS 件的生產計劃。

在需求時柵的需求來源為「預測+客戶訂單不消抵」，產品預測訂單處於審核非關閉狀態時，執行「業務工作→生產製造→主生產計劃→MPS 計劃作業→MPS 計劃生成」命令，生成飛躍摩托車製造公司的 MPS 計劃。

(二) MPS 計劃維護

查詢、修改、刪除 MPS 自動生成的計劃供應，或手動新增 MPS 計劃資料，並可下達生產訂單、委外訂單和請購單/採購訂單。

執行「業務工作→生產製造→主生產計劃→MPS 計劃作業→MPS 計劃維護」命令，通過查閱，調出飛躍摩托車製造公司的 MPS 計劃，點擊「修改」，將完工日期更改如圖 3-10 所示。點擊 MPS 計劃維護界面的「下達生產-當前頁下達」下達摩托車的生成計劃，計劃下達如圖 3-11 所示。

(三) MPS 計劃維護——展開式

按時段顯示 MPS 計劃資料，供查詢、修改、刪除 MPS 自動生成的計劃供應，或手動新增 MPS 計劃資料，並可下達生產訂單、委外訂單和請購單/採購訂單。

(四) MPS 計劃整批刪除

MPS 計劃不再執行和保留時，可以通過本功能整批刪除已建立的 MPS 計劃。

(五) 供需資料查詢——訂單

按銷售訂單，查詢/打印 MPS/MRP 計劃的供應/需求資料及供需資料的計算過程。

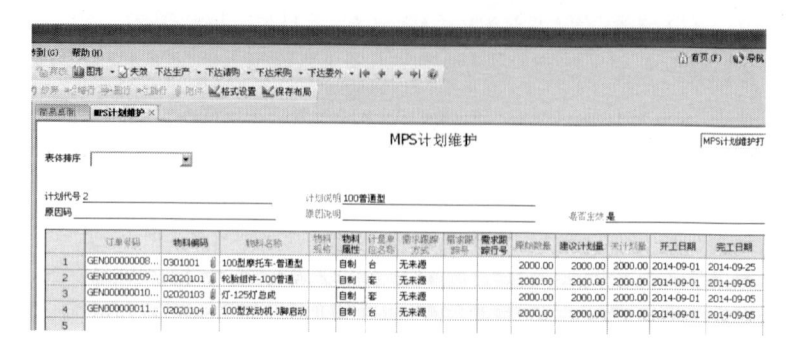

圖 3-10　100 普通型摩托車 MPS 計劃維護界面

圖 3-11　100 普通型摩托車生產計劃下達界面

此外，系統還提供了供需資料的物料和需求分類的查詢、供需追溯資料的查詢，以及自動規劃錯誤信息表。也可查詢各種報表，如建議計劃量明細表、建議計劃比較表、預測消抵明細表、供需追溯明細表、待處理訂單明細表和供需資料表等。

第四節　需求規劃

一、物料需求規劃的意義

物料需求規劃即物料需求計劃（Material Requirement Planning，MRP），是一種既要保證生產又要控製庫存的計劃方法，它在產品結構的基礎上運用網絡計劃法原理，根據產品結構各層次物品的從屬和數量關係，以每個物品為計劃對象，以完工時期為時間基準倒排計劃，按提前期長短區別各個物品下達計劃時間的先後順序，是一種工業製造企業內物資計劃管理模式。MRP 是根據市場需求預測和顧客訂單制訂產品的生產計劃，然后基於產品生成進度計劃，組成產品的材料結構表，再結合庫存狀況，通過計算機計算所需物料的需求量和需求時間，從而確定材料的加工進度和訂貨日程的一種實用技術。其基本原理如圖 3-12 所示。

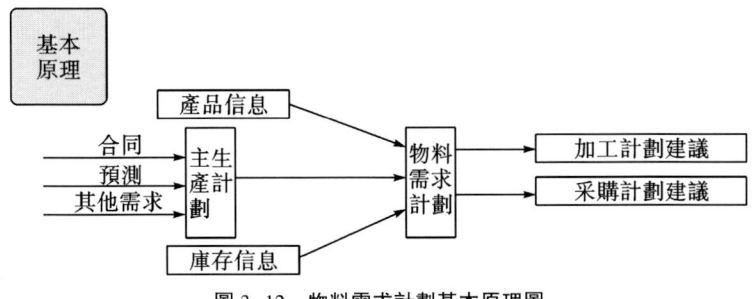

圖 3-12　物料需求計劃基本原理圖

(一) 含義內容

其主要內容包括客戶需求管理、產品生產計劃、原材料計劃以及庫存記錄。其中客戶需求管理包括客戶訂單管理和銷售預測，將實際的客戶訂單數與科學的客戶需求預測相結合即能得出客戶需要什麼以及需求多少。

物料需求規劃 (MRP) 是一種推式體系，根據預測和客戶訂單安排生產計劃。因此，MRP 基於天生不精確的預測建立計劃，「推動」物料經過生產流程。也就是說，傳統 MRP 方法依靠物料運動經過功能導向的工作中心或生產線（而非精益單元），這種方法是為最大化效率和大批量生產來降低單位成本而設計。計劃、調度並管理生產以滿足實際和預測的需求組合。生產訂單出自主生產計劃 (MPS)，然後經由 MRP 計劃出的訂單被「推」向工廠車間及庫存。

(二) 特點

1. 需求的相關性

在流通企業中，各種需求往往是獨立的。而在生產系統中，需求具有相關性。例如，根據訂單確定了所需產品的數量之後，由新產品結構文件 BOM 即可推算出各種零部件和原材料的數量，這種根據邏輯關係推算出來的物料數量稱為相關需求。不但品種數量有相關性，需求時間與生產工藝過程的決定也是相關的。

2. 需求的確定性

MRP 的需求都是根據主產進度計劃、產品結構文件和庫存文件精確計算出來的，品種、數量和需求時間都有嚴格要求，不可改變。

3. 計劃的複雜性

MRP 要根據主產品的生產計劃、產品結構文件、庫存文件、生產時間和採購時間，把主產品的所有零部件需要數量、時間、先后關係等準確計算出來。當產品結構複雜，零部件數量特別多時，其計算工作量非常龐大，人力根本不能勝任，必須依靠計算機實施這項工程。

(三) 基本數據

制訂物料需求計劃前就必須具備以下的基本數據：

第一項數據是主生產計劃，它指明在某一計劃時間段內應生產出的各種產品和備

件，它是物料需求計劃制訂的一個最重要的數據來源。

第二項數據是物料清單（BOM），它指明了物料之間的結構關係，以及每種物料需求的數量，它是物料需求計劃系統中最為基礎的數據。

第三項數據是庫存記錄，它把每個物料品目的現有庫存量和計劃接受量的實際狀態反應出來。

第四項數據是提前期，決定著每種物料何時開工、何時完工。

應該說，這四項數據都是至關重要、缺一不可的，缺少其中任何一項或任何一項中的數據不完整，物料需求計劃的制訂都將是不準確的。因此，在制訂物料需求計劃之前，這四項數據都必須先完整地建立好，而且保證是絕對可靠的、可執行的數據。

（四）計算步驟

一般來說，物料需求計劃的制訂是遵照先通過主生產計劃導出有關物料的需求量與需求時間，然後，再根據物料的提前期確定投產或訂貨時間的計算思路。其基本計算步驟如下：

（1）計算物料的毛需求量。即根據主生產計劃、物料清單得到第一層級物料品目的毛需求量，再通過第一層級物料品目計算出下一層級物料品目的毛需求量，依次一直往下展開計算，直到最低層級原材料毛坯或採購件為止。

（2）淨需求量計算。即根據毛需求量、可用庫存量、已分配量等計算出每種物料的淨需求量。

（3）批量計算。即由相關計劃人員對物料生產作出批量策略決定，不管採用何種批量規則或不採用批量規則，淨需求量計算后都應該表明有沒有批量要求。

（4）安全庫存量、廢品率和損耗率等的計算。即由相關計劃人員來規劃是否要對每個物料的淨需求量進行這三項計算。

（5）下達計劃訂單。即指通過以上計算后，根據提前期生成計劃訂單。物料需求計劃所生成的計劃訂單，要通過能力資源平衡確認後，才能開始正式下達計劃訂單。

（6）再一次計算。物料需求計劃的再次生成大致有兩種方式：第一種方式會對庫存信息重新計算，同時覆蓋原來計算的數據，生成的是全新的物料需求計劃；第二種方式則只是在制訂、生成物料需求計劃的條件發生變化時，才相應地更新物料需求計劃有關部分的記錄。這兩種生成方式都有實際應用的案例，至於選擇哪一種要看企業實際的條件和狀況。

（五）實現目標

（1）及時取得生產所需的原材料及零部件，保證按時供應用戶所需產品。

（2）保證盡可能低的庫存水平。

（3）計劃企業的生產活動與採購活動，使各車間生產的零部件、採購的外購件與裝配的要求在時間和數量上精確銜接。

MRP 主要用於生產「組裝」型產品的製造業。在實施 MRP 時，與市場需求相適應的銷售計劃是 MRP 成功的最基本的要素。但 MRP 也存在局限，即資源僅僅局限於企業內部和決策結構化的傾向明顯。

（六）分類

1. 再生式 MRP

它表示每次計算時，都會覆蓋原來的 MRP 數據，生成全新的 MRP。再生式 MRP 是週期性運算 MRP，通常的運算週期是一周。

2. 淨變式 MRP

它表示只會根據指定條件而變化，例如 MPS 變化、BOM 變化等，經過局部運算更新原來 MRP 的部分數據。淨變式 MRP 是一種連續性的操作，當指定數據改變時就需要立即運行。

（七）運行步驟

（1）根據市場預測和客戶訂單，正確編製可靠的生產計劃和生產作業計劃，在計劃中規定生產的品種、規格、數量和交貨日期，同時，生產計劃必須是同現有生產能力相適應的計劃。

（2）正確編製產品結構圖和各種物料、零件的用料明細表。

（3）正確掌握各種物料和零件的實際庫存量。

（4）正確規定各種物料和零件的採購交貨日期，以及訂貨週期和訂購批量。

（5）通過 MRP 邏輯運算確定各種物料和零件的總需要量以及實際需要量。

（6）向採購部門發出採購通知單或向本企業生產車間發出生產指令。

二、需求規劃系統概述

（一）需求規劃系統簡介

用友 U8V10.1 需求規劃對 MRP 件，依客戶訂單或產品預測訂單的需求和 MPS 計劃，通過物料清單展開，並考慮現有庫存和未關閉訂單，而計算出各採購件、委外件及自制件的需求數量和日期，以供採購管理、委外管理、生產訂單系統計劃之用。本系統地 MRP 採用的是再生成法。

（二）與其他系統的主要關係

物料需求規劃系統與其他系統的主要關係如圖 3-13 所示。

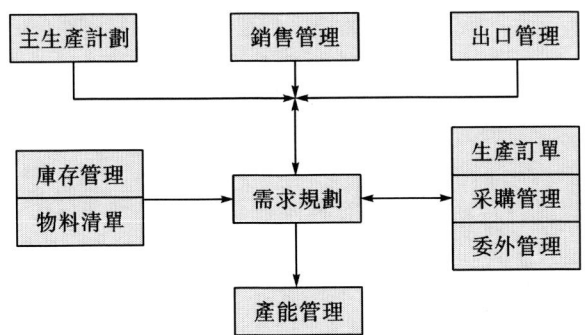

圖 3-13　物料需求系統與其他系統的主要關係

本系統與其他系統的主要關係具體如下：

物料清單系統中的物料清單，是 MRP 系統所必須先行建立的基礎資料。

銷售管理系統和出口管理系統中，已鎖定/已審核銷售訂單是 MRP/BRP 計算的需求來源。

庫存管理系統中，各 MRP 物料的「現存量、預計入庫量、預計出庫量、凍結量、未指定倉庫的到貨量」等，是 MRP 計算必須考慮的有效供應量。

主生產計劃系統中 MPS 展開產生的計劃建議量是需求規劃系統 MRP 展開必須考慮的需求來源。

生產訂單系統中，各 MRP 物料的鎖定、已審核生產訂單余量是 MRP 必須考慮的有效供應量之一，同時各訂單 MRP 子件的需求余量則是 MRP 展開時的需求量之一。需求規劃系統中 MRP/BRP 展開自動產生的建議計劃量，則是生產訂單系統自動生成生產訂單的依據。

採購管理系統中，各 MRP 物料的鎖定、已審核請購單和採購訂單余量，是 MRP 必須考慮的有效供應量之一。需求規劃系統中 MRP/BRP 展開自動產生的建議計劃量，則是採購管理系統自動生成請購單、採購訂單的依據。

委外管理系統中，各 MRP 物料的鎖定、已審核委外訂單余量，是 MRP 必須考慮的有效供應量之一，同時各訂單 MRP 子件的需求余量則是 MRP 展開時的需求量之一。需求規劃系統中 MRP 展開自動產生的建議計劃量，則是委外管理系統自動生成委外訂單的依據。

需求規劃系統中 MRP 展開產生的建議計劃量是產能管理系統計算細能力計劃的依據。

（三）需求規劃操作流程

需求規劃系統操作流程如圖 3-14 所示。

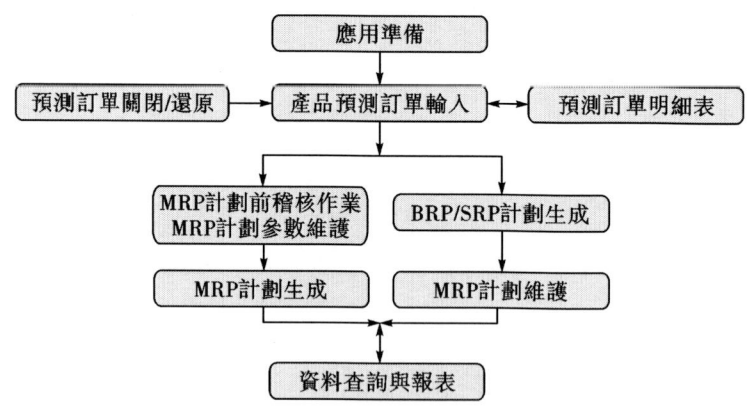

圖 3-14　物料需求系統操作流程圖

三、需求規劃資料維護

(一) MRP 計劃參數維護

MRP 計劃參數維護用於建立 MRP 計劃代號及其相關參數。MRP 計劃參數是 MRP 展開計算時所依據的條件。

[實務案例]

飛躍摩托車製造公司的 MRP 計劃參數如表 3-14 所示：

表 3-14　　　　　　　　　飛躍摩托車製造公司 MRP 計劃參數

計劃代號	計劃說明	計劃類別	預測版本	需求時柵	時柵優先考慮	初始庫存	計劃考慮	供需追溯
3	100 普通型	MRP	11	1	物料	現存量	生產訂單/請購訂單/委外訂單/計劃訂單/進口訂單/安全庫存/採購訂單	是
4	100 加強型	MRP	12	1	物料	現存量	生產訂單/請購訂單/委外訂單/計劃訂單/進口訂單/安全庫存/採購訂單	是

(二) 需求來源資料維護

在需求來源資料維護中，可通過「產品預測訂單輸入」輸入需求預測資料；輸入保存即為審核狀態，便可納入 MRP 獨立需求來源。若有必要，可使用「產品預測訂單關閉/還原」，對需求預測訂單執行關閉或狀態還原；還可通過「產品預測訂單-展開式」按時段建立 MPS/MRP 物料的需求預測資料。輸入預測資料後，可對產品預測訂單進行整批處理，即對產品預測訂單執行審核/棄審/關閉/還原/刪除/重展處理，也可查詢產品預測訂單明細表、產品預測資料比較表和未關閉銷售訂單明細表。關閉後的預測訂單即不可參與 MPS/MRP 運算。

(三) MRP 計劃前稽核作業

預測資料建立后，可執行「累計提前天數推算」、「倉庫淨算定義查詢」、「庫存異常狀況查詢」和「訂單異常狀況查詢」等 MRP 展開前的稽查作業，以檢查相關資料的正確性。

(四) MRP 計劃作業

在前述基礎資料設定好後，可執行「MRP 計劃生成」自動生成 MRP 計劃。執行處理中可能出現計劃日期超出工作日曆範圍或物料清單不完整等狀況，可按照「自動規劃錯誤信息表」核對並排除錯誤后，再執行 MRP 計算。若有必要，可在「MRP 計劃維護」作業修改 MRP 自動生成的計劃供應，或手動新增 MRP 計劃資料。在 MRP 計劃作業中，也可使用「SRP/BRP 計劃生成」以客戶訂單進行 BOM 展開，自動產生物

料的建議計劃量。SRP 是銷售需求計劃（Sales Requirement Planning）的簡稱。SRP 是按照接收到的銷售訂單展開計算出物料需求計劃，是一種補充計劃。如當前的供應計劃已經可以滿足接收到的銷售訂單的物料需求，不會產生新的供應計劃；如當前的供應計劃不能滿足接收到的銷售訂單的物料需求，會在現有計劃基礎之上產生新的供應計劃。BRP 是 Bom 需求計劃（Bom Requirement Planning）的簡稱。BRP 是將預測訂單或客戶訂單通過其 BOM 的直接展開，得到各階物料的毛需求，以毛需求來計劃採購、委外、自製訂單等。或者再將 BOM 展開的毛需求進行手動調整后，再供相關係統計劃用，以方便在資料尚未完整建立之初導入系統的情況下使用。如果製造企業完全採取批對批的生產方式，也可以按此方式，以取代 MRP 的計劃方式。

　　MRP 計算完成后，可使用「供需資料查詢—訂單/物料」作業，查詢 MRP 的供需資料及計算過程；使用「預測消抵明細表」「供需追溯明細表」，分別瞭解需求預測與客戶訂單的消抵明細及追溯各訂單的需求來源；最后可用「建議計劃量明細表」供自動生成生產訂單/委外訂單/採購訂單時核對用；還可用「待處理訂單明細表」，以隨時掌握待處理（逾期、提前、延后、取消、衝突、審核、減少）訂單狀況。

　　執行「業務工作→生產製造→需求計劃→計劃作業→MRP 計劃生成」命令后，再執行「MRP 計劃維護」命令，通過查閱，調出飛躍摩托車製造公司的 MRP 計劃，點擊「修改」，將物料屬性全部改為「採購」，如圖 3-15 所示。點擊 MRP 計劃維護界面的「生效」，再通過「下達採購-當前頁下達」下達摩托車的採購計劃，計劃下達如圖 3-16 所示：

圖 3-15　100 普通型摩托車 MRP 計劃維護界面

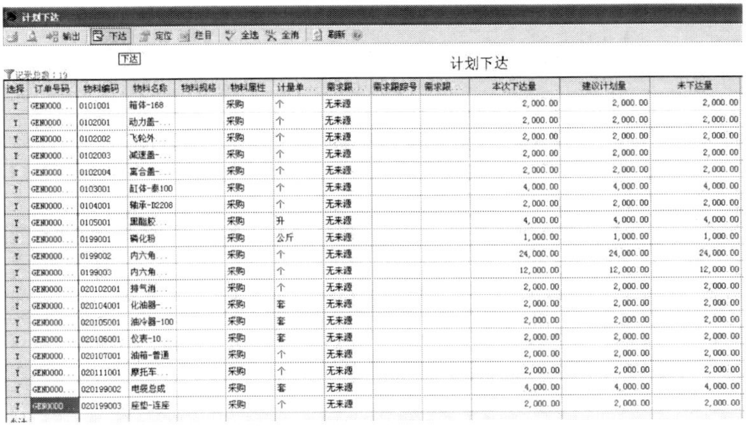

计划下达

输出　下达　定位　栏目　全选　全消　刷新

下达

计划下达

记录总数：19

选择	订单号码	物料编码	物料名称	物料规格	物料属性	计量单...	需求跟...	需求跟踪号	需求跟...	本次下达量	建议计划量	未下达量
Y	GEN0000...	0101001	箱体-168		采购	个	无来源			2,000.00	2,000.00	2,000.00
Y	GEN0000...	0102001	动力盖-...		采购	个	无来源			2,000.00	2,000.00	2,000.00
Y	GEN0000...	0102002	飞轮外...		采购	个	无来源			2,000.00	2,000.00	2,000.00
Y	GEN0000...	0102003	减速盖-...		采购	个	无来源			2,000.00	2,000.00	2,000.00
Y	GEN0000...	0102004	离合盖-...		采购	个	无来源			2,000.00	2,000.00	2,000.00
Y	GEN0000...	0103001	缸体-泰100		采购	个	无来源			4,000.00	4,000.00	4,000.00
Y	GEN0000...	0104001	轴承-D2208		采购	个	无来源			2,000.00	2,000.00	2,000.00
Y	GEN0000...	0105001	黑酯胶...		采购	升	无来源			4,000.00	4,000.00	4,000.00
Y	GEN0000...	0199001	磷化粉		采购	公斤	无来源			1,000.00	1,000.00	1,000.00
Y	GEN0000...	0199002	内六角...		采购	个	无来源			24,000.00	24,000.00	24,000.00
Y	GEN0000...	0199003	内六角...		采购	个	无来源			12,000.00	12,000.00	12,000.00
Y	GEN0000...	020102001	排气消...		采购	个	无来源			2,000.00	2,000.00	2,000.00
Y	GEN0000...	020104001	化油器-...		采购	套	无来源			2,000.00	2,000.00	2,000.00
Y	GEN0000...	020105001	油冷器-100		采购	套	无来源			2,000.00	2,000.00	2,000.00
Y	GEN0000...	020106001	仪表-10...		采购	套	无来源			2,000.00	2,000.00	2,000.00
Y	GEN0000...	020107001	油箱-普通		采购	个	无来源			2,000.00	2,000.00	2,000.00
Y	GEN0000...	020111001	摩托车...		采购	个	无来源			2,000.00	2,000.00	2,000.00
Y	GEN0000...	020199002	电缆总成		采购	套	无来源			4,000.00	4,000.00	4,000.00
Y	GEN0000	020199003	座垫-连座		采购	个	无来源			2,000.00	2,000.00	2,000.00

圖 3-16　100 普通型摩托車採購計劃下達維護界面

第五節　生產訂單

一、生產訂單系統概述

(一) 生產訂單系統簡介

生產訂單（Manufacture Oder）又稱製造命令或工作訂單，它主要表示某一物料的生產數量，以及計劃開工/完工日期等，並作為現場自制派工或領料的依據。工廠的生產管理或物料管理通常以生產訂單為中心，以控製其產能利用、缺料、效率、進度等情形。

用友 U8V10.1 系統是針對製造有關的生產訂單計劃、鎖定、審核、備料、關閉等作業的管理。協助企業有效掌握各項製造活動的訊息，並針對主生產計劃及需求規劃生成的建議生產量，提供分批計劃功能，或手動建立生產訂單資料，使生產計劃作業更具彈性；提供生產訂單鎖定和審核功能，有效控製計劃執行過程；提供各種角度的跟催訊息，有效掌握生產進度；提供生產訂單缺料模擬分析，作為調整生產進度參考；提供按生產訂單設定特殊用料功能，供替代料及特殊用料使用；提供生產訂單用料分析，以有效掌握各生產訂單的用料及成本差異訊息。

(二) 與其他系統的主要關係

生產訂單系統與其他系統的主要關係如圖 3-17 所示。

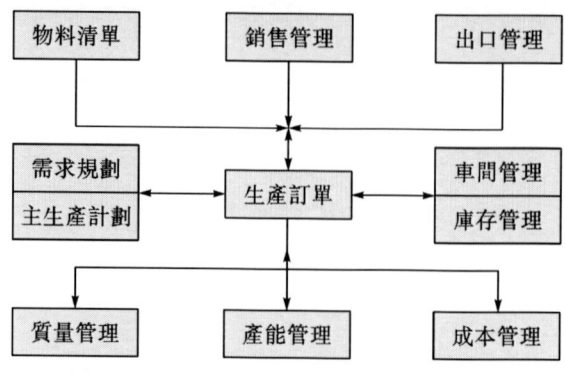

圖 3-17　生產訂單系統與其他系統的主要關係

(三) 生產訂單操作流程

生產訂單系統操作流程如圖 3-18 所示。

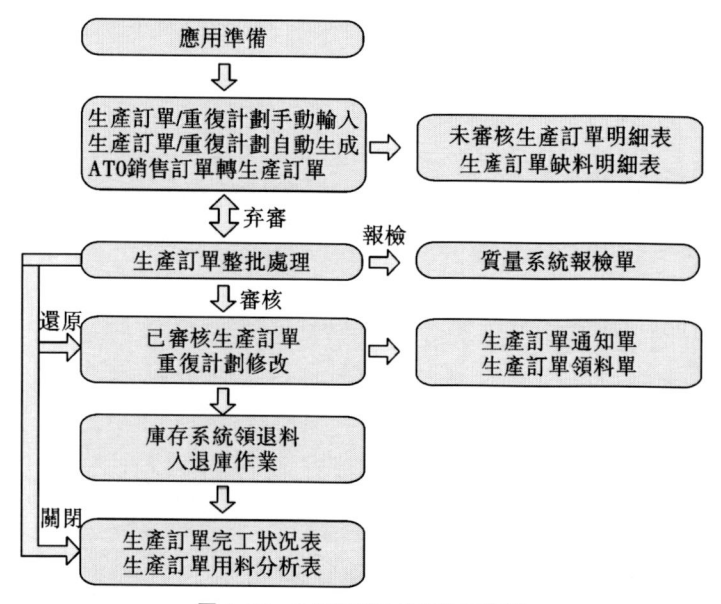

圖 3-18　生產訂單系統操作流程圖

訂單生單簡要流程如圖 3-19 所示。

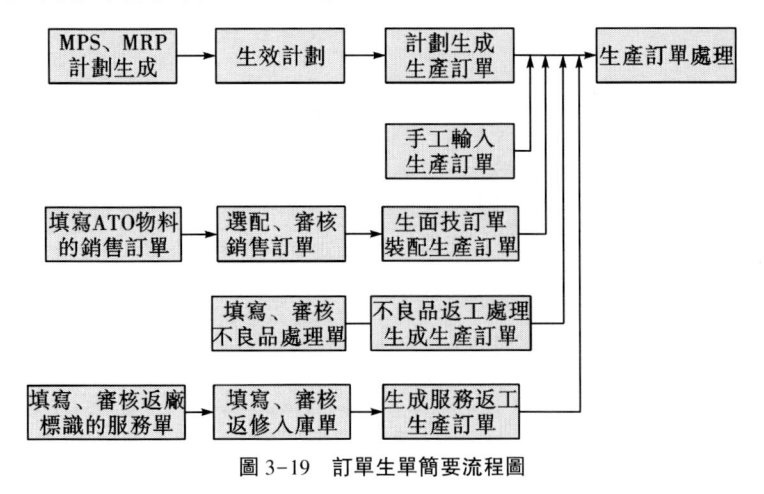

圖 3-19　訂單生單簡要流程圖

二、生產訂單系統業務類型說明

U8 系統將生產訂單分為四種類型：標準、非標準、重複製造生產訂單和集合訂單。

（一）標準生產訂單

按訂單裝配生產訂單為標準生產訂單類型。當客戶訂購 ATO 的銷售訂單配置完成，即可在銷售管理系統和出口管理系統中，將審核狀態的銷售訂單轉入本系統，自動產生該銷售訂單行的總裝生產訂單，同時自動消抵該 ATO 的 MPS/MRP 計劃訂單數量。該生產訂單的完工日期為銷售訂單行的預計完工日，其開工日期則以完工日期考慮 ATO 物料的固定和變動提前期及公司工作日曆反推算出。該生產訂單的物料清單及工藝路線，即為銷售訂單配置完成后自動產生的物料清單和工藝路線。

ATO 標準產品銷售訂單轉總裝生產訂單流程與 ATO 模型相同，只是 ATO 標準產品在輸入銷售訂單時無需選配，銷售訂單轉生產訂單時，其物料清單和工藝路線默認標準清單和工藝路線。

依銷售訂單轉入而自動產生的 ATO 的總裝生產訂單，其執行過程如審核、轉車間管理、領料、入庫等作業，均視同一般標準生產訂單。

（二）非標準生產訂單

非標準生產訂單可以用來控制生產進度、子件用料和資源需求，以及收集製造成本，常用作返工、維修、改制、拆卸和設計原型等。

非標準生產訂單與標準生產訂單相似，但它們之間存在以下顯著的區別：

MPS/MRP 系統不會為非標準生產訂單建立計劃訂單（建議生產量），必須人工建立非標準生產訂單。但是，如果非標準生產訂單有指定母件的物料清單或工藝路線，系統會將非標準生產訂單的子件需求作為有效需求，並將其母件作為有效供應來考慮，

同時產能管理系統也會考慮非標準生產訂單的資源需求。

(三) 重複製造計劃

重複製造計劃可以按母件、日產量、起始/結束日期及其生產線來定義重複性生產計劃及其子件需求。

執行重複性計劃方式的第一步,是在存貨主檔中將物料設置為重複計劃。對一個物料而言,其重複計劃和標準/非標準生產訂單可以同時存在。MPS/MRP 系統將默認按存貨主檔設置來自動計劃物料的建議生產量,但重複計劃物料可以採用標準/非標準/重複計劃任一種生產訂單方式來執行,而非重複計劃物料不可建立重複計劃。

執行重複性計劃方式的第二步,是維護重複製造物料與生產線的關係,供 MPS/MRP 自動生成或手動輸入重複計劃時作為默認值使用。在本系統「物料生產線關係資料維護」功能,可以建立物料與生產線的關聯資料如日產量、優先級、替代工藝路線等。可以在一條或幾條生產線上生產一種物料,也可以在一條生產線上生產一種或多種物料。

(四) 直接生產

在一個集合訂單內,BOM 內各階生產物料的計劃訂單或生產訂單相互關聯。集合訂單內的每一個訂單都有自己的訂單號。生產過程中,如果子件是直接為上階訂單生產,且子件實體不必進入庫存,則可使用集合訂單,這些子件稱為直接生產子件。在一個多階層的集合訂單中,通過指定各自的上階和最高階的計劃訂單或生產訂單,所生產的子件直接與母件相互關聯。一個集合訂單內的生產訂單可進行關聯排程和成本結算。

直接生產前提條件是:如果要對某一自制的子件物料使用直接生產,則應在相關 BOM 中將其供應類型設置為「直接供應」。其功能特性是:集合訂單可以將不同的 BOM 階層作為一個生產過程來描述,該生產過程可看做一個集成的整體。一個集合訂單的每一層表示一個獨立的生產訂單/計劃訂單,每一生產訂單/計劃訂單有自己的訂單號。在一個集合訂單內,只有最高階訂單發生庫存物料的移動,直接生產的子件則不需要。相對於獨立的生產訂單,集合訂單更易維護。直接生產的優勢,還在於簡化流程:直接生產的子件可不必進入庫存,而是直接被其上階生產訂單所消耗,即不必手動執行領料作業,而是在下階直接生產訂單入庫時自動產生。

如果不使用直接生產,則一個 BOM 內各階層物料的計劃訂單/生產訂單之間無法相互關聯。也就是說,BOM 內各階層物料的生產訂單都個別地進行生產排程,成本也獨立結算。子裝配件完工入庫後,對其上階母件的生產訂單而言,必須辦理這些子裝配件的領用手續。

相反,直接生產的目的則是對一個 BOM 內不同階層的物料執行關聯的生產排程和成本結算。

例如:生產一張桌子,桌子的 BOM 包含一個桌面和四條桌腿。我們需要對這兩個子件分別建立兩張生產訂單,但是因為它們在生產現場直接被組裝成一個成品,因此不需要它們進入庫存。

首先在 BOM 中將這兩個子件的供應類型設置為「直接供應」，這樣就可以使用一個集合訂單來進行生產。當我們在建立桌子的生產訂單時，一個集合訂單便自動產生，它包含其下階桌面和桌腿的生產訂單。

一個集合訂單中，許多業務交易可同時執行。比如，當最高階計劃訂單轉換為生產訂單時，所有下階直接生產子件的計劃訂單將自動轉換為生產訂單。審核集合訂單內的一個生產訂單時，系統可將其下階訂單同時審核；當修改一個訂單如數量或日期時，其下階相關訂單自動被調整，以保持集合訂單的一致性。

MPS/MRP/SRP/BRP 對於直接生產子件的相依需求給予特殊標示。規劃這些子件時，系統對其相依需求建立直接生產的計劃訂單。

在集合訂單中，直接生產的子裝配件通常不需要進行庫存移動，而是被直接送到其上階生產訂單的生產現場。為了正確地表示集合訂單的生產成本，在直接生產子件完工入庫的同時（子件實體並不進入庫存），系統同時自動產生該子件在其上階生產訂單的領料單。

但在例外情況下，可能需要將部分直接生產的子裝配件進入庫存。例如：在一個直接生產訂單中，計劃生產數量 120 個，其中預計報廢數量 20。然而生產過程中只報廢 10 個，產出 110 個。但是其上階生產訂單只需要 100 個，那麼多余 10 個必須進入倉庫中。

為了保證成本計算的正確性，建議將多余數量的子件作為上階生產訂單的產出品辦理入庫手續。

三、基本資料維護

（一）生產訂單類別資料維護

維護生產訂單類別資料，建立生產訂單時可指定所屬類別如返工、拆卸等，供生產訂單統計分析之用。

（二）物料生產線關係資料維護

對於重複製造物料，維護其與各生產線的關係資料，供 MPS/MRP 自動生成/手動輸入重複計劃時使用。

四、生產訂單生成

用友 U8V10.1 軟件。在企業應用平臺中的「業務工作→生產製造→生產訂單→生產訂單生成」菜單下，可完成「生產訂單手動輸入」「集合生產訂單維護」「重複計劃手動輸入」「銷售訂單轉生產訂單」「生產訂單自動生成」「重複計劃自動生成」「不良品返工處理」和「服務單返工處理」。

（一）生產訂單手動輸入

生產訂單手動輸入用於新增、修改、刪除、查詢標準與非標準生產訂單資料。

可修改、刪除和查詢按 MPS/MRP/BRP 計劃自動生成的鎖定狀態的生產訂單及其

子件需求資料。

通過執行「生產訂單手動輸入」命令調出 MPS 生成的訂單，點擊「修改」，輸入生產批號、生產部門信息如圖 3-20 所示。保存、審核后，選中物料「100 型摩托車-普通型」，點擊工具欄的「子件」按鈕調出該物料的子件資料如圖 3-21 所示。同理可以查看其他物料的子件資料。

圖 3-20　100 普通型摩托車生產訂單界面

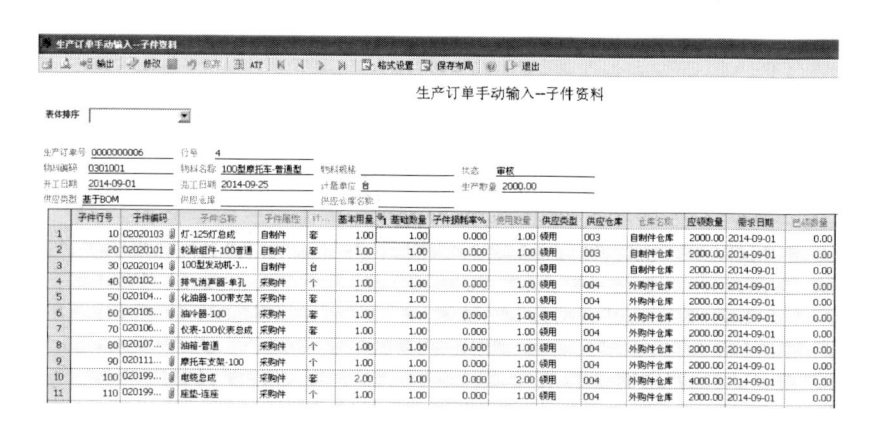

圖 3-21　100 普通型摩托車生產訂單中的子件資料界面

（二）銷售訂單轉生產訂單

查核並確認 ATO 銷售訂單和出口訂單的訂單數量，並自動生成生產訂單。

（三）生產訂單自動生成

核並確認 MPS/MRP/BRP 所產生的建議自制（或委外）量，並自動生成生產訂單。

五、生產訂單處理

（一）生產訂單整批處理

生產訂單整批處理用於整批審核、棄審、關閉、還原、刪除、重載生產訂單，包括手動輸入和自動生成的標準/重複計劃/非標準的生產訂單資料，並可執行產品入庫

報檢作業。

　　生產訂單狀態中「未審核」表示該訂單業務不交易\MRP不計算；「鎖定」表示該訂單業務不交易/MRP計算；「審核」表示該訂單業務交易/MRP計算\轉車間；「關閉」表示該訂單業務不交易\MRP不計算\不能報完工。

(二) 生產訂單改制

　　生產訂單改制可將在制的生產訂單分拆，或改制為其他物料的生產訂單。

　　用友U8V10.1軟件在企業應用平臺中的「業務工作→生產製造→生產訂單→生產訂單生產」菜單下，可完成「已審核重複計劃修改」「生產訂單變更記錄清除」「生產訂單綜合查詢」「生產訂單改制」「生產訂單挪料」「補料申請單」「補料申請單整批處理」和「生產訂單改制挪料列表」。

六、報表

　　用友U8V10.1軟件，在企業應用平臺中的「業務工作→生產製造→生產訂單→報表」菜單下，可完成「未審核生產訂單明細表」「生產訂單通知單」「生產訂單缺料明細表」「生產訂單領料單」「生產訂單完工狀況表」「生產訂單用料分析表」「生產訂單在制物料分析表」「補料申請單明細表」「生產訂單與物料清單差異分析」「生產訂單工序領料單」「生產訂單變更記錄明細表」「生產訂單預警與報警資料表」「計劃下達生產訂單日報」「計劃下達生產訂單月報」和「生產訂單開工查詢日報」等多種報表資料。

第四章　採購管理

第一節　採購管理系統概述

一、採購管理系統簡介

採購管理系統是用友 U8 供應鏈的重要系統，能對採購業務的全部流程進行管理，提供請購、訂貨、到貨、入庫、開票、採購結算的完整採購流程。本系統適用於各類工業企業和商業批發、零售企業、醫藥、物資供銷、對外貿易、圖書發行等商品流通企業的採購部門和採購核算財務部門。

二、採購管理系統主要功能

採購管理系統的主要內容包括設置、供應商管理、採購業務、採購報表。
・設置：錄入期初單據並進行期初記帳，設置採購管理的系統選項參數。
・供應商管理：對供應商供應存貨、供貨價格、供貨質量、到貨情況進行管理和分析。
・採購業務：指採購業務的日常操作的管理，系統提供了請購、採購訂貨、採購到貨、採購入庫、採購開票、採購結算等業務，可以根據業務需要選用不同的業務單據和業務流程。
・採購報表：指提供對採購情況的各種統計報表、帳簿的查詢分析，並且允許用戶自定義報表。

三、與其他系統的主要關係

採購管理系統既可以單獨使用，又可以與合同管理系統、主生產計劃系統、需求規劃系統、庫存管理系統、銷售管理系統、存貨核算系統、應付款管理系統、質量管理系統、GSP 質量管理系統、售前分析系統、商業智能系統、出口管理系統、資金管理系統、預算管理系統等模塊集成使用，提供完整全面的業務和財務流程處理。

（一）與其他系統的主要關係

採購管理系統與其他系統的主要關係如圖 4-1 所示。

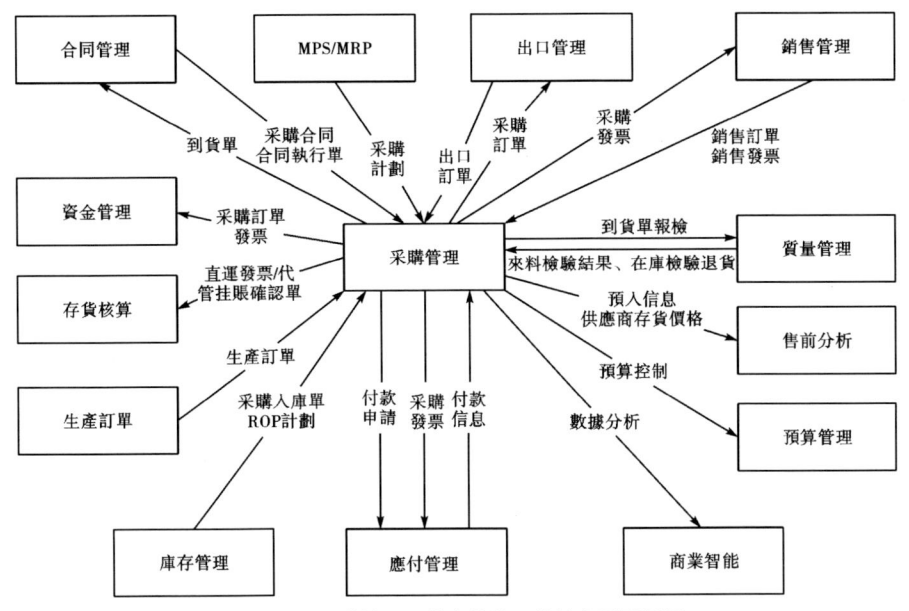

圖 4-1　採購管理系統與其他系統的主要關係圖

(二) 與其他系統的主要關係說明

1. 與合同管理集成使用

合同管理系統可以參照已審核的請購單生成採購類合同。

採購管理系統可以參照合同狀態為生效態、性質為採購類、標的來源為存貨的合同生成採購訂單，提供同時參照多個合同生成採購訂單功能，提供拆分合同記錄生成採購訂單功能，在採購訂單及其后續關聯的業務單據中記載並顯示相應的合同號及合同標的編碼等信息生成採購訂單。

採購訂單在參照合同生成時，訂單的數量、單價、金額根據合同中的控制類型進行控制。採購訂單不根據合同生成時（比如根據 MRP 計劃生成），可以通過在採購訂單表頭錄入相應合同號的方式帶入相應合同中的價格，同時執行相應的合同。

合同管理系統可以參照合同關聯的到貨單生成合同執行單；也可以在到貨單上推式生成合同執行單。

採購管理系統可以參照採購類合同對應的生效的合同執行單生成採購發票。

2. 與主生產計劃、需求規劃集成使用

採購管理系統可以參照 MPS/MRP 計劃生成請購單、採購訂單。採購請購單、採購訂單、採購到貨單為 MPS/MRP 運算提供數據來源。

3. 與生產訂單集成使用

採購管理系統可以參照生產訂單生成請購單。

4. 與庫存管理集成使用

庫存管理系統可以參照採購管理系統的採購訂單、採購到貨單生成採購入庫單，

123

並將入庫情況反饋到採購管理系統。

採購管理系統可以參照庫存管理系統的 ROP 計劃生成採購訂單、請購單。（ROP 指 Re-Order Point 再訂貨點法，其內容為：對某種物料設定一個再訂貨庫存點，當該物料的庫存等於或低於此庫存數量時，將再按批量進行採購）

採購管理系統可以參照庫存管理系統的採購入庫單生成發票。

採購管理系統根據庫存管理系統的採購入庫單和採購管理系統的發票進行採購結算。

5. 與銷售管理集成使用

採購管理系統可參照銷售訂單生成採購訂單，直運銷售發票與直運採購發票可互相參照。

6. 與出口管理集成使用

採購管理系統可參照出口訂單生成採購訂單。

7. 與存貨核算集成使用

直運採購發票在存貨核算系統進行記帳登記存貨明細帳、製單生成憑證。

採購結算單可以在存貨核算系統進行製單生成憑證。

存貨核算系統根據採購管理系統結算的入庫單進行記帳和製單；沒有結算的入庫單進行暫估處理。

8. 與應付款管理集成使用

採購發票錄入后，在應付款管理系統對採購發票進行審核登記應付明細帳，進行製單生成憑證。已審核的發票與付款單進行付款核銷，並回寫採購發票有關付款核銷信息。可參照採購訂單和採購發票生成付款申請單。

9. 與質量管理集成使用

採購到貨單報檢生成來料報檢單。

來料不良品處理單的退貨數量回寫到貨單的「拒收數量」，根據到貨單生成到貨拒收單。

來料檢驗單、來料不良品處理單回寫到貨單的合格數量、不合格數量、拒收數量。

根據在庫不良品處理單的處理流程為退貨的記錄生成採購退貨單。

10. 與預算管理集成使用

採購管理系統將採購請購單、採購訂單、採購發票的數據提供給預算管理系統進行預算控製。

第二節　採購管理系統初始設置

一、採購選項設置

系統選項也稱系統參數、業務處理控製參數，是指在企業業務處理過程中所使用的各種控製參數，系統參數的設置將決定用戶使用系統的業務流程、業務模式、數據

流向。

在進行選項設置之前，一定要詳細瞭解選項開關對業務處理流程的影響，並結合企業的實際業務需要進行設置。由於有些選項在日常業務開始後不能隨意更改，最好在業務開始前進行全盤考慮，尤其是一些對其他系統有影響的選項設置更要考慮清楚。

(一) 業務及權限控製

用友 U8V10.1 採購系統中，業務及權限控製參數選項如圖 4-2 所示。

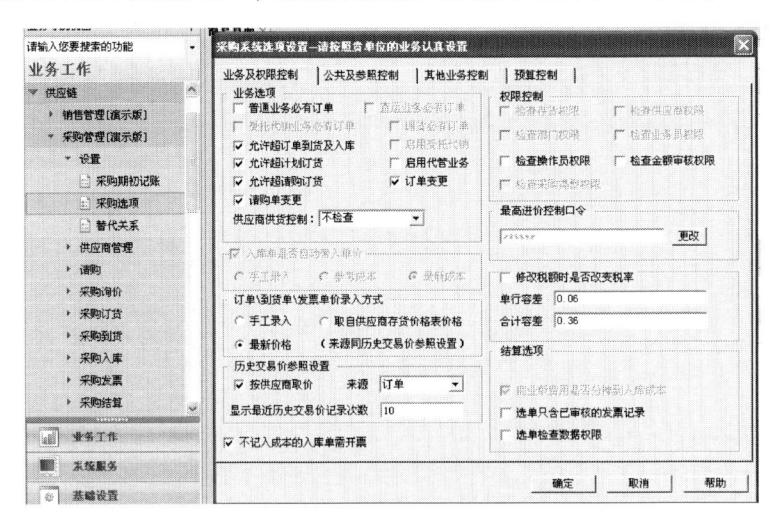

圖 4-2　採購業務及權限控製參數選項設置界面

1. 業務選項

・普通業務是否必有訂單：打鈎表示普通業務必有訂單，不打鈎為不是必有訂單，可隨時修改。

・直運業務必有訂單：顯示在銷售管理系統的選項，不可修改。其設置在銷售管理系統的銷售選項設置中勾選「是否有直運銷售業務」和「直運銷售必有訂單」。

・受託代銷業務必有訂單：打鈎表示必有訂單，可隨時修改。只有在建立帳套時選擇企業類型為「商業」或「醫藥流通」的帳套，才能選擇此項。

・退貨必有訂單：只有在啟用「普通業務必有訂單」時才可用。在必有訂單時，如果啟用「退貨必有訂單」，則在作採購退貨單時，只能參照來源單據生成；否則，可手工新增。

・允許超訂單到貨及入庫：打鈎表示允許超訂單到貨及入庫，可隨時修改。如不鈎選表示不允許，則參照訂單生成到貨單、入庫單時，不可超訂單數量。

・允許超計劃訂貨：打鈎選擇，可隨時修改。如不鈎選表示不允許，則參照採購計劃（MPS/MRP、ROP）生成採購訂單時，累計訂貨量不可超過採購計劃的核定訂貨量。

・允許超請購訂貨：打鈎選擇，可隨時修改。如不鈎選表示不允許，則參照請購單生成採購訂單時，累計訂貨量不可超過請購單量。

125

・是否啟用代管業務：不打鈎表示不啟用，則不能進行代管業務的處理，代管業務菜單將不能被看見。打鈎表示啟用，可以進行代管業務處理。

・訂單變更：打鈎選擇，則系統記錄變更歷史可查詢。否則，不記錄。

・供應商供貨控製：不檢查，不控製供應商存貨的對應關係；檢查提示，只給出提示，是否控製可選擇；嚴格控製，嚴格按照供應商存貨價格表進行控製。

2. 價格管理

・入庫單是否自動帶入單價：單選，可隨時更改。只有在採購管理系統不與庫存管理系統集成使用，即採購入庫單在採購管理系統填製時可設置。

・訂單\到貨單\發票單價錄入方式：單選，可隨時修改，可手工錄入，也可直接錄入；取自供應商存貨價格表價格，帶入供應類型為「採購」的無稅單價、含稅單價、稅率，可修改；最新價格，系統自動取最新的訂單、到貨單、發票上的價格，包括無稅單價、含稅單價、稅率，可修改。

・歷史交易價參照設置：填製單據時可參照的存貨價格，最新價格的取價規則也在此設置，可隨時更改。

・來源：單選，可選擇在業務中作為價格基準的單據，在參照歷史交易價和取最新價格時取該單據的價格。選擇內容為訂單、到貨單、發票。

・是否按供應商取價：打鈎選擇，選中則按照當前單據的供應商帶入歷史交易價。按照供應商取價能夠更加精確地反應交易價，因為同一種存貨，從不同供應商取得的進價可能有所差異。

・最高進價控製口令：錄入，系統默認為「system」，可修改，可為空。設置口令，則在填製採購單據時，如超過最高進價，系統提示，並要求輸入控製口令，口令不正確不能保存採購單據。

・修改稅額時是否改變稅率：打鈎選擇，默認為不選中。稅額一般不用修改，在特定情況下，如系統和手工計算的稅額相差幾分錢，可以調整稅額尾差。若選擇是，則稅額變動反算稅率，不進行容差控製。若選擇否，則稅額變動不反算稅率，在調整稅額尾差（單行）、保存單據（合計）時，系統檢查是否超過容差。單行容差，錄入，默認為0.06。修改稅額超過容差時，系統提示，取消修改，恢復原稅額。合計容差，錄入，默認為0.36。保存單據超過合計容差時，系統提示，返回單據。

3. 結算選項

・商業版費用是否分攤到入庫成本：打鈎選擇，商業企業由企業自己來決定採購費用是否要分攤到存貨成本中。如選中，則不記入成本倉庫對應入庫單可以生成採購發票，但不參與採購結算。適用於如辦公用品採購，採購發票直接轉費用，不進行存貨核算。如未選中，則不記入成本倉庫對應入庫單不能生成採購發票，對應入庫單也不參與採購結算。適用於如贈品業務的處理，不需要生成採購發票，也不需要進行存貨核算。

・選單只含已審核的發票記錄：打鈎選擇，可隨時修改。如果選中，則自動結算和手工結算時只包含已審核的發票記錄。

・選單檢查數據權限：打鈎選擇，可隨時修改。如果選中，手工結算及費用折扣結算過濾入庫單及發票時，根據採購選項/權限控製選中的需要檢查的權限進行數據權

限控製，控製存貨、部門、供應商、業務員、採購類型的查詢權限（不要求必須有錄入權限）。

4. 權限控製

·檢查存貨權限：打鈎選擇。如檢查，查詢時只能顯示有查詢權限的存貨及其記錄；填製單據時只能參照錄入有錄入權限的存貨。

·檢查部門權限：打鈎選擇。如檢查，查詢時只能顯示有查詢權限的部門及其記錄；填製單據時只能參照錄入有錄入權限的部門。

·檢查操作員權限：打鈎選擇。如控製，則查詢、修改、刪除、審核、棄審、關閉、打開單據時，只能對單據製單人有權限的單據進行操作；對單據審核人有權限的單據進行操作；對單據關閉人有權限的單據進行操作；變更不控製操作員數據權限，僅判斷當前操作員是否有變更功能權限和其他幾項數據的錄入權限。

·檢查供應商權限：打鈎選擇。如檢查，查詢時只能顯示有查詢權限的供應商及其記錄；製單時只能參照錄入有錄入權限的供應商。

·檢查業務員權限：打鈎選擇。如檢查，查詢時只能顯示有查詢權限的業務員及其記錄；填製單據時只能參照錄入有錄入權限的業務員。

·檢查採購類型權限：打鈎選擇。如檢查，查詢時只能顯示有查詢權限的採購類型及其記錄；填製單據時只能參照錄入有錄入權限的採購類型。

以上數據權限如果沒有在「企業應用平臺—系統服務—權限—數據權限控製設置」中進行設置，則相應的選項置灰，不可選擇。

檢查金額審核權限：打鈎選擇。如檢查，則訂單審核時檢查當前訂單總金額與當前操作員採購限額，在「企業應用平臺—系統服務—權限—金額分配權限—採購訂單級別」設置當前操作員的採購限額。「訂單金額≤採購限額」保存成功，將當前操作員信息寫入訂單，訂單狀態變為已審核；「訂單金額>採購限額」，提示「對不起，您的訂單審核上限為××××元，您不能審核×××號單據」。

(二) 其他業務控製

用友 U8V10.1 採購系統中，其他業務控製參數選項如圖 4-3 所示。

1. 採購預警設置

·提前預警天數：錄入天數，默認值為空。為空時，表示不對臨近記錄進行預警。

·逾期報警天數：錄入天數，默認值為空。為空時，表示不對過期記錄進行報警。

設置完成後，系統可以根據設置的預警和報警天數進行預警和報警，預警/報警的方式也是由用戶在預警平臺中設置的，可以有三種方式：郵件、短信、門戶通知。當選擇門戶通知時，對於有採購訂單預警/報警表查詢權限的操作員在錄入企業門戶時，可以在任務中心看到預警/報警的信息。

2. ROHS 控製

選擇哪些單據需要對 ROHS 存貨進行控製，可多選，可隨時修改。

·請購單：如選中，請購單在保存時對 ROHS 存貨進行校驗，否則不校驗。

·採購訂單：如選中，採購訂單在保存時對 ROHS 存貨進行校驗，否則不校驗。

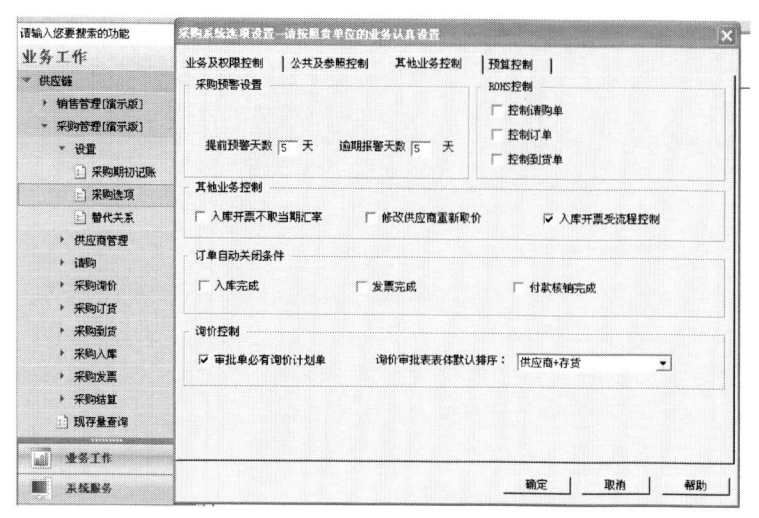

圖 4-3　採購系統中其他業務控制參數選項設置界面

・到貨單：如選中，到貨單在保存時對 ROHS 存貨進行校驗，否則不校驗。

3. 其他業務控制

・入庫開票不取當期匯率：如選中，發票拷貝入庫單生成時，匯率取入庫單匯率；如未選中，發票拷貝入庫單生成時，匯率取當月匯率。入庫單批量生發票不受此選項控制，取入庫單匯率。

・修改供應商重新取價：如選中，當取價方式為供應存貨價格表或最新價格（勾選按供應商取價），修改供應商時會自動取價；如未選中，修改供應商表體價格保持不變。

・入庫開票受流程控制：如選中，發票拷貝入庫單，只有相同流程分支的入庫單允許生成同一張發票；如未選中，發票拷貝入庫單不考慮入庫單的流程模式，允許不同流程的入庫單生成同一張發票。入庫單批量生成發票不受此選項控制。

4. 訂單自動關閉條件

打鈎選擇，可多選，可隨時修改。如果多選，訂單必須同時滿足條件才可自動關閉，自動關閉調用定時任務，關閉人為定時任務中指定的執行人，執行人需要具有訂單關閉的功能權限和相應的數據權限。

5. 詢價控制

・審批單必有詢價計劃單：如選中，採購詢價審批單只能通過參照採購詢價計劃單生單；如未選中，可以通過參照採購詢價計劃單生單，也可以手工錄入單據。

・詢價審批表表體默認排序：下拉選擇供應商+存貨、存貨+供應商；設置控制採購詢價審批單表體的排序規則。

二、採購期初記帳

帳簿都應有期初數據，以保證其數據的連貫性。初次使用時，應先輸入採購管理

系統的期初數據。如果系統中已有上年的數據，不允許取消期初記帳。

期初記帳是將採購期初數據記入有關採購帳；期初記帳後，期初數據不能增加、修改，除非取消期初記帳。

期初記帳後輸入的入庫單、發票都是啟用月份及以后月份的單據，在「月末結帳」功能中記入有關採購帳。

期初數據包括：

·期初暫估入庫：在啟用採購管理系統時，沒有取得供貨單位的採購發票，只能將不能進行採購結算的入庫單輸入系統，以便取得發票後進行採購結算。

·期初在途存貨：在啟用採購管理系統時，已取得供貨單位的採購發票，但貨物沒有入庫，將不能進行採購結算的發票輸入系統，以便貨物入庫填製入庫單後進行採購結算。

·期初受託代銷商品：在啟用採購管理系統時，將沒有與供貨單位結算完的受託代銷入庫記錄輸入系統，以便在受託代銷商品銷售後，能夠進行受託代銷結算。

·期初代管掛帳確認單：在啟用採購管理系統時，已與代管的供應商進行了耗用掛帳，但還沒有取得供應商的採購發票，將不能進行採購結算的代管掛帳確認單輸入系統，取得發票後再與之進行結算。

如採購管理系統與存貨核算集成使用，上述期初餘額應在存貨核算系統中錄入。採購管理系統，只執行「採購期初記帳」命令。

沒有期初數據時，也要進行期初記帳，以便輸入日常採購單據。

三、供應商管理

對供應商進行管理，包括：供應商資格審批、供應商供貨審批、供應商存貨對照表、供應商存貨價格表以及相關的按照供應商業務的查詢和分析。供應商管理既包括對採購系統的供應商管理，還包括對委外系統的供應商管理。用友 U8 系統中的供應商管理流程如圖 4-4 所示。

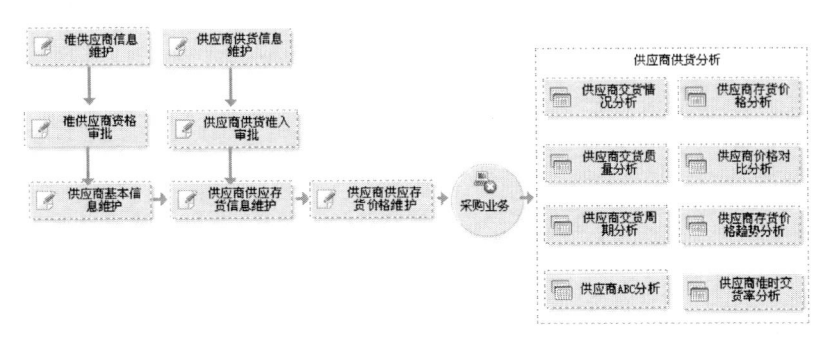

圖 4-4　供應商管理流程圖

第三節　採購管理系統日常業務處理

一、普通採購業務概述

用友 U8V10.1 中的普通採購業務適合大多數企業的日常採購業務，提供了採購請購、採購訂貨、採購入庫、採購發票、採購成本核算以及採購付款全過程的管理。

（一）採購請購

採購請購是指企業內部向採購部門提出採購申請，或採購部門匯總企業內部採購需求提出採購清單。請購是採購業務處理的起點，可以根據已審核未關閉的請購單參照生成採購訂單。在採購業務處理流程中，請購環節可以省略。

（二）訂貨

採購訂貨是企業與供應商之間簽訂的採購合同或採購協議等，主要確定採購貨物的具體需求，在系統中通過採購訂單來實現採購訂貨的管理。供應商根據採購訂單組織貨源，企業依據採購訂單進行驗收。採購訂單可以幫助企業實現採購業務的事前預測、事中控製、事後統計。

（三）到貨處理

採購到貨是採購訂貨和採購入庫的中間環節，一般由採購業務員根據供方通知或送貨單填寫，確認對方所送貨物、數量、價格等信息，以入庫通知單的形式傳遞到倉庫作為保管員收貨的依據。採購到貨單是可選單據，可以根據業務需要選用。

（四）入庫處理

採購入庫是通過採購到貨、質量檢驗環節，對合格到貨的存貨進行入庫驗收。庫存管理系統未啟用前，可在採購管理系統錄入入庫單據；庫存管理系統啟用後，必須在庫存管理系統錄入入庫單據，在採購管理系統可查詢入庫單據，可根據入庫單生成發票。

（五）採購發票

採購發票是供應商開出的銷售貨物的憑證，系統將根據採購發票確認採購成本，並據以登記應付帳款等。

採購發票按發票類型分為增值稅專用發票、普通發票和運費發票三種。增值稅專用發票扣稅類別默認為應稅外加，不可修改。普通發票包括普通發票、廢舊物資收購憑證、農副產品收購憑證、其他收據，其扣稅內別默認為應稅內含，不可修改。普通發票的默認稅率為 0，可修改。運費主要是指向供貨單位或提供勞務單位支付的代墊款項、運輸裝卸費、手續費、違約金（延期付款利息）、包裝費、包裝物租金、儲備費、進口關稅等。運費發票的單價、金額都是含稅的，運費發票的默認稅率為 7%，可修改。

採購發票可以直接填製，也可以參照採購訂單、採購入庫單或其他採購發票複製生成。

（六）採購結算

採購結算也稱採購報帳，是指採購核算人員根據採購發票、採購入庫單核算採購入庫成本；採購結算的結果是採購結算單，它是記載採購入庫單記錄與採購發票記錄對應關係的結算對照表。

採購結算從操作處理上分為自動結算、手工結算兩種方式；另外運費發票可以單獨進行費用折扣結算。

自動結算和手工結算時，可以同時選擇發票和運費同時與入庫單進行結算，將運費發票的費用按數量或按金額分攤到入庫單中。此時將發票和運費分攤的費用寫入採購入庫單的成本中。

如果運費發票開具時，對應的入庫單已經與發票結算，此時，運費發票可以通過費用折扣結算將運費分攤到入庫單中，此時運費發票分攤的費用不再記入入庫單中，需要到存貨核算系統中進行結算成本的暫估處理，系統會將運費金額分攤到成本中。

二、採購入庫業務

按貨物和發票到達的先後，將採購入庫業務劃分為單貨同行、貨到票未到（暫估入庫）、票到貨未到（在途存貨）三種類型，不同的業務類型相應的處理方式有所不同。

（一）單貨同行

當採購管理、庫存管理、存貨核算、應付款管理、總帳集成使用時，單貨同行的採購業務處理流程（省略請購、訂貨、到貨等可選環節）如圖4-5所示。

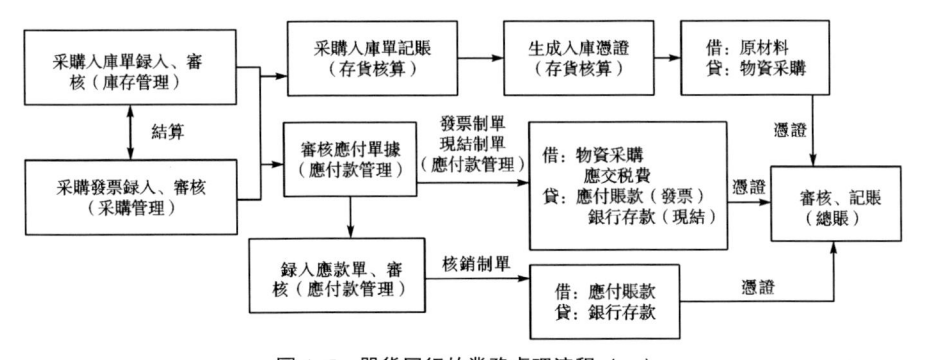

圖4-5 單貨同行的業務處理流程（一）

當採購管理、庫存管理、存貨核算、總帳集成使用時，單貨同行的採購業務處理流程（省略請購、訂貨、到貨等可選環節）如圖4-6所示。

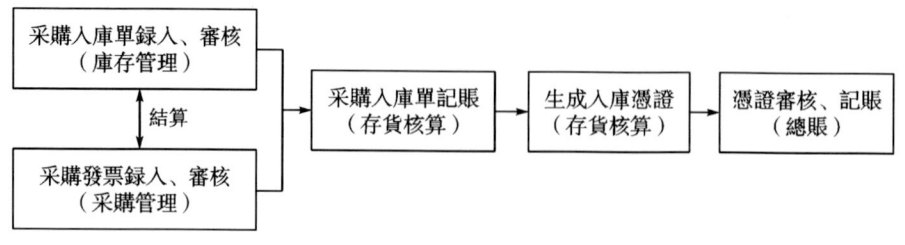

```
採購入庫單錄入、審核          採購入庫單記賬      生成入庫憑證      憑證審核、記賬
   （庫存管理）         →     （存貨核算）   →   （存貨核算）  →     （總賬）
         ↕ 結算
採購發票錄入、審核
   （採購管理）
```

圖 4-6　單貨同行的業務處理流程（二）

（二）貨到單未到（暫估入庫）業務

　　暫估是指本月存貨已入庫，但採購發票尚未收到，不能確定存貨的入庫成本，月底時為了正確核算企業的存貨成本，需要將這部分存貨暫估入帳，形成暫估憑證。對暫估業務，用友 U8 提供了三種不同的處理方法。

　　1. 月初回衝

　　進入下月後，存貨核算系統自動生成與暫估入庫單完全相同的「紅字回衝單」，同時登錄相應的存貨明細帳，衝回存貨明細帳中上月的暫估入庫，即對「紅字回衝單」製單，衝回上月的暫估憑證。

　　收到採購發票後，在採購系統中錄入採購發票，對採購入庫單和採購發票作採購結算；結算完畢後，進入存貨核算系統，執行「暫估處理」功能；進行暫估處理後，系統根據發票自動生成一張「藍字回衝單」，其上的金額為發票上的報銷金額；同時登記存貨明細帳，使庫存增加。即對「藍字回衝單」製單，生成採購入庫憑證。

　　2. 單到回衝

　　下月初不做處理，採購發票收到後，在採購系統中錄入並進行採購結算；再到存貨核算系統中進行「暫估處理」，系統自動生成紅字回衝單、藍字回衝單，同時據以登記存貨明細帳。紅字回衝單的入庫金額為上月暫估金額，藍字回衝單的入庫金額為發票上的報銷金額。即執行「存貨核算」的「生成憑證」命令，選擇「紅字回衝單」「藍字回衝單」製單，生成憑證，傳遞到總帳。

　　3. 單到補差

　　如果正式發票連續數月未達，但存貨已經領用或者銷售，倉儲部門和財務部門仍作暫估入庫處理，領用存貨時，倉儲部門按暫估價開具出庫單，財務部門以此為附件進行會計處理：借記「生產成本」，貸記「原材料」。這種情況會出現暫估價與實際價不一致，其差異按照《企業會計準則第 1 號——存貨》的具體規定處理。對於採用個別計價法和先進先出法的企業，暫估價和實際價之間的差異，可以按照重要性原則，差異金額較大時再進行調整；發出存貨的成本採用加權平均法計算的，存貨明細帳的單價是即時動態變化的，對於暫估價與實際價之間的差異，只是時間性的差異，按照會計的一貫性原則，不需要進行調整。

　　期末貨已到，部分發票到達，實務中可能會出現一筆存貨分批開票的情形，對於已開票的部分存貨，可以憑票入帳，期末只暫估尚未開票的部分。

需要注意的是，對於暫估業務，在月末暫估入庫單記帳前，要對所有的沒有結算的入庫單填入暫估單價，然后才能記帳。

(三) 票到貨未到（在途存貨）業務

如果先收到供貨單位的發票，而沒有收到供貨單位的貨物，可以對發票進行壓單處理，待貨物到達后，再一併輸入計算機做報帳結算處理。但如果需要即時統計在途物資的情況，就必須將發票輸入計算機，待貨物到達后，再填製入庫單並做採購結算。

三、直運採購業務

直運採購業務是指產品無須入庫即可完成的購銷業務，由供應商直接將商品發給企業的客戶，沒有實務的入庫處理，財務結算由供銷雙方通過直運發票和直運採購發票分別與企業結算。直運業務適用於大型電器、汽車和設備等產品的購銷。

直運採購業務類型有兩種：普通直運業務和必有訂單直運業務。

四、採購退貨業務

由於材料質量不合格、企業轉產等原因，企業可能發生退貨業務，針對退貨業務發生的時機不同，用友 U8ERP 系統中採用了不同的解決方法。

(一) 貨收到未做入庫手續

如果尚未錄入採購入庫單，此時只要把貨退還給供應商即可，在系統中不做任何處理。

(二) 已記帳入庫單的處理

此時無論是否錄入「採購發票」「採購發票」是否結算、結算後的「採購發票」是否付款，都需要錄入退貨單。

(三) 未記帳入庫單的處理

1. 未錄入「採購發票」

如果是全部退貨，可刪除「採購入庫單」；如果是部分退貨，可直接修改「採購入庫單」。

2. 已錄入「採購發票」但未結算

如果是全部退貨，可刪除「採購入庫單」和「採購發票」；如果是部分退貨，可直接修改「採購入庫單」和「採購發票」。

3. 已錄入「採購發票」並執行了採購結算

若結算后的發票沒有付款，此時可取消採購結算，再刪除或修改「採購入庫單」和「採購發票」；若結算后的發票已付款，則必須錄入退貨單。

採購發票已付款，無論入庫單是否記帳，都必須錄入退貨單

用友 U8 採購退庫業務完整流程如圖 4-7 所示。

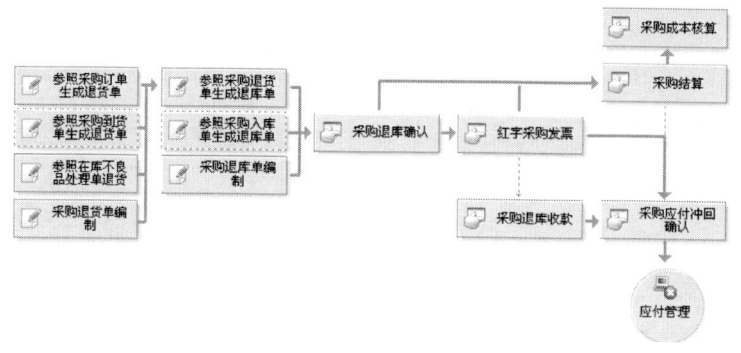

圖 4-7　採購退庫業務完整流程圖

第四節　採購管理系統期末處理及帳表查詢與統計分析

一、採購管理月末結帳

月末結帳是指逐月將每月的單據數據封存，並將當月的採購數據記入有關帳表中。
【操作流程】
（1）進入「月末結帳」，屏幕顯示月末結帳對話框。
（2）選擇結帳的月份，必須連續選擇，否則不允許結帳。
（3）用鼠標單擊「結帳」按鈕，彈出對話框提示確認「是否關閉訂單」，選擇「是」，彈出採購訂單列表的過濾條件，可輸入條件，關閉符合條件的訂單；選擇「否」，計算機自動進行月末結帳，將所選各月採購單據按會計期間分月記入有關報表中；選擇「取消」，返回結帳界面。

月末結帳后，可逐月取消結帳，選中已結帳最后月份，單擊「取消結帳」，則取消該月的月末結帳。

需要注意的是：

結帳前應檢查本會計月工作是否已全部完成，只有在當前會計月所有工作全部完成的前提下，才能進行月末結帳，否則會遺漏某些業務。

月末結帳之前一定要進行數據備份，否則數據一旦發生錯誤，將造成無法挽回的后果。

沒有期初記帳，將不允許月末結帳。

不允許跳月結帳，只能從未結帳的第一個月逐月結帳；不允許跳月取消月末結帳，只能從最后一個月逐月取消。

上月未結帳，本月單據可以正常操作，不影響日常業務的處理，但本月不能結帳。

月末結帳后，已結帳月份的採購管理系統入庫單、採購發票不可修改、刪除。

集成使用月末結帳順序：

採購管理系統、委外管理系統、銷售管理系統月末結帳后，才能進行庫存管理系統、存貨核算系統、應付款管理系統、應收款管理系統的月末結帳。

如果採購管理系統、委外管理系統、銷售管理系統要取消月末結帳，必須先通知庫存管理系統、存貨核算系統、應付款管理系統、應收款管理系統的操作人員，要求他們的系統取消月末結帳。

如果庫存管理系統、存貨核算系統、應付款管理系統、應收款管理系統的任何一個系統不能取消月末結帳，那麼也不能取消採購管理系統、委外管理系統、銷售管理系統的月末結帳。

二、採購業務統計與分析

用友 U8 的採購管理系統提供了採購明細表、入庫明細表、結算明細表、未完成業務明細表、採購綜合統計表、採購訂收貨統計表等多種統計表的查詢與分析。對此進行靈活運用可以有效提高信息利用和管理水平。

採購管理系統中的採購業務統計與分析流程如圖 4-8 所示。

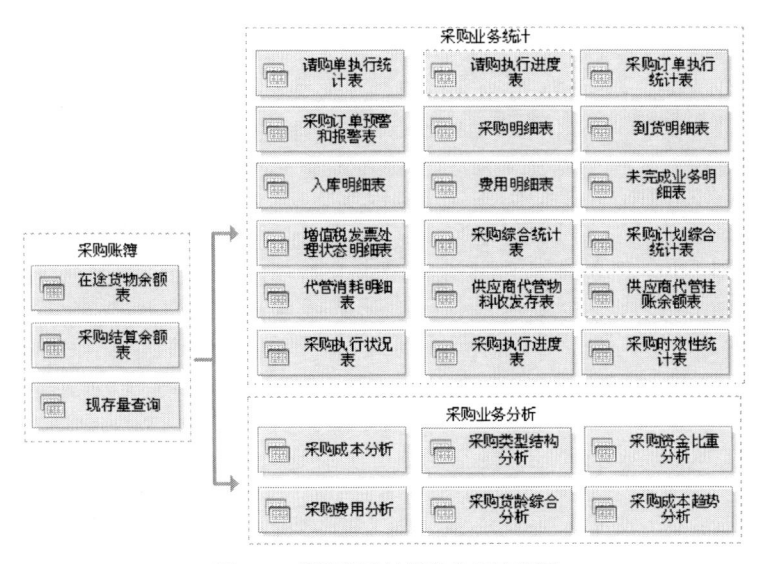

圖 4-8　採購業務統計與分析流程圖

[實務案例]

飛躍摩托車製造公司 2014 年 9 月的採購業務如下：

（1）2014 年 9 月 1 日，配套件採購部黃強申請購買排氣消聲器-單孔 1,000 個，需求日期：2014 年 9 月 12 日。

（以下採購業務均在企業應用平臺中的「業務工作→供應鏈→採購管理」菜單下的相應子菜單中完成）

[操作步驟]

在企業應用平臺中，執行「業務工作→供應鏈→採購管理→請購→請購單」命令，

進入請購單主界面，單擊「增加」按鈕，逐一輸入相關信息后，點擊「確定」按鈕保存。

（2）2014年9月1日，同意黃強的請購，生成採購訂單，供應商為振中制動，不含稅單價40.5元/個，並審核採購訂單。

依據請購單生成採購訂單的步驟是：在採購訂單主界面，點擊「增加」后，點擊工具欄中「生單—請購單」調出採購訂單拷貝並執行主界面，選擇需要生成採購訂單的請購單，點擊「確定」返回採購訂單主界面錄入供應商和單價等信息，再保存。並審核採購訂單。

（3）2014年9月1日，查閱並審核物料需求規劃系統生成的採購訂單。審核前按照表4-1將相應存貨的單價補填上。

表4-1　　　　　　　　　　　　存貨表

存貨編碼	存貨名稱	計量單位	原幣單價（元）
0101001	箱體-168	個	91.00
0102001	動力蓋-170F	個	52.00
0102002	飛輪外蓋-172S	個	94.00
0102003	減速蓋-173FR	個	86.00
0102004	離合蓋-173FRS	個	85.0
0103001	缸體-泰100	個	100.00
0104001	軸承-D2208	個	102.00
0105001	黑酯膠調合漆	升	40.00
0199001	磷化粉	千克	40.00
0199002	內六角螺絲-14*60	個	2.00
0199003	內六角螺絲-12*80	個	2.50
20102001	排氣消聲器-單孔	個	50.00
20104001	化油器-100帶支架	套	85.00
20105001	油冷器-100	套	40.00
20106001	儀表-100儀表總成	套	125.00
20107001	油箱-普通	個	63.00
20107002	油箱-加大	個	85.00
20110001	燈-大燈	個	35.00
20110002	燈-轉向燈	個	15.00
20110003	燈-尾燈	個	6.00
20111001	摩托車支架-100	個	125.00
20199001	坐墊-減振	個	40.00

表4-1(續)

存貨編碼	存貨名稱	計量單位	原幣單價（元）
20199002	電纜總成	套	38.00
20199003	坐墊-連座	個	35.00
2010801	前輪胎-普通	個	80.00
2010802	前輪胎-加寬	個	85.00
2010901	后輪胎-普通	個	80.00
2010902	后輪胎-加寬	個	85.00
2010301	前輪軸承-100	件	43.00
2010302	后輪軸承-100	件	43.00

（4）2014年9月2日，五工機電送到全部訂貨。同時收到五工機電開來該貨物專用發票一張，價格同訂單，款未付。庫管員通過採購訂單生成到貨單和採購專用發票。

生成到貨單步驟是：在採購管理系統中的到貨單主界面，點擊「增加」，點擊工具欄的「生單—採購訂單」調出到貨單拷貝並執行主界面，選擇需要生成到貨單的供應商和存貨，點擊「確定」返回到貨單主界面，再保存即可。

生成專用發票步驟是：是在專用發票主界面，后續操作步驟同上。

在「到貨單」和「專用發票」主界面，點擊「合併顯示☑」調出匯總設置主界面，設置合併依據為存貨編碼；「數量」「原幣金額」「原幣稅額」和「原幣價稅合計」的取值為匯總；其他的取值為第一條。保存設置並點擊「確定」。

（5）2014年9月2日，春華發動機送到全部訂貨。同時收到春華發動機開來該貨物專用發票一張，價格同訂單，款未付。

（6）2014年9月2日，卓越摩配送到前全部訂貨。同時收到卓越摩配開來該貨物專用發票一張，價格同訂單，以及應由本公司承擔的運費5,000元發票一張，立即用工行的轉帳支票現付。

第一，生成到貨單，步驟同上。

第二，生成專用發票，步驟同上。

第三，用工行的轉帳支票現付步驟如下：

步驟一：在專用發票主界面，點擊工具欄的「現付」調出「採購現付」界面，輸入付現的原幣金額和訂單號等信息后，點擊「確定」即可。

步驟二：在運費發票主界面，點擊「增加」按鈕后輸入相關信息，保存。再點擊工具欄的「現付」調出「採購現付」界面，輸入付現的結算方式、原幣金額等信息后，點擊「確定」即可。

（增加前在存貨檔案中，增加其他類存貨「採購運費等」，編碼為9901，存貨屬性為應稅勞務，主計量單位為元，進項稅率為7%）

（7）2014年9月2日，振中制動送到前訂購貨物，依據訂單生成到貨單並審核。

（8）2014年9月2日，重慶化工送到貨物黑酯膠調合漆等一批。同時收到重慶化

工開來該貨物專用發票一張，價格同訂單，收到發票時隨即用招商銀行轉帳支票支付5,000元，余額后期支付。

（9）2014年9月2日，前述所有到貨單的貨物均驗收合格入庫，依據其到貨單生成採購入庫單。

到貨單生成採購入庫單步驟是：在庫存管理系統中的採購入庫單主界面，點擊工具欄的「生單—採購到貨單（藍字）」調出到貨生單列表主界面，選擇需要生成入庫單的供應商和存貨，點擊「確定」返回入庫單主界面，點擊「保存」並審核。

（10）手工結算卓越摩配的貨物。在手工結算主界面，點擊「選單」進入結算選單界面，點擊「查詢—入庫單」調入卓越摩配的入庫單，點擊「查詢—發票」調入卓越摩配的採購發票和運費，再選定要結算的存貨后點擊「確定」將其調入手工結算主界面；選擇費用分攤方式為按金額；然後點擊「分攤」和「結算」即可。再到「結算單列表」中查詢手工結算單。

（11）再將其他所有採購入庫單和採購發票採取自動結算的方式結算。自動結算步驟是：在採購管理系統中，執行其「採購結算→自動結算」命令並選擇「入庫單和發票結算模式」可完成其自動結算。

（12）2014年9月30日，採購管理月末結帳。

（13）查詢各種報表的統計結果資料。用友U8具有強大的查詢統計分析功能，其採購系統能統計到貨明細表、採購明細表、入庫明細表、結算明細表等。

第一，採購明細表可以查詢採購發票的明細情況，包括數量、價稅、費用、損耗等信息。

第二，結算明細表可以查詢採購結算的明細情況。飛躍摩托車製造公司本月與卓越摩配的結算明細表如圖4-9所示。

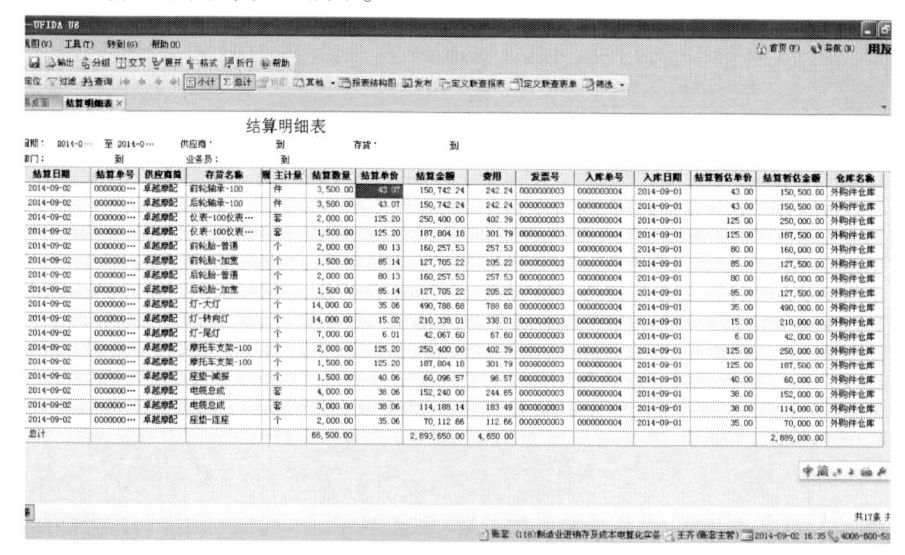

圖4-9　結算明細表界面

第三，採購時效性統計表。根據採購訂單行，展現訂單、到貨、報檢、檢驗、入庫各環節的製單時間和審核時間，供審計人員查詢時效性。

第四，採購結算余額表。採購結算余額表是普通採購業務的採購入庫單結算情況的滾動匯總表，反應供貨商的採購發生、採購結算以及未結算的暫估貨物情況。

第五，採購成本分析。根據發票，對某段日期範圍內的存貨結算成本與參考成本、計劃價進行對比分析。

第六，採購資金比重分析。根據採購發票，對各種貨物占用採購資金的比重進行分析。

# 第五章　銷售管理

第一節　銷售管理系統概述

一、銷售管理系統簡介

銷售是企業生產經營成果的實現過程，是企業經營活動的中心。銷售管理系統是用友 U8 供應鏈的重要組成部分，提供了報價、訂貨、發貨、開票的完整銷售流程，支持普通銷售、委託代銷、分期收款、直運、零售、銷售調撥等多種類型的銷售業務，並可對銷售價格和信用進行即時監控。

二、銷售管理系統主要功能

銷售管理系統可以設置銷售選項，設置價格管理、進行允銷限設置、設置信用審批人，可以錄入期初單據。

可進行銷售業務的日常操作，包括報價、訂貨、發貨、開票等業務；支持普通銷售、委託代銷、分期收款、直運、零售、銷售調撥等多種類型的銷售業務；可以進行現結業務、代墊費用、銷售支出的業務處理；可以制訂銷售計劃，對價格和信用進行即時監控。

可以在報表中查詢銷售業務常用的一些統計報表，如銷售統計表、明細表、銷售分析、綜合分析等，也可以根據自己的需要自定義一些報表。

三、與其他系統的主要關係

銷售管理系統可以與其他子系統集成使用，也可以單獨使用。

銷售管理子系統作為供應鏈系統的組成部分，與庫存管理系統、採購管理系統、質量管理系統、存貨核算系統等集成使用，可以實現物流的管理。

銷售管理系統與應收款管理系統集成使用，可以實現物流與資金流的管理。

銷售管理系統與生產製造的主生產計劃系統、需求規則系統、生產訂單系統集成使用，可以實現從訂單到計劃、從計劃到生產的管理。

銷售管理系統與售前分析系統集成使用，為 ATP 模擬運算提供預計發貨量，為模擬報價提供已選配的 ATO 模型、PTO 模型的客戶 BOM，並能夠根據模擬報價生成實際的報價單。

銷售管理系統與合同管理系統集成使用，可以實現從簽訂銷售合同到執行銷售合

同的管理。

銷售管理系統與商業智能系統集成使用，可以實現對銷售數據的綜合統計功能。

第二節　銷售管理系統初始設置

一、銷售選項設置

系統選項也稱系統參數、業務處理控制參數，是指在企業業務處理過程中所使用的各種控制參數，系統參數的設置將決定使用系統的業務流程、業務模式、數據流向。

在進行選項設置之前，一定要詳細瞭解選項開關對業務處理流程的影響，並結合企業的實際業務需要進行設置。由於有些選項在日常業務開始後不能隨意更改，因此最好在業務開始前進行全盤考慮，尤其那些對其他系統有影響的選項設置更要考慮清楚。

(一) 業務控制

用友 U8V10.1 銷售管理系統中，業務控制參數選項如圖 5-1 所示。

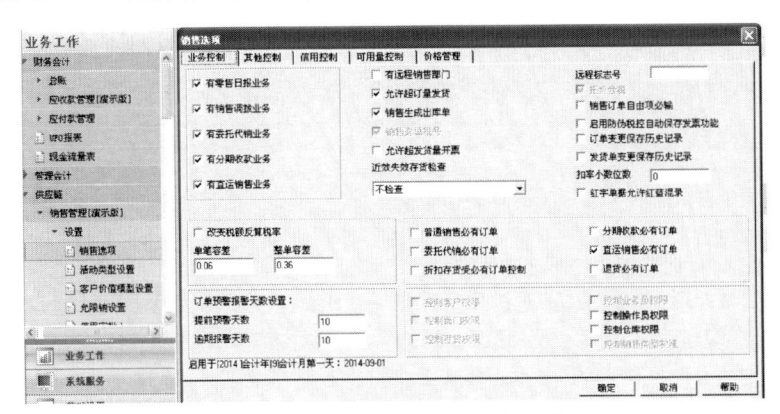

圖 5-1　銷售業務控制參數選項設置界面

(1) 業務選項可選定是否有零售日報業務、銷售調撥業務、委託代銷業務、分期收款業務、直運銷售業務。

(2) 業務控制選項可選定是否允許超訂量發貨、超發貨量開票、銷售生成出庫單等。

(3) 業務流程選項可選定普通銷售、委託代銷、分期收款銷售和直運銷售等是否必有訂單。

(4) 數據權限控制選項可選定是否控制客戶權限、部門權限、存貨權限、業務員權限、操作員權限和倉庫權限。

對於銷售管理系統是否進行以上檔案的數據權限控制設置，以上權限如果沒有在「企業應用平臺—系統服務—權限—數據權限控制設置」中進行設置，則相應的選項置

141

灰,不可選擇。

(5) 銷售訂單預警天數設置設定提前預警天數和逾期報警天數後,可以在「任務中心」查看「銷售訂單預警和報警」報表;可以通過預警平臺將符合條件的報警信息通過短信或郵件發送給有關人員;也可直接查詢「銷售訂單預警和報警」,包括符合條件的未關閉的銷售訂單記錄。

(二) 信用控製

信用控製包括對客戶、部門、業務員的信用控製範圍的設置。進行信用控製時,根據信用檢查點,在保存、審核銷售單據時(控製信用的單據),若當前客戶(或按照部門、業務員控製)的應收帳款餘額(應收帳款期間)超過了該客戶(或部門、業務員)檔案中設定的信用額度(信用期限),系統提示當前客戶(或部門、業務員)已超信用,並根據需要信用審批進行控製。

(1) 可設定信用控製對象,如客戶信用、部門信用和業務員信用。
(2) 可設定信用檢查點,如單據保存時或單據審核時。
(3) 可設定控製信用的單據、額度檢查公式、期間檢查公式和立帳單據檢查公式。

(三) 可用量控製

(1) 可設定是否允許非批次存貨超可用量發貨,是否允許批次存貨超可用量發貨。
(2) 可設定發貨單\發票非追蹤型存貨可用量控製公式和其預計庫存量查詢公式。
(3) 可設定訂單非追蹤型存貨預計庫存量查詢公式。

(四) 價格管理

價格管理選項設置取價方式、報價參照、價格政策、最低售價控製等。

(五) 其他控製

(1) 生單選項可選定新增發貨單、新增退貨單、新增發票的默認值。
(2) 可設定訂單自動關閉的條件,如出庫完成、開票完成和收款核銷完成。
(3) 可設定質量檢驗的條件。如發貨檢驗和退貨檢驗。
(4) 可設定自動指定批號的條件。
(5) 可設定自動匹配入庫單的條件。

二、期初錄入

帳簿都應有期初數據,以保證其數據的連貫性。初次使用時,應先輸入銷售管理系統的期初數據。如果系統中已有上年的數據,在使用「結轉上年」後,上年度銷售數據自動結轉為本年期初數據。期初單據審核後有效,在月末結帳時記入有關銷售帳中。

(一) 期初發貨單

期初發貨單可處理建帳日之前已經發貨、出庫,尚未開發票的業務,包括普通銷售、分期收款發貨單。

(二) 期初委託代銷發貨單

期初委託代銷發貨單可以錄入啟用日之前已經發生但未完全結算的委託代銷發貨單。

第三節　銷售管理日常業務處理

一、普通銷售業務處理

(一) 業務概述

普通銷售業務模式適用於大多數企業的日常銷售業務，它與其他系統一起，提供對銷售報價、銷售訂貨、銷售發貨、銷售開票、銷售出庫、結轉銷售成本和銷售收款結算全過程的處理。企業可根據自己的實際業務應用，結合本系統對銷售流程進行可選配置。

1. 銷售報價

銷售報價是指企業向客戶提供貨品、規格、價格、結算方式等信息。雙方達成協議后，銷售報價單轉為有效力的銷售訂單。企業可以針對不同客戶、不同存貨、不同批量提出不同的報價、折扣率。

2. 銷售訂貨

銷售訂貨是指由購銷雙方確認的客戶的要貨過程，銷貨方根據銷售訂單組織貨源，並對訂單的執行進行管理、控製和追蹤。

銷售訂單是反應由購銷雙方確認的客戶要貨需求的單據，它可以是企業銷售合同中關於貨物的明細內容。銷售訂單可以手工填製，也可以根據銷售報價參照生成。

3. 銷售發貨

銷售發貨是指企業執行與客戶簽訂的銷售合同或銷售訂單，將貨物發往客戶的行為，是銷售業務的執行階段。

發貨單是銷售方給客戶發貨的憑據，是銷售發貨業務的執行載體。無論工業企業還是商業企業，發貨單都是銷售管理系統的核心單據。

先發貨后開票業務模式，是指根據銷售訂單或其他銷售合同，向客戶發出貨物，發貨之後根據發貨單開票並結算。其發貨單由銷售部門手工填製或參照已審核未關閉的銷售訂單生成。客戶通過發貨單提取貨物。

開票直接發貨業務，是指根據銷售訂單或其他銷售合同，向客戶開具銷售發票，客戶根據發票到指定倉庫提貨。銷售發票由銷售部門手工填製或參照已審核未關閉的銷售訂單生成。發貨單根據銷售發票自動生成，作為貨物發出的依據。在此情況下，發貨單只作瀏覽，不能進行增刪改和棄審等操作，但可以關閉和打開。

4. 銷售開票

銷售開票是指在銷售過程中企業給客戶開具銷售發票及其所附清單的過程，它是

銷售收入確認、銷售成本計算、應交銷售稅金確認和應收帳款確認的依據，是銷售業務的重要環節。

銷售發票是在銷售開票過程中用戶所開具的原始銷售單據，包括增值稅專用發票、普通發票及其所附清單。對於未錄入稅號的客戶，可以開具普通發票，不可開具專用發票。銷售發票既可以手工填製，也可以參照訂單或發貨單生成。參照發貨單開票時，多張發貨單可匯總開票，一張發貨單也可以拆單生成多張銷售發票。

銷售發票復核后通知財務部門的應收款管理系統核算應收帳款，在應收款管理系統審核登記應收明細帳，製單生成憑證。

5. 銷售出庫

銷售出庫是銷售業務處理的必要環節，在庫存管理系統也可用於存貨出庫數量核算，在存貨核算系統用於存貨出庫成本核算（如果存貨核算系統銷售成本的核算選擇依據是銷售出庫單）。

銷售出庫單是銷售出庫業務的主要憑據，主要在庫存管理系統通過參照發貨單生成。

6. 出庫成本確認

銷售出庫（開票）后，要進行出庫成本的確認。對於採用先進先出法、后進先出法、移動平均法或個別計價法的存貨，在存貨核算系統進行單據記帳時進行出庫成本核算；而對於全月平均、計劃價/售價計價的存貨，在期末處理時才能進行出庫成本核算。

7. 發貨簽回

發貨簽回單是客戶在收到貨物以後，在發貨單上簽署的結果或是簽收的單據。在業務處理過程中，企業發貨後，由於一些原因導致貨物到客戶處簽收時，數量小於發貨數量，有些屬於正常損耗，但對超過正常損耗的部分，企業應進行相關處理，即簽回損失處理，且和客戶結算時，要按客戶簽收的數量進行結算。

8. 應收帳款確認及收款處理

及時進行應收帳款確認及收款處理是財務工作的基本要求，這些由應收款管理系統完成。應收款管理系統主要完成對經營業務轉入的應收款項的處理。通過發票、其他應收單、收款單等單據的錄入，對企業的往來帳款進行綜合管理，及時、準確地提供客戶的往來帳款餘額資料。提供各種分析報表，如帳齡分析表、週轉分析、欠款分析、壞帳分析、回款分析等。通過各種分析報表，可合理地進行資金的調配，提高資金的利用效率。

(二) 業務處理流程

普通銷售業務根據「發貨—開票」的實際業務流程不同，可以分為先發貨後開票和開票直接發貨兩種業務模式。系統處理兩種業務模式的流程不同，但允許兩種流程並存。系統判斷兩種流程的最本質區別是先錄入發貨單還是先錄入發票。

1. 開票直接發貨業務流程

開票直接發貨業務流程如圖 5-2 所示。

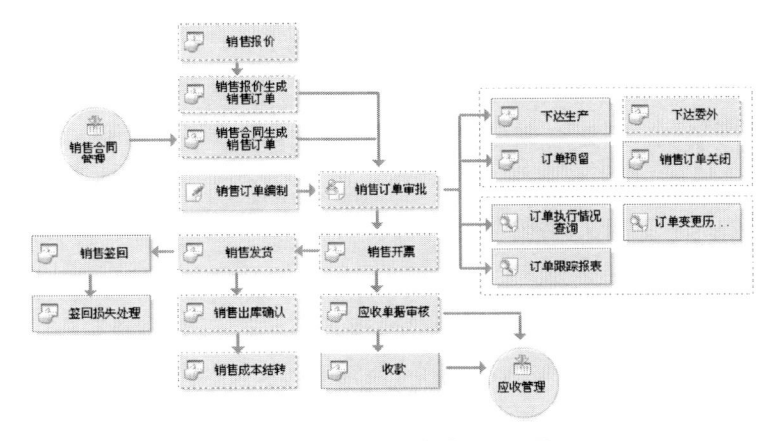

圖 5-2 開票直接發貨業務流程圖

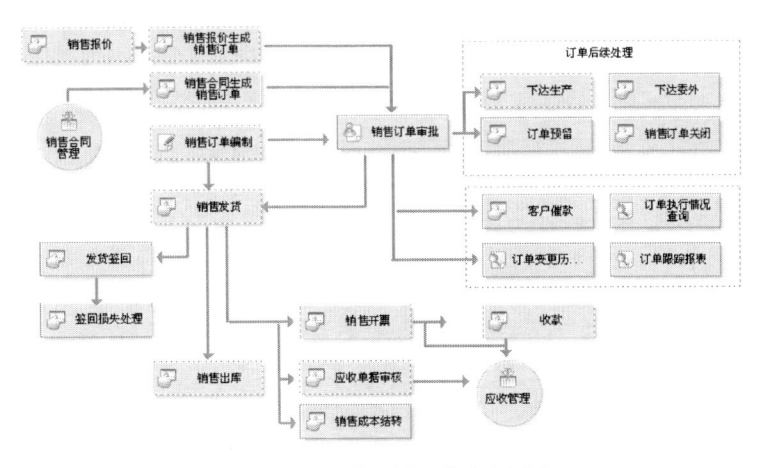

2. 先發貨后開票業務流程

先發貨后開票業務流程如圖 5-3 所示。

圖 5-3 先發貨后開票業務流程圖

二、委託代銷業務

(一) 業務概述

委託代銷業務，指企業將商品委託他人進行銷售但商品所有權仍歸本企業的銷售方式。委託代銷商品銷售后，受託方與企業進行結算，並開具正式的銷售發票，形成銷售收入，商品所有權轉移。

只有庫存管理系統與銷售管理系統集成使用時，才能在庫存管理系統中使用委託代銷業務。委託代銷業務只能先發貨后開票，不能開票直接發貨。

145

（二）業務處理流程

委託代銷業務流程如圖 5-4 所示。

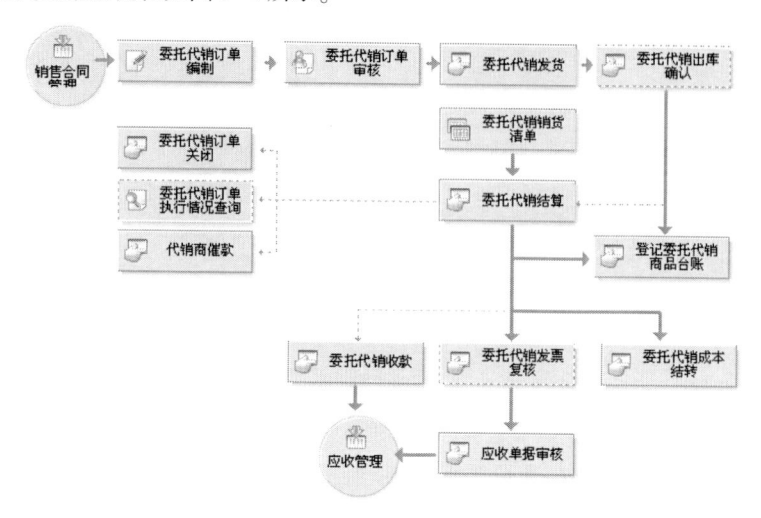

圖 5-4　委託代銷業務流程圖

三、直運銷售業務

（一）業務概述

直運業務是指產品無需入庫即可完成購銷業務，由供應商直接將商品發給企業的客戶；結算時，由購銷雙方分別與企業結算。直運業務包括直運銷售業務和直運採購業務，沒有實物的出入庫，貨物流向是直接從供應商到客戶，財務結算採用直運銷售發票、直運採購發票進行結算。

直運銷售業務分為兩種模式：一種是沒有銷售訂單，直運採購發票和直運銷售發票可互相參照。另一種有直運銷售訂單，則必須按照「必有訂單直運業務」的單據流程進行操作。無論哪一種應用模式，直運業務選項均在銷售管理系統中設置。採購未完成的直運銷售發票（已採購數量<銷售數量）；銷售未完成的直運採購發票（已銷售數量<採購數量）結轉下年。

（二）直運銷售流程

直運銷售業務流程如圖 5-5 所示。

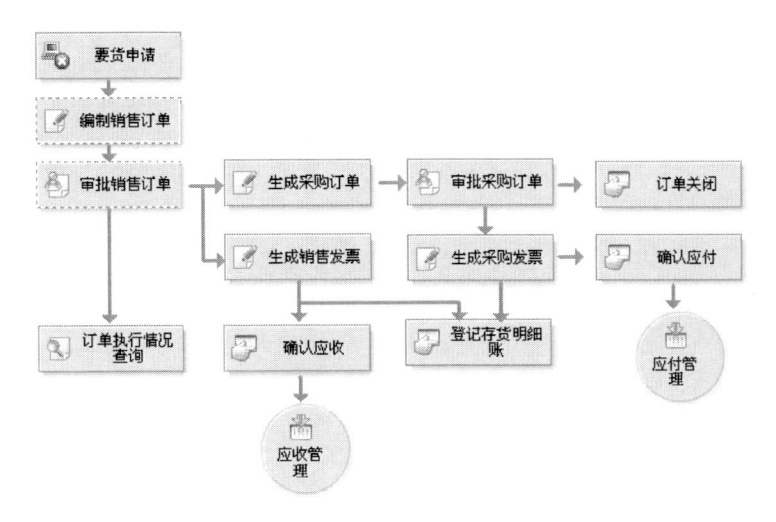

圖 5-5　直運銷售業務流程圖

四、分期收款銷售業務

分期收款發出商品業務類似於委託代銷業務，貨物提前發給客戶，分期收回貨款。分期收款銷售的特點是：一次發貨，當時不確認收入，分次確認收入，在確認收入的同時配比性地結轉成本。

分期收款業務只能先發貨后開票，不能開票直接發貨。分期收款業務需在銷售管理系統中進行分期收款業務選項勾選設置，在存貨核算系統中進行分期收款銷售業務的科目設置，並依據審核后的分期收款銷量發貨單和分期收款銷售發票記帳。

五、必有訂單業務模式

必有訂單業務模式是指以訂單為中心的銷售業務，是一種標準的、規範的銷售模式，訂單是整個銷售業務的核心。整個業務流程的執行都是在回寫銷售訂單，即必須依據訂單參照生成發貨單、發票，通過銷售訂單可以跟蹤銷售的整個業務流程。

以訂單為中心的銷售業務需在銷售管理系統中設置普通銷售必有訂單、委託代銷必有訂單、分期收款銷售必有訂單和直運銷售必有訂單。

六、銷售調撥

銷售調撥一般是處理集團企業內部有銷售結算關係的銷售部門或分公司之間的銷售業務，與銷售開票相比，銷售調撥業務不涉及銷售稅金。銷售調撥業務必須在當地稅務機關許可的前提下方可使用，否則處理內部銷售調撥業務必須開具發票。

業務流程：
（1）企業開具銷售調撥票據。
（2）對銷售調撥單進行復核。

(3) 系統自動生成銷售發貨單。
(4) 根據選項在銷售管理系統或庫存管理系統生成銷售出庫單。
(5) 倉庫根據銷售出庫單進行備貨和出庫。
(6) 銷售調撥單傳遞到應收款管理系統，進行收款結算。

七、零售日報

零售日報指當發生零售業務時，應將相應的銷售票據作為零售日報輸入到銷售管理系統。零售日報不是原始的銷售單據，是零售業務數據的日匯總，這種業務常見於商場、超市等零售企業。

零售日報可以用來處理企業比較零散客戶的銷售，對於這部分客戶，企業可以用一個公共客戶代替，如零散客戶，然后將零散客戶的銷售憑單先按日匯總，再錄入零售日報進行管理。

U8 與零售管理系統集成使用時，可以將直營門店的零售數據、收款數據上傳到銷售管理系統，生成零售日報，並自動現結、自動生成銷售出庫單。

八、代墊費用單

在銷售業務中，代墊費用指隨貨物銷售所發生的，不通過發票處理而形成的，暫時代墊將來需向客戶收取的費用項目，如運雜費、保險費等。代墊費用實際上形成了企業對客戶的應收款，代墊費用的收款核銷由應收款管理系統處理。

(1) 代墊費用單可以在「代墊費用單」直接錄入，可分攤到具體的貨物；也可以在銷售發票、銷售調撥單、零售日報中按「代墊」錄入，與發票建立關聯，可分攤到具體的貨物。

(2) 代墊費用單可以修改、刪除、審核、棄審。

(3) 代墊費用單審核后，在應收款管理系統生成其他應收單；棄審時刪除生成的其他應收單。與應收款管理系統集成使用時，在應收款管理系統已核銷處理的代墊費用單，不可棄審。

九、銷售費用支出單

銷售費用支出指在銷售業務中，隨貨物銷售所發生的為客戶支付的業務執行費。銷售費用支出處理的目的在於讓企業掌握用於某客戶費用支出的情況，以及承擔這些費用的銷售部門或業務員的情況，作為對銷售部門或業務員的銷售費用和經營業績的考核依據。

銷售費用支出單在銷售管理系統中僅作為銷售費用的統計單據，與其他產品沒有傳遞或關聯關係。

銷售費用支出單可以在「銷售費用支出單」直接錄入，可分攤到具體的貨物，不與發票發生關聯；也可以在銷售發票、銷售調撥單、零售日報中按「支出」錄入，與發票建立關聯，可分攤到具體的貨物。

十、包裝物租借業務

在銷售業務中，有的企業隨貨物銷售有包裝物（或其他物品如搬運工具等，本系統中統稱為包裝物）租借業務。包裝物出租、出借給客戶使用，企業對客戶收取包裝物押金。

包裝物租借業務流程是：客戶根據發貨單、發票租用或借用包裝物，繳納押金，銷售部門收取押金並通知倉庫進行包裝物出庫。客戶使用包裝物後，退還包裝物。企業辦理包裝物入庫，核銷客戶的包裝物租借數量餘額；進行押金退款，衝減客戶的押金餘額。可以查詢包裝物租借統計表。

十一、銷售退貨業務

銷售退貨業務是指客戶因貨物質量、品種、數量不符合要求或者其他原因，而將已購貨物退回給本單位的業務。

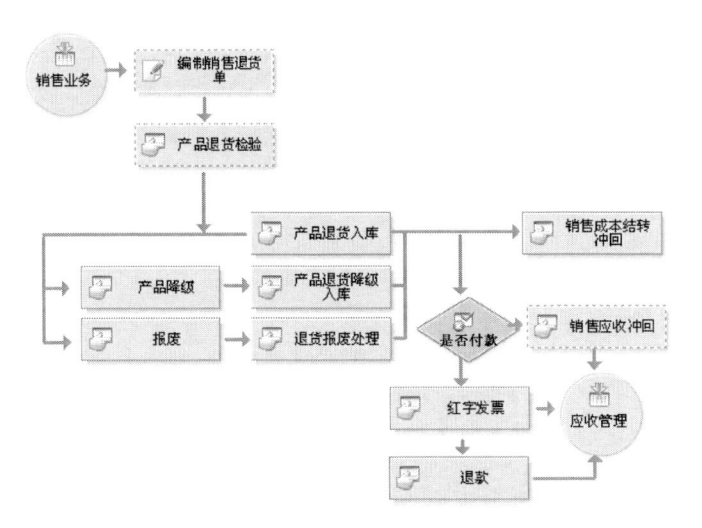

1. 普通銷售退庫業務流程

普通銷售退庫業務流程如圖 5-6 所示。

圖 5-6　普通銷售退庫業務流程圖

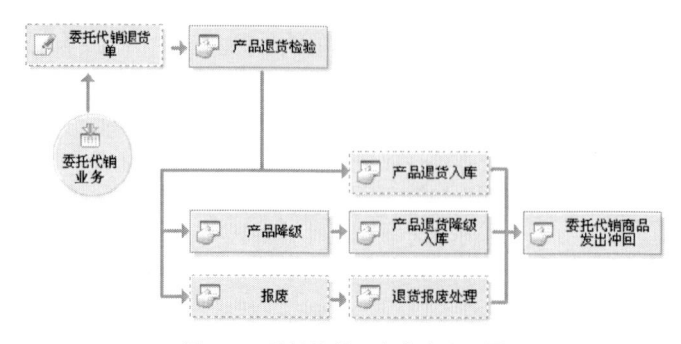

2. 委託代銷退庫業務流程

委託代銷退庫業務流程如圖 5-7 所示。

圖 5-7　委託代銷退庫業務流程圖

[實務案例]

飛躍摩托車製造公司 2014 年 9 月的銷售業務如下：

(1) 2014 年 9 月 1 日，客戶四川鑫鑫公司詢問 100 加強型摩托車價格，可能訂購 100 臺，西南辦事處何飛報不含稅報價 10,500 元/臺。

(2) 2014 年 9 月 1 日，客戶北京宏圖公司詢問 100 普通型摩托車價格，可能訂購 100 臺，北方辦事處石海報不含稅報價 10,000 元/臺。

[操作步驟]

在企業應用平臺中，執行「業務工作→供應鏈→銷售管理→銷售報價→銷售報價單」命令，進入銷售報價單主界面，單擊「增加」按鈕，逐一輸入相關信息後，點擊「確定」按鈕保存。

要注意的是：銷售業務均在企業應用平臺中的「業務工作→供應鏈→銷售管理」菜單下的相應子菜單中完成。實際工作中上述業務先由何飛和石海在各自的終端機上錄入銷售報價單后，再由銷售主管審核報價單。

(3) 2014 年 9 月 2 日，銷售主管根據 1 日詢價客戶四川鑫鑫公司訂購 100 加強型摩托車 100 臺，雙方協商每臺不含稅單價為 11,000 元/臺，並在 2014 年 9 月 26 日發貨。西南辦事處業務員何飛修改報價單，並生成銷售訂單。

根據報價單生成銷售訂單的步驟是：在銷售訂單增加主界面，選擇執行工具欄「生單—報價」命令，在參照生單主界面選擇要生成的訂單及參照報價單，點擊「確定」按鈕即可生成銷售訂單。

(4) 2014 年 9 月 2 日，客戶北京宏圖公司訂購 100 普通型摩托車 100 臺，雙方協定每臺不含稅單價為 10,000 元/臺，在 2014 年 9 月 26 日發貨，生成銷售訂單。

(5) 2014 年 9 月 2 日，客戶重慶金泰訂購 100 普通型摩托車 95 臺，雙方協商每臺不含稅單價為 10,600 元/臺，並在 2014 年 9 月 30 日發貨。（直接錄入銷售訂單）

(6) 2014 年 9 月 2 日，通過運行 MPS 計劃生成后，在 MPS 計劃維護中下達上述所有銷售訂單的生產訂單（普通型的生產數為 100+95－5＝190；加強型的生產數為 100

-4=96)。再執行「生產計劃→生產訂單生成→生產訂單手動輸入」后補錄入完工日期、生產批號以及生產部門信息。如圖 5-8 所示。

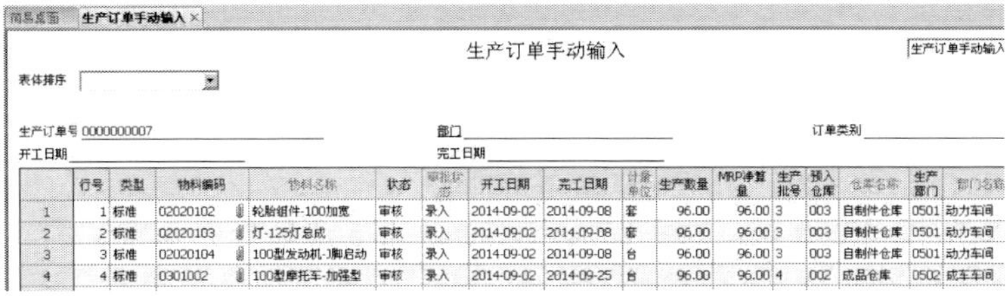

圖 5-8　生產訂單手動輸入界面

通過運行 MRP 計劃生成后，在 MRP 計劃維護中下達上述所有銷售訂單所需材料備件的採購訂單，價格與上一批次相同，採購信息如表 5-1 所示。

表 5-1　　　　　　　　　　　採購信息

物料編碼	物料名稱	物料屬性	計量單位名稱	期初數量	本期已採購數量	需採購數量	未計劃量	建議計劃量
0101001	箱體-168	採購	個	222	3,500	3,786	64.00	64.00
0102001	動力蓋-170F	採購	個	286	7,000	7,572	286.00	286.00
0102002	飛輪外蓋-172S	採購	個	266	3,500	3,786	20.00	20.00
0102003	減速蓋-173FR	採購	個	214	3,500	3,786	72.00	72.00
0102004	離合蓋-173FRS	採購	個	0	3,500	3,786	286.00	286.00
0103001	缸體-泰100	採購	個	312	7,000	7,572	260.00	260.00
0104001	軸承-D2208	採購	個	228	3,500	3,786	58.00	58.00
0105001	黑酯膠調合漆	採購	升	225	7,000	7,572	347.00	347.00
0199002	內六角螺絲-14*60	採購	個	600	42,000	45,432	2,832.00	2,832.00
0199003	內六角螺絲-12*80	採購	個	590	21,000	22,716	1,126.00	1,126.00
02010301	前輪軸承-100	採購	件	200	3,500	3,786	86.00	86.00
02010302	后輪軸承-100	採購	件	200	3,500	3,786	86.00	86.00
020110001	燈-大燈	採購	個	255	14,000	15,144	889.00	889.00
020110002	燈-轉向燈	採購	個	252	14,000	15,144	892.00	892.00
020110003	燈-尾燈	採購	個	255	7,000	7,572	317.00	317.00
020199002	電纜總成	採購	套	300	7,000	7,572	272.00	272.00

（7）2014 年 9 月 2 日，上述補購材料設備已全部到貨驗收入庫，並收到供貨單位的專用發票，價格同訂單。立即用工商銀行的轉帳支票支付，當即進行了材料結算。

（8）2014 年 9 月 26 日，發出客戶四川鑫鑫公司訂購的 100 型摩托車-加強型 100 臺，出庫倉庫為成品倉庫，並審核該發貨單。

根據銷售訂單生成發貨單的步驟是：在發貨單增加主界面，選擇執行工具欄「訂單」命令，在參照生單主界面選擇要生成的發貨單及參照訂單，點擊「確定」按鈕即可生成發貨單。(參數設置允許超可用量發貨)

(9) 2014 年 9 月 26 日，發出客戶北京宏圖公司訂購 100 普通型摩托車 100 臺，出庫倉庫為成品倉庫，並審核該發貨單。

(10) 2014 年 9 月 26 日，根據開出客戶四川鑫鑫公司訂購的 100 型摩托車-加強型 100 臺的發貨單開銷售普通發票，並審核該銷售普通發票。

根據發貨單開銷售普通發票的步驟是：在銷售普通發票增加主界面，選擇執行工具欄「生單—參照發貨單」命令，在參照生單主界面選擇要生成的銷售普通發票及參照發貨單，點擊「確定」按鈕即可生成銷售普通發票。

(11) 2014 年 9 月 26 日，根據開出客戶北京宏圖公司訂購 100 普通型摩托車 100 臺的發貨單開銷售專用發票，並審核該銷售專用發票。

在客戶檔案中將每一客戶的開戶銀行增加上；在「基礎檔案→收付結算→本單位開戶銀行」中將本單位的開戶銀行增加上。依據發貨單開銷售專用發票步驟同上相似。

(12) 2014 年 9 月 30 日，發出客戶重慶金泰訂購 100 普通型摩托車 95 臺，出庫倉庫為成品倉庫，並審核該發貨單。

(13) 2014 年 9 月 30 日，根據開出客戶重慶金泰訂購 100 普通型摩托車 95 臺的發貨單開銷售普通發票，開票數量 60 臺，單價參照銷售訂單，並收回 60 臺的貨款，審核該銷售普通發票。依據客戶重慶金泰訂購 100 普通型摩托車 95 臺的發貨單生成退貨單 35 臺。

(14) 2014 年 9 月 30 日，銷售管理月末結帳。

第四節　銷售管理系統期末處理及帳表查詢與統計分析

一、銷售月末結帳

銷售月末結帳參照前採購管理系統月末結帳。

二、銷售業務統計與分析

用友 U8V10.1 軟件，在企業應用平臺中的「業務工作—供應鏈—銷售管理—報表」菜單下，可完成「銷售統計表」、「發貨統計表」、「發貨單開票收款勾對表」、「發票日報」以及「發票使用明細表」等多種報表資料的統計查詢工作。

銷售業務統計與分析流程如圖 5-8 所示。

圖 5-8　銷售業務統計與分析流程圖

[實務案例]
統計與分析飛躍摩托車製造公司 2014 年 9 月的各種銷售信息。

第六章　庫存管理

第一節　庫存管理系統概述

一、庫存管理系統簡介

庫存管理系統是用友 U8 供應鏈的重要子系統，能夠滿足採購入庫、銷售出庫、產成品入庫、材料出庫、其他出入庫、盤點管理等業務需要，提供倉庫貨位管理、批次管理、保質期管理、出庫跟蹤入庫管理、可用量管理、序列號管理等全面的業務應用。

二、庫存管理系統主要功能

　　·初始設置：進行系統選項、期初結存、期初不合格品及代管消耗規則的維護工作。
　　·日常業務：進行出入庫和庫存管理的日常業務操作。
　　·條形碼管理：進行條形碼規則設置、規則分配、條形碼生成、條形碼批量生單等操作。
　　·其他業務處理：進行庫存預留及釋放、批次凍結、失效日期維護、在庫品報檢、遠程應用、整理現存量等操作。
　　·對帳：可以進行庫存與存貨數據核對，以及倉庫與貨位數據核對。
　　·月末結帳：每月底進行月末結帳操作。
　　·報表：可以查詢各類報表，包括庫存帳、批次帳、貨位帳、統計表、儲備分析報表。

三、與其他系統的主要關係

　　庫存管理系統可以單獨使用，也可以與採購管理系統、銷售管理系統、質量管理系統、進口管理系統、委外管理系統、出口管理系統、GSP 質量管理系統、存貨核算系統、售前分析系統、成本管理系統、預算管理系統、項目成本系統、商業智能系統、主生產計劃系統、需求規劃系統、車間管理系統、生產訂單系統、物料清單系統、設備管理系統、售後服務系統、零售管理系統等集成使用，發揮更加強大的應用功能。

（一）與其他系統的主要關係圖

　　庫存管理系統與其他系統的主要關係如圖 6-1 所示。

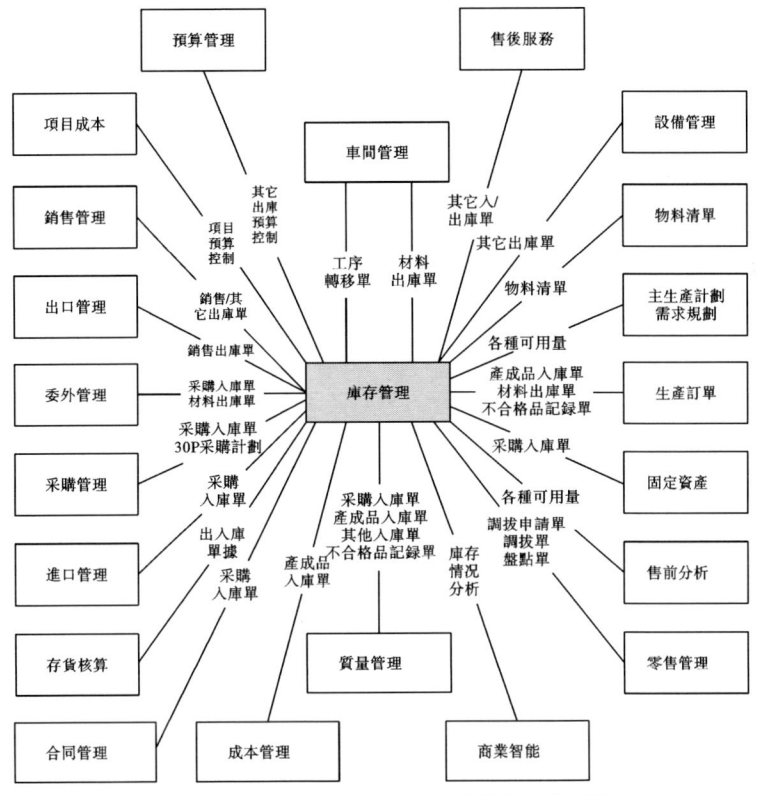

圖 6-1 庫存管理系統與其他系統的主要關係圖

(二) 與其他系統的主要關係說明

・庫存管理與採購管理：庫存管理系統可以參照採購管理系統的採購訂單、採購到貨單生成採購入庫單，並將入庫情況反饋到採購管理系統。採購管理系統可以參照庫存管理系統的採購入庫單生成發票。採購管理系統根據庫存管理系統的採購入庫單和採購管理系統的發票進行採購結算。庫存管理和進口管理、委外管理集成使用與採購管理集成使用單據流程相似。

・庫存管理與銷售管理：根據選項設置，可以在庫存管理系統參照銷售管理系統的發貨單、銷售發票、銷售調撥單、零售日報生成銷售出庫單；銷售出庫單也可以在銷售管理系統生成后傳遞到庫存管理系統，庫存管理系統再進行審核。銷售管理系統發貨簽回處理確定責任由企業自擔時，非合理損耗部分自動生成紅字銷售出庫單和其他出庫單。庫存管理系統為銷售管理系統提供可用於銷售的存貨的可用量。

・庫存管理與質量管理：根據質量管理系統來料檢驗單的合格接收數量和讓步接收數量、來料不良品處理單的降級數量生成採購入庫單。根據質量管理系統來料不良品處理單的報廢數量生成不合格品記錄單。根據質量管理系統產品檢驗單的合格接收數量和讓步接收數量、產品不良品處理單的降級數量生成產成品入庫單。根據質量管

理系統中的產品不良品處理單的報廢數量生成不合格品記錄單。根據質量管理系統中的在庫品不良品處理單的報廢數量生成不合格品記錄單，不合格品記錄單審核后生成其他出庫單。根據質量管理系統在庫品不良品處理單的降級數量生成其他入庫單，其他入庫單保存的同時系統自動生成降級前存貨的其他出庫單。根據質量管理系統中的發退貨不良品處理單的報廢數量生成不合格品記錄單，不合格品記錄單審核后生成其他出庫單。根據質量管理系統中的發退貨不良品處理單的降級數量生成其他入庫單，其他入庫單保存的同時系統自動生成降級前存貨的其他出庫單。

・庫存管理與存貨核算：所有出入庫單均在庫存管理系統填製，存貨核算系統只能填寫出入庫單的單價、金額，其他項目不能修改。在存貨核算系統對出入庫單記帳登記存貨明細帳、製單生成憑證。存貨核算系統為庫存管理系統提供出入庫成本。庫存管理系統與存貨核算系統的期初結存可分別錄入；也可由一方錄入后，另一方取數並對帳，不要求兩邊的數據完全一致。

・庫存管理與售前分析：庫存管理系統提供售前分析系統各種可用量（現存量、待發貨量、到貨/在檢量、調撥在途量、調撥待發量、凍結量）。

・庫存管理與成本管理：庫存管理系統提供成本管理系統產成品入庫累計入庫量。

・庫存管理與項目成本：項目成本系統啟用項目預算控製出庫時，對超項目預算的單據進行提示，用戶可選擇是否保存出庫單據。

・庫存管理與預算管理：預算管理系統啟用庫存系統預算控製，其他出庫時，對超預算的單據進行預算控製。

・庫存管理與商業智能：庫存管理系統提供商業智能庫存分析相關數據。

・庫存管理與固定資產：固定資產按採購入庫單生成資產卡片。

・庫存管理與合同管理：合同管理系統按採購入庫單生成合同執行單。

・庫存管理與生產訂單：庫存管理系統可以參照生產訂單生成產成品入庫單、配比出庫單、材料出庫單。以上單據的執行情況反饋到生產訂單系統，用戶可以跟蹤查詢生產訂單的執行情況。生產訂單的子項物料可參照生成調撥單。調撥單審核后生成其他出庫單、其他入庫單，用戶可用於從工廠的大庫調入車間小庫或虛擬庫，實際出庫時再參照生產訂單或自動倒衝生成材料出庫單。材料領用到車間之后，如果發生工廢或料廢，生產訂單系統可以根據生產訂單填製補料申請單；對於工廢的，庫存管理系統按補料申請單填製不合格記錄單；對於料廢的，庫存管理系統按補料申請單填製紅字材料出庫單。如果還需要補領材料，則庫存管理系統按補料申請單填製藍字材料出庫單。

・庫存管理與物料清單：庫存管理系統中的限額領料單、配比出庫單、調撥單、組裝單、拆卸單、缺料表、庫存齊套分析可以參照物料清單系統中的物料清單（BOM）展開。

・庫存管理與主生產計劃：庫存管理系統提供主生產計劃系統各種可用量信息。

・庫存管理與需求規劃：庫存管理系統提供需求規劃系統各種可用量信息。

・庫存管理與車間管理：車間管理系統的生產訂單工序轉移單保存后則自動生成庫存管理系統中的材料出庫單。

・庫存管理與出口管理：參照出口管理系統中銷貨單的累計備貨量及退貨單生成

銷售出庫單；庫存管理系統為出口管理系統提供可用於銷售的存貨的可用量。

・庫存管理與設備管理：庫存管理系統參照設備管理的作業單中的備件進行出庫及退庫。庫存實際出庫情況反應到設備管理系統作業單的備件實際領用情況。

・庫存管理與售后服務：庫存管理系統參照售后服務的服務單中需返廠維修件入庫，庫存管理系統參照售后服務的服務單的配件進行出庫。

・庫存管理與零售管理：在直營店及直營專櫃接口，零售系統中的要貨申請單上傳到庫存管理轉換成調撥申請單，調撥單自動審核生成其他出入庫單。庫存管理中的其他入庫單下發到零售系統作為入庫簽收的依據，零售簽收完畢之後上傳入庫數量更新庫存管理的其他入庫單並自動審核其他入庫單。零售系統中的盤盈盤虧表上傳到庫存管理轉換成盤點單，盤點單自動審核生成其他出入庫單。零售系統中的零售單/退貨單上傳到銷售管理轉換成零售日報，零售日報自動審核生成發貨單，發貨單自動審核生庫存管理的銷售出庫單。庫存管理中的現存量下發到零售系統作為商品實際店存。

第二節　庫存管理系統初始設置

一、庫存選項設置

(一)　通用設置

用友 U8V10.1ERP 庫存管理系統中，通用設置參數選項如圖 6-2 所示。

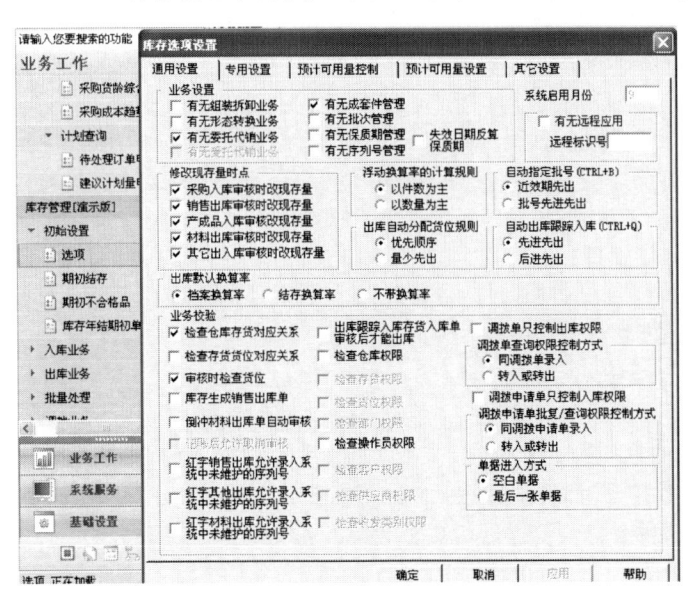

圖 6-2　庫存管理系統通用設置界面

1. 業務設置

·有無組裝拆卸業務：打鈎選擇，不可隨時修改。有組裝拆卸業務時，系統增加組裝拆卸菜單，可以使用組裝單、拆卸單。可查詢組裝拆卸匯總表。無組裝拆卸業務時，不顯示組裝拆卸菜單。

·有無形態轉換業務：打鈎選擇，不可隨時修改。有形態轉換業務時，系統增加形態轉換菜單，可以使用形態轉換單。可查詢形態轉換匯總表。無形態轉換業務時，不顯示形態轉換菜單。

·有無委託代銷業務：打鈎選擇，不可隨時修改。有委託代銷業務時，銷售出庫單的業務類型增加「委託代銷」。可查詢委託代銷備查簿。沒有委託代銷業務時，不能進行以上操作。「委託代銷」可以在庫存管理系統設置，也可以在銷售管理系統設置，在其中一個系統的設置，同時改變在另一個系統的選項。

·有無受託代銷業務：打鈎選擇，不可隨時修改。只有商業版才能選擇有受託代銷業務，工業版不能選擇有受託代銷業務。有受託代銷業務時，可在存貨檔案中設置受託代銷存貨。採購入庫單的業務類型增加受託代銷。可查詢受託代銷備查簿。沒有受託代銷業務時，不能進行以上操作。「委託代銷」可以在庫存管理系統設置，也可以在採購管理系統設置，在其中一個系統的設置，同時改變在另一個系統的選項。

·有無成套件管理：打鈎選擇，默認為否，不可隨時修改。有成套件管理時，可在存貨檔案中設置某存貨為成套件。可設置成套件檔案。收發存匯總表、業務類型匯總表可將成套件按照組成單件展開進行統計。沒有成套件管理時，不能進行以上操作。

·有無批次管理：打鈎選擇，默認為否，不可隨時修改。有批次管理時，可在存貨檔案中設置批次管理存貨、是否建立批次檔案。出入庫時，批次管理存貨需要指定批號。可執行其他業務處理中的批次凍結，可查詢批次臺帳、批次匯總表。否則，不能設置和查詢。

·有無保質期管理：打鈎選擇，默認為否，不可隨時修改。有保質期管理時，可在存貨檔案中設置保質期管理存貨。出入庫時，保質期管理存貨需要指定生產日期、失效日期。可執行其他業務處理下的失效日期維護，可查詢保質期預警。沒有保質期管理時，沒有以上功能。

·失效日期反算保質期：打鈎選擇，默認為否，可隨時修改。參見保質期管理。選擇此選項，在單據上修改失效日期時，生產日期不變，反算保質期；否則修改失效日期時，保質期不變，反算生產日期。

·有無序列號管理：打鈎選擇，默認為否，可隨時更改。

2. 修改現存量時點

·採購入庫審核時改現存量、銷售出庫審核時改現存量、材料出庫審核時改現存量、產成品入庫審核時改現存量和其他出入庫審核時改現存量選項：打鈎選擇，默認為否，可隨時修改。

企業根據實際業務的需要，有些單據在保存時進行實物出入庫，而有些單據在單據審核時才進行實物出入庫。為了解決單據和實物出入庫的時間差問題，可以根據不同的單據制定不同的現存量更新時點，該選項會影響現存量、可用量、預計入庫量、

預計出庫量。

3. 浮動換算率的計算規則

浮動換算率的計算規則屬於供應鏈公共選項，任一模塊（包括採購、委外、銷售、庫存、質量管理）修改其他模塊都自動關聯更新。單選，選擇內容為以數量為主、以件數為主。公式：數量＝件數×換算率。

・以數量為主：浮動換算率存貨，數量、件數、換算率三項都有值時，修改件數，數量不變，反算換算率；修改換算率，數量不變，反算件數；修改數量，換算率不變，反算件數。

・以件數為主：浮動換算率存貨，數量、件數、換算率三項都有值時，用戶修改件數，換算率不變，反算數量；用戶修改換算率，件數不變，反算數量；用戶修改數量，件數不變，反算換算率。

4. 出庫自動分配貨位規則

・出庫自動分配貨位規則：單選，可隨時修改，設置出庫時系統自動分配貨位的先后順序。

・優先順序：根據貨位存貨對照表中設置的優先順序分配貨位。

量少先出：根據結存量的大小，先從結存量小的貨位出庫。

5. 業務校驗

・檢查倉庫存貨對應關係：打鈎選擇，默認為否，可隨時修改。不檢查，填製出入庫單據時參照存貨檔案中的存貨。如檢查，填製出入庫單據時可以參照倉庫存貨對照表中該倉庫的存貨；手工錄入其他存貨時，系統提示「存貨××在倉庫存貨對照表中不存在，是否繼續？」如果繼續，則保存錄入的存貨，否則返回重新錄入。

・檢查存貨貨位對應關係：打鈎選擇，默認為否，可隨時修改。不檢查，填製出入庫單據時參照表頭倉庫的所有貨位。如檢查，填製出入庫單據時參照存貨貨位對照表中表頭倉庫的當前存貨的所有貨位；手工錄入存貨貨位對照表以外的貨位時，系統提示「貨位××在存貨貨位對照表中不存在，是否繼續？」如果繼續，則保存錄入的貨位，否則返回重新錄入。

・調撥單只控製出庫權限：打鈎選擇，默認為否，可隨時修改。若選擇是，則只控製出庫倉庫，不控製入庫倉庫。若選擇否，出庫、入庫的倉庫都要控製。該選項在檢查倉庫權限、檢查部門權限設置時有效；如不檢查倉庫、部門權限，則該選項不起作用。

・調撥單查詢權限控製方式：若選擇「同調撥單錄入」，則按照「調撥單只控製出庫權限」的設置作相應控製。若選擇「轉入或轉出」，則只要有出庫倉庫或入庫倉庫中任一方權限就可以查詢。

調撥申請單只控制入庫權限，調撥單批復/查詢權限控製方式設置及其規則與上相似。

・審核時檢查貨位：打鈎選擇，默認為是，可隨時修改。若選擇是，則單據審核時，如果單據表頭倉庫是貨位管理，則該單據所有記錄的貨位信息必須填寫完整才可審核，否則不能審核。若選擇否，則審核單據時不進行貨位檢查，貨位可以在單據審

核后再指定。進行貨位管理時，最好設置該選項，可以避免漏填貨位。

・庫存生成銷售出庫單：打鈎選擇，默認為否，可隨時修改，該選項主要影響庫存管理系統與銷售管理系統集成使用的情況。打鈎選擇銷售管理系統的發貨單、銷售發票、零售日報、銷售調撥單在審核/復核時，自動生成銷售出庫單；庫存管理系統不可修改出庫存貨、出庫數量，即一次發貨一次全部出庫。

・記帳后允許取消審核：打鈎選擇，默認選中。當存貨核算系統選項「單據審核后才允許記帳」=「否」時，可隨時修改。當存貨核算系統選項「單據審核后才允許記帳」=「是」時，該選項不允許選中。如果「記帳后允許取消審核」=「否」，則棄審（包括批棄）出入庫單據時，任意一行記錄已經記帳的單據不允許取消審核。

・出庫跟蹤入庫存貨入庫單審核后才能出庫：打鈎選擇，默認為否，可隨時修改。若選擇此項，則出庫跟蹤入庫時只能參照已審核的入庫單。

・倒衝材料出庫單自動審核：打鈎選擇，默認為否，可隨時修改。若選擇此項，則倒衝生成的材料出庫單及盤點補差生成的材料出庫單自動審核。

6. 權限控製

以下權限如果沒有在「企業應用平臺—基礎設置—數據權限—數據權限控製設置」中進行設置，則相應的選項置灰，不可選擇。

・檢查倉庫權限、檢查存貨權限、檢查貨位權限、檢查部門權限、檢查操作員權限、檢查供應商權限、檢查客戶權限以及檢查收發類別權限選項：打鈎選擇。如檢查，查詢時只能顯示有查詢權限的記錄單據；填製單據時只能參照錄入有錄入權限的相應單據。

7. 遠程應用

遠程應用指庫存管理、採購管理、銷售管理、應付款管理、應收款管理系統集成使用，即在一個系統中改變設置，在其他四個系統中也同時更改。

・有無遠程應用：默認為否，可隨時修改。有遠程應用時，可設置遠程標示號，可執行遠程應用功能。標示號可設定為兩位，最大為99，可隨時修改。總部與各分支機構之間分配的唯一標示號，此編號必須唯一，以保證數據傳遞接收時不重號。

8. 其他選項設置

・自動指定批號：單選，可隨時修改。自動指定批號時的分配規則指填製出庫單據時，可使用快捷鍵「CTRL+B」，系統根據分配規則自動指定批號。庫存管理系統、銷售管理系統分別設置。批號先進先出指按批號順序從小到大進行分配。近效期先出指當批次管理存貨同時為保質期管理存貨時，按失效日期順序從小到大進行分配，適用於對保質期管理較嚴格的存貨，如食品、醫藥等；非保質期管理的存貨，按批號先進先出進行分配。

・自動出庫跟蹤入庫：單選，可隨時修改。自動指定入庫單號時，系統分配入庫單號的規則。填製出庫單據時，可使用快捷鍵「CTRL+Q」，系統根據分配規則自動指定出庫號。庫存管理系統、銷售管理系統分別設置。先進先出指先入庫的先出庫指按入庫日期從小到大進行分配。先入庫的先出庫，適用於醫藥、食品等對存貨的時效性要求較嚴格的企業。后進先出：按入庫日期從大到小進行分配。適用於存貨體積重

量比較大的存貨，搬運不很方便，先入庫的放在裡面，后入庫的放在外面，這樣出庫時只能先出庫放在外面的存貨。

・出庫默認換算率：單選，默認值為檔案換算率，可隨時更改。填製出庫單據時，浮動換算率存貨自動帶入的換算率，可再進行修改。檔案換算率指取計量單位檔案裡的換算率，可修改。結存換算率為該存貨最新的現存數量和現存件數之間的換算率，可修改。結存換算率＝結存數量/結存件數。批次管理的存貨取該批次的結存換算率。出庫跟蹤入庫的存貨取出庫對應入庫單記錄的結存換算率。不帶換算率指手工直接輸入。

・系統啟用月份：根據庫存管理系統的啟用會計月帶入，不可修改。

・單據進入方式：單選，默認值為空白單據，可隨時修改。進入庫存單據時，單據進入方式的設置。空白單據指進入單據卡片時，不顯示任何信息。最后一張單據指進入單據卡片時，顯示最后一次操作的單據。

(二) 專用設置

用友 U8V10.1ERP 庫存管理系統中，專用設置參數選項如圖 6-3 所示。

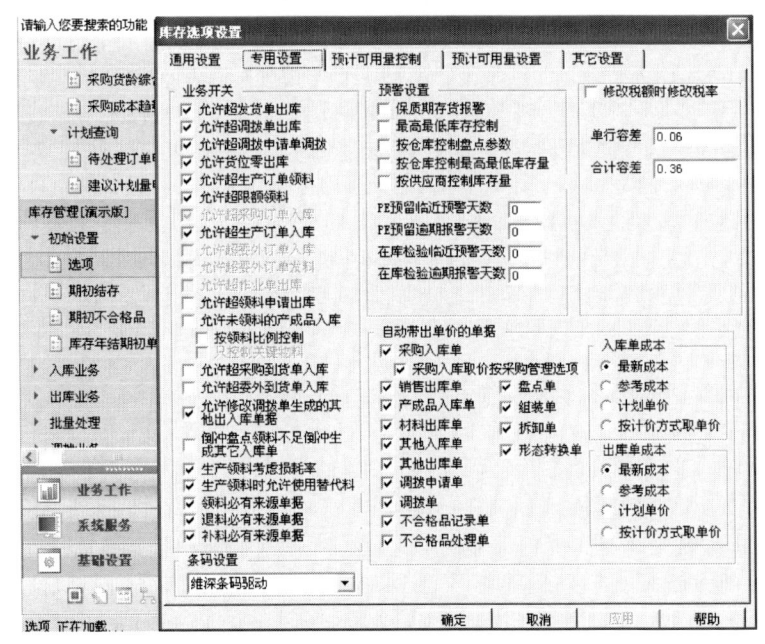

圖 6-3　庫存管理系統專用設置界面

1. 業務開關

・允許超發貨單出庫、允許超調撥單出庫、允許超調撥申請單調撥、允許貨位零出庫、允許超生產訂單領料、允許超限額領料、允許未領料的產成品入庫、允許超生產訂單入庫和允許超領料申請出庫等選項：打鈎選擇，默認為否，可隨時修改。允許超，在填製相應的出入庫單的數量超過對應可發入貨數量時，可以保存；否則，不予

161

保存。

・允許超採購訂單入庫、允許超委外訂單入庫、允許超委外訂單發料和允許超作業單出庫選項：打鉤選擇，默認為否，在庫存管理系統中只能查詢，不能修改；與採購管理系統、委外管理系統用同一個選項，在採購管理系統、委外管理系統中修改。

・允許修改調撥單生成的其他出入庫單據：打鉤選擇，默認為否，可隨時修改。選中時，調撥生成的其他出入庫單可以修改；否則不可以修改。

・倒衝材料領料不足倒衝生成其他入庫單：打鉤選擇，默認為否，可隨時修改。選擇此項，倒衝倉庫盤點單中盤盈記錄審核生成單據（補差），如果盤點會計期間有材料耗用，但補差之後導致生產訂單或委外訂單已領料量小於 0 時，則補差只補到已領料量等於 0 為止，差額部分生成其他入庫單。不選中此項，出現補差之後導致生產訂單或委外訂單已領料量小於 0 的情況時，盤點單審核不通過。

・生產領料考慮損耗率：打鉤選擇，默認為是，可隨時修改；選擇此項，按生產訂單領料及調撥時，應領料量為生產訂單子件的應領料量；不選擇此項，按生產訂單領料及調撥時，應領料量為生產訂單子件的應領料量／(1+子件損耗率)。

・生產領料允許替代：打鉤選擇，默認為否，可隨時修改；選擇此項，按生產訂單領料時，在材料出庫單、配比出庫時允許執行替代操作；未選，則不可執行。

・領料必有來源單據：打鉤選擇，默認為否，可隨時修改。選擇此項，則領料類的業務單據不允許手工新增，只能參照來源單據生單，但單據修改不受限制。不選擇此項，則領料類的業務單據可以手工新增也可以參照來源單據生單。領料類業務單據包括：藍字材料出庫單、配比出庫等。

・退料必有來源單據：打鉤選擇，默認為否，可隨時修改。選擇此項，則退料類的業務單據不允許手工新增，只能參照來源單據生單，但單據修改不受限制。不選擇此項，則退料類的業務單據可以手工新增也可以參照來源單據生單。退料類業務單據指紅字材料出庫單。

・補料必有來源單據：打鉤選擇，默認為否，可隨時修改。選擇此項，則補料類的業務單據不允許手工新增，只能參照來源單據生單，但單據修改不受限制。不選擇此項，則補料類的業務單據可以手工新增也可以參照來源單據生單。補料類業務單據指材料出庫單（補料業務）。

2. 預警設置

・保質期存貨報警：打鉤選擇，默認為否，可隨時修改。設置保質期存貨報警，在填製單據時如果失效日期或有效期至小於當前日期則系統給出提示。

・PE（Period，期間供應）預留臨近預警天數：默認 0，可以錄入 0 或任意正整數。未過失效日期的，用臨近預警天數與距離天數進行比較，對距離天數≤臨近預警天數的記錄進行預警。

・PE 預留逾期報警天數：默認 0，可以錄入 0 或任意正整數。已過失效日期的，用逾期報警天數與距離天數進行比較，對距離天數≥逾期報警天數的記錄進行報警。

・在庫檢驗臨近預警天數：默認 0，可以錄入 0 或任意正整數。未過檢驗週期的，用臨近預警天數與距離天數進行比較，對距離天數≤臨近預警天數的記錄進行預警。

・在庫檢驗逾期報警天數：默認 0，可以錄入 0 或任意正整數。已過檢驗週期的，用逾期報警天數與距離天數進行比較，對距離天數≥逾期報警天數的記錄進行報警。

・最高最低庫存控製：打鈎選擇，默認為否，可隨時修改。保存單據時，若存貨的預計可用量低於最低庫存量或高於最高庫存量，則系統提示報警的存貨，可選擇是否繼續。如果繼續，則系統保存單據。如果選擇否，則需重新輸入數量。預計可用量包括當前單據存貨未保存前的數量。

・按倉庫控製最高最低庫存量：打鈎選擇，默認為否，可隨時修改。選擇按倉庫控製，則最高最低庫存量根據倉庫存貨對照表帶入，預警和控製時考慮倉庫因素；若當前存貨在倉庫存貨對照表中沒有設置，取存貨檔案的最高最低庫存量。若不選擇，則最高最低庫存量根據存貨檔案帶入，預警和控製時不考慮倉庫因素。

・安全庫存預警也按此設置處理：若選擇按倉庫控製最高最低庫存量，則安全庫存量根據倉庫存貨對照表帶入；否則安全庫存量根據存貨檔案帶入，預警時不考慮倉庫因素。

・按供應商控製最高最低庫存量：打鈎選擇，默認為否，可隨時修改。選擇按供應商控製，則最高、最低及安全庫存量根據倉庫存貨對照表中針對代管商錄入的最高、最低、安全庫存量帶入，預警和控製時考慮代管商因素。不選擇按供應商控製，則不考慮代管商。

・按倉庫控製盤點參數：打鈎選擇，默認為否，可隨時修改。選擇此項，則每個倉庫可以設置不同的盤點參數，系統從倉庫存貨對照表中取盤點參數。否則，盤點參數適用於所有倉庫，系統從存貨檔案中取盤點參數。

3. 自動帶出單價的單據

・自動帶出單價的單據：復選，默認為否，可隨時修改。選擇內容為採購入庫單、銷售出庫單、產成品入庫單、材料出庫單、其他入庫單、其他出庫單、調撥單、調撥申請單、盤點單、組裝單、拆卸單、形態轉換單、不合格品記錄單、不合格品處理單。

(三) 預計可用量控製

用友 U8V10.1ERP 庫存管理系統中，預計可用量控製設置參數選項如圖 6-4 所示。

・預計可用量控製：嚴格控製，非 LP (Lot Pegging，批量供應) 件按照「倉庫+存貨+自由項+批號+代管商」進行控製；LP 件按照「倉庫+存貨+自由項+批號+代管商銷售訂單類別+銷售訂單號+銷售訂單行號」進行控製。可用量控製在庫存管理、銷售管理、出口管理系統分別設置。

・普通存貨預計可用量控製：可用量＝現存量－凍結量＋預計入庫量－預計出庫量。

・允許超預計可用量出庫：打鈎選擇則可以超可用量出庫。不選擇，則不能超可用量出庫。

・倒衝領料出庫預計可用量控製：默認不進行可用量控製，可隨時修改。非批次管理存貨預計入庫量和預計出庫量組成按照普通存貨可用量控製中的設置；批次管理存貨預計入庫量和預計出庫量組成按照批次存貨可用量控製中的設置。選擇不進行可用量控製，在自動倒衝生成材料出庫單時，不進行可用量控製，允許超可用量出庫；

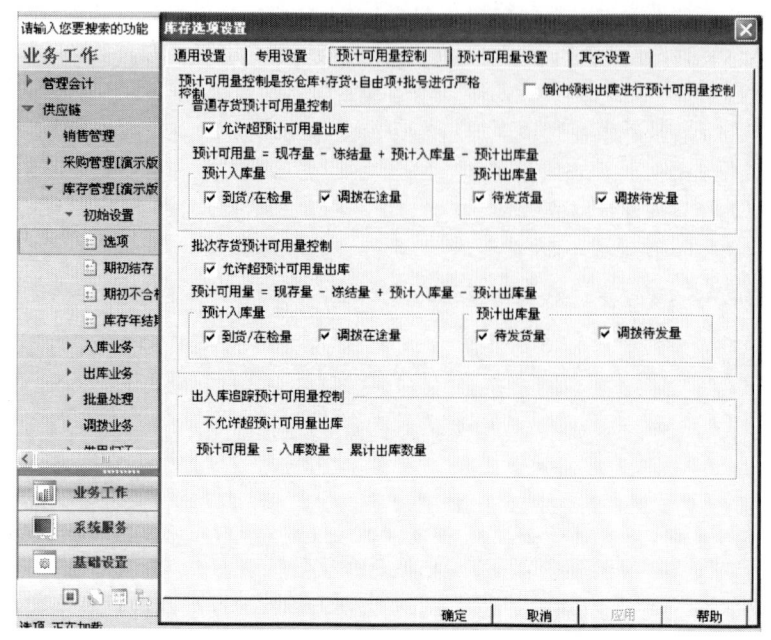

圖6-4　庫存管理系統預計可用量控製設置界面

否則進行可用量控製，自動倒衝生成材料出庫單時，如果預計可用量<0，則不允許保存單據（包括材料出庫單、工序倒衝時的工序轉移單、產成品入庫倒衝時的產成品入庫單、委外倒衝時的採購入庫單）。

倒衝領料，是對於某些不按齊套領料，但產品生產完工入庫又有一定規律性或需要按完工產品量衝減在產品量的，採用倒衝領料。倒衝領料是在產品完工入庫后，按入庫單的產品數量，指令生成套料的領料單。

（四）預計可用量設置

　　1. 預計可用量檢查公式

　　·出入庫檢查預計可用量：打鈎選擇，默認為不選。

　　預計可用量=現存量−凍結量+預計入庫量−預計出庫量。

　　·預計入庫量：復選，可選擇內容為已請購量、採購在途量、到貨/在檢量、生產訂單量、委外訂單量、調撥在途量。

　　·預計出庫量：復選，可選擇內容為銷售訂單量、待發貨量、調撥待發量、備料計劃量、生產未領量、委外未領量。

　　2. 預計可用量公式

　　·預計可用量公式：默認為現存量減去凍結量，即不考慮預計入庫量、預計出庫量，可隨時修改。

　　庫存展望預計可用量公式為：

　　·預計入庫量：復選，可選擇內容為已請購量、採購在途量、到貨/在檢量、生產

訂單量、委外訂單量、調撥在途量。

· 預計出庫量：復選，可選擇內容為已訂購量、待發貨量、調撥待發量、備料計劃量、生產未領量、委外未領量。

（五）其他設置

· 倒衝盤點補差按代管商合併：打鉤選擇，默認為否，可隨時修改。選擇此項，如果盤點倉庫是代管倉（同時是現場倉或委外倉），倒衝倉庫盤點單中盈/虧記錄審核生成單據，系統查找盤點會計期間的倒衝材料出庫單時，忽略當前盤點單上的代管商，按所有代管商的材料耗用分攤盈虧量。不選擇此項，在查詢盤點會計期間的倒衝材料出庫單時，按盈/虧記錄中的代管商查找盤點會計期間的倒衝材料出庫單，按對應代管商的材料耗用分攤盈虧量。

· 生產補料必有補料申請單：打鉤選擇，默認為否，可隨時修改。選中時，藍字補料材料出庫單不允許手工錄入，也不允許參照生產訂單錄入，只能參照子件補料申請單錄入。

· 領料批量處理業務：可以選擇材料出庫單、調撥單、倒衝材料出庫單。材料出庫單和調撥單默認選中。選中時，相應業務根據存貨檔案中設置的領料批量進行處理。

· 切除尾數處理業務：可以選擇材料出庫單、調撥單、倒衝材料出庫單。材料出庫單和調撥單默認選中。選中時，如果存貨檔案設置為領料切除尾數，則相應業務進行切除尾數的處理。

· 自動指定代管商：代管倉出庫時，系統可根據此選項的設置自動指定代管商。系統包括以下幾種自動指定代管商的規則，即存貨檔案默認的供應商、代管商庫存孰低先出、代管商庫存孰高先出和供應商配額。

· 指定貨位換行時自動保存：如果選擇此選項，在單據上指定貨位時，換行時自動保存上一行的貨位數據，不用再按保存按鈕。

· 生單時匯率取值方式：根據採購訂單或到貨單生成採購入庫單時，對於外幣業務，匯率可按上游單據的匯率確定，也可取最新的匯率。生單時匯率取值方式為：可以選擇當月匯率或來源單據匯率兩種方式。此選項可以隨時修改。如果選擇當月匯率，則採購入庫單的匯率直接從幣種檔案中用戶設置的當月匯率取值；如果選擇取來源單據匯率，則直接帶上游的採購訂單或到貨單的匯率。

· 收發存匯總表查詢方式：為提高報表查詢效率，在每月月結時系統會將當月的數據匯總記入相應的數據表中，數據表的匯總方式可在庫存選項其他設置頁簽下的收發存匯總表中查詢方式中設置。系統默認是按明細數據記錄的，因此數據量可能會比較大，如果收發存匯總表不需要按單據自定義項或項目進行查詢，建議在庫存選項中修改一下此選項，以減少存儲的數據量。修改規則為：一旦確定了收發存匯總表的查詢方式後最好不要頻繁修改，尤其不要從粗的維度改為細的維度。

· 卸載數據時計算庫齡是否包括紅單：數據卸載時，系統會按庫存選項中設置的卸載參數重新計算庫齡，以卸載日期作為計算結存的日期，然後按庫齡分析的算法計算庫齡，並將有結存的單據保留下來不允許卸載。如果選擇包括紅單，則計算庫齡時

紅字出庫單統計在內，否則不包括紅字出庫單。需要注意的是，此選項與結存統計無關，只與庫齡算法相關。修改規則為此選項一定要在數據卸載前確定。

二、期初結存設置

錄入使用庫存管理系統前各倉庫各存貨的期初結存情況時，不進行批次、保質期管理的存貨，只需錄入各存貨期初結存的數量；進行批次管理、保質期管理、出庫跟蹤入庫管理的存貨，需錄入各存貨期初結存的詳細數據，如批號、生產日期、失效日期、入庫單號等；進行貨位管理的存貨，還需錄入貨位。

［實務案例］

飛躍摩托車製造公司2014年9月的庫存管理期初結存如下：

（1）原材料倉庫期初數據（表6-1）。

表6-1　　　　　　　　　　　原材料倉庫期初數據

存貨編碼	存貨名稱	計量單位	數量	單價	金額	入庫日期
0101001	箱體-168	個	222.00	83.00	18,426.00	2014-08-28
0102001	動力蓋-170F	個	286.00	48.00	13,728.00	2014-08-28
0102002	飛輪外蓋-172S	個	266.00	86.00	22,876.00	2014-08-28
0102003	減速蓋-173FR	個	214.00	24.50	5,243.00	2014-08-28
0103001	缸體-泰100	個	312.00	91.59	28,576.08	2014-08-28
0104001	軸承-D2208	個	228.00	93.50	21,318.00	2014-08-28
0105001	黑酯膠調合漆	升	225.00	36.50	8,212.50	2014-08-28
0199001	磷化粉	千克	285.00	36.50	10,402.50	2014-08-28
0199002	內六角螺絲-14*60	個	600.00	1.78	1,068.00	2014-08-28
0199003	內六角螺絲-12*80	個	590.00	2.00	1,180.00	2014-08-28
合計					131,030.08	

（2）成品倉庫期初數據（表6-2）。

表6-2　　　　　　　　　　　成品倉庫期初數據

存貨編碼	存貨名稱	計量單位	數量	單價	金額	入庫日期
0301001	100型摩托車-普通型	臺	5.00	5,032.00	25,160.00	2014-08-28
0301002	100型摩托車-加強型	臺	4.00	5,700.00	22,800.00	2014-08-28
合計					47,960.00	

（3）外購件倉庫期初數據（表6-3）。

表6-3 外購件倉庫期初數據

存貨編碼	存貨名稱	計量單位	數量	單價	金額	入庫日期
020102001	排氣消聲器-單孔	個	550.00	50.00	27,500.00	2014-8-28
020104001	化油器-100帶支架	套	545.00	35.00	19,075.00	2014-8-28
020105001	油冷器-100	套	480.00	40.00	19,200.00	2014-8-28
020106001	儀表-100儀表總成	套	516.00	125.00	64,500.00	2014-8-28
020107001	油箱-普通	個	300.00	63.00	18,900.00	2014-8-28
020107002	油箱-加大	個	800.00	85.00	68,000.00	2014-8-28
020110001	燈-大燈	個	255.00	35.00	8,925.00	2014-8-28
020110002	燈-轉向燈	個	252.00	15.00	3,780.00	2014-8-28
020110003	燈-尾燈	個	255.00	6.00	1,530.00	2014-8-28
020111001	摩托車支架-100	個	570.00	125.00	71,250.00	2014-8-28
020199001	坐墊-減振	個	170.00	40.00	6,800.00	2014-8-28
020199002	電纜總成	套	300.00	38.00	11,400.00	2014-8-28
020199003	坐墊-連座	個	255.00	35.00	8,925.00	2014-8-28
02010801	前輪胎-普通	個	255.00	80.00	20,400.00	2014-8-28
02010802	前輪胎-加寬	個	255.00	85.00	21,675.00	2014-8-28
02010901	后輪胎-普通	個	255.00	80.00	20,400.00	2014-8-28
02010902	后輪胎-加寬	個	255.00	85.00	21,675.00	2014-8-28
02010301	前輪軸承-100	件	200.00	43.00	8,600.00	2014-8-28
02010302	后輪軸承-100	件	200.00	43.00	8,600.00	2014-8-28
					431,135.00	

［操作步驟］

在企業應用平臺中，執行「業務工作→供應鏈→庫存管理→初始設置→期初結存」命令，進入「庫存期初數據錄入」主界面，選擇倉庫后，可逐一錄入期初結存數據。錄入完畢后亦進行審核。

第三節　庫存管理系統日常業務處理

庫存管理系統的日常業務主要包括：對各種出入庫業務進行單據填製和審核；對調撥業務、盤點業務、限額領料、不合格品、貨位調整、條形碼管理、其他業務、ROP（Re-Order Point，再訂貨點管理）等的處理。

一、入庫業務處理

庫存管理系統的入庫業務指倉庫收到採購或生產的貨物，倉庫保管員驗收貨物的數量、質量、規格型號等，確認驗收無誤後填製並審核入庫，並登記庫存帳。入庫業務單據主要包括：採購入庫單、產成品入庫單、其他入庫單。

（一）採購入庫單

採購入庫單是根據採購到貨簽收的實收數量填製的單據。採購入庫單按進出倉庫方向分為藍字採購入庫單、紅字採購入庫單；按業務類型分為普通採購入庫單、受託代銷入庫單（商業）、委外加工入庫單（工業）、代管採購入庫單、固定資產採購入庫單、一般貿易進口入庫單、進料加工入庫單。

採購入庫單可以手工增加，也可以參照採購訂單、採購到貨單（到貨退回單）、委外訂單、委外到貨單（到貨退回單）生成。

（二）產成品入庫單

產成品入庫單一般指產成品驗收入庫時所填製的入庫單據，是工業企業入庫單據的主要部分。產成品一般在入庫時無法確定產品的總成本和單位成本，所以在填製產成品入庫單時，一般只有數量，沒有單價和金額。

（三）其他入庫單

其他入庫單是指除採購入庫、產成品入庫之外的其他入庫業務，如調撥入庫、盤盈入庫、組裝拆卸入庫、形態轉換入庫等業務形成的入庫單。其他入庫單一般由系統根據其他業務單據自動生成，也可手工填製。

二、出庫業務

庫存管理的出庫業務主要指銷售出庫和材料出庫。出庫單據包括銷售出庫單、材料出庫單和其他出庫單。

（一）銷售出庫

銷售出庫單是銷售出庫業務的主要憑據，在庫存管理系統用於存貨出庫數量核算，在存貨核算系統用於存貨出庫成本核算（如果存貨核算系統銷售成本的核算選擇依據為銷售出庫單）。銷售出庫單按進出倉庫方向分為藍字銷售出庫單、紅字銷售出庫單；按業務類型分為普通銷售出庫單、委託代銷出庫單、分期收款出庫單。

庫存管理與銷售管理系統集成使用時，銷售出庫單可以在庫存管理系統中手工填製生成，也可以使用「生單」或「生單」下拉箭頭中「銷售生單」進行參照發貨單、銷售發票、銷售調撥單或零售日報生單生成銷售出庫單。

（二）材料出庫

材料出庫單是領用材料時所填製的出庫單據，當從倉庫中領用材料用於生產或委外加工時，就需要填製材料出庫單。

材料出庫單可以手工增加，可以配比出庫，可參照生產訂單系統的生產訂單用料表、補料申請單、限額領料單、領料申請單生成，也可參照委外管理系統的委外訂單用料表生成。

(三) 其他出庫

其他出庫單指除銷售出庫、材料出庫之外的其他出庫業務，如調撥出庫、盤虧出庫、組裝拆卸出庫、形態轉換出庫、不合格品記錄等業務形成的出庫單。其他出庫單一般由系統根據其他業務單據自動生成，也可手工填製。

［實務案例］

飛躍摩托車製造公司2014年9月的庫存管理業務如下：

（1）2014年9月2日，全部到貨驗收完畢入庫，無質量問題，並且數量正確，入原材料庫，並且審核所有採購入庫單。

（2）2014年9月2日，依據生產訂單領用：100型發動機-J腳啟動的全部用料品。檢查出庫類別、倉庫，並審核該生成的材料出庫單。

［操作步驟］

在企業應用平臺中，執行「業務工作→供應鏈→庫存管理→出庫業務→材料出庫單」命令，進入材料出庫單主界面，點擊「生單→生產訂單（藍字）」按鈕調出查詢條件，輸入「02020104100型發動機-J腳啟動」點擊「確定」按鈕進入生產領料出庫生單列表，選定需要領料的生產訂單及存貨，點擊「確定」生成材料出庫單，點擊「保存」即可。

（3）2014年9月2日，依據生產訂單領用輪胎組件-100加寬、輪胎組件-100普通、燈-125燈總成全部料品，出庫倉庫：外購件倉庫。檢查出庫類別，並審核該生成的材料出庫單。

（4）2014年9月2日，到存貨核算系統中，執行「初始設置→科目設置→存貨科目」等命令進行相關科目設置；執行「業務核算→正常單據記帳」命令進行單據記帳。

（5）2014年9月5日，動力車間完成100型發動機-J腳啟動300臺、輪胎組件-100加寬、輪胎組件-100普通、燈-125燈總成的全部生產，完工入自制件倉庫，並審核該產成品入庫單。

產成品入庫單生成的步驟是：在產成品入庫單主界面，點擊「生單—生產訂單（藍字）」調出生產訂單列表查詢界面，錄入「100型發動機-J腳啟動」後點擊「確定」進入生產訂單入庫生單列表界面，選定需要入庫的生產訂單號及其存貨，點擊「確定」即可生產生產入庫單，可修改其數量。

（6）2014年9月25日，成車車間生產的100型摩托車-普通型和100型摩托車-加強型，全部完工入成品倉庫，審核該產成品入庫單。

（7）2014年9月30日，審核銷售出庫單。

（8）2014年9月30日，庫存管理月末結帳。

第四節　庫存管理系統月末結帳及帳表查詢與統計分析

一、月末結帳

月末結帳是指將每月的出入庫單據逐月封存，並將當月的出入庫數據記入有關帳表中。

1. 業務規則

月末結帳操作與期初余額及出入庫單據增、刪、改操作互斥，在操作本功能前，應確定互斥的功能均已退出；在網絡環境下，要確定本系統所有的網絡用戶退出了所有的互斥功能。

不允許跨月結帳，只能從未結帳的第一個月逐月結帳；不允許跨月取消月末結帳，只能從最后一個月逐月取消。

上年度 12 月份結帳后，下年度 1 月份才能結帳。如果下年度 1 月份已結帳，則上年度 12 月份不允許取消結帳。

卸載日期之前的月份不允許取消結帳。

上月未結帳，本月單據可以正常操作，不影響日常業務的處理，但本月不能結帳。

2. 注意事項

結帳前應檢查本會計月工作是否已全部完成，只有在當前會計月所有工作全部完成的前提下，才能進行月末結帳，否則會遺漏某些業務。

庫存啟用的第一個會計年度或重新初始化年度的一月份結帳后將不能修改期初數據，因此應在第一個會計月結帳前，將所有期初數據錄入完畢並且審核后再進行第一個月的結帳操作。

月末結帳后將不能再做已結帳月份的業務，只能做未結帳月的日常業務，即已結帳月份的出入庫單據不允許編輯和刪除。

出入庫單據的審核日期所在的會計月已結帳時，將不能取消單據審核。

數據卸載時，庫存未審核的單據將無法進行數卸載，因此每個會計月月末結帳時，系統會檢查結帳月之前是否還有未審核的單據（包括期初余額和出入庫單），如果有系統會提示本年度還有未審核的單據是否繼續結帳，可選擇繼續結帳或不結帳。

數據卸載時，已卸出的單據將無法指定貨位。因此在每個會計月月末結帳時，系統會檢查結帳月之前的單據，貨位管理的是否全部指定貨位，如果有未指定貨位的，系統會提示選擇是否繼續結帳。

月末結帳之前一定要進行數據備份，否則數據一旦發生錯誤，將造成無法挽回的后果。

如果目前的現存量與單據不一致，可通過「整理現存量」功能將現存量調整正確。

集成使用月末結帳順序為：

（1）如果庫存管理系統和採購管理系統、委外管理系統、銷售管理系統集成使用，

只有在採購管理系統、委外管理系統、銷售管理系統結帳后，庫存管理系統才能進行結帳。

（2）如果庫存管理系統和存貨核算系統集成使用，存貨核算系統必須是當月未結帳或取消結帳后，庫存管理系統才能取消結帳。

（3）如果庫存管理系統和預算管理系統集成使用，如果結帳月內有預算審批狀態為待審批及審批未過的其他出庫單，則不允許月結。

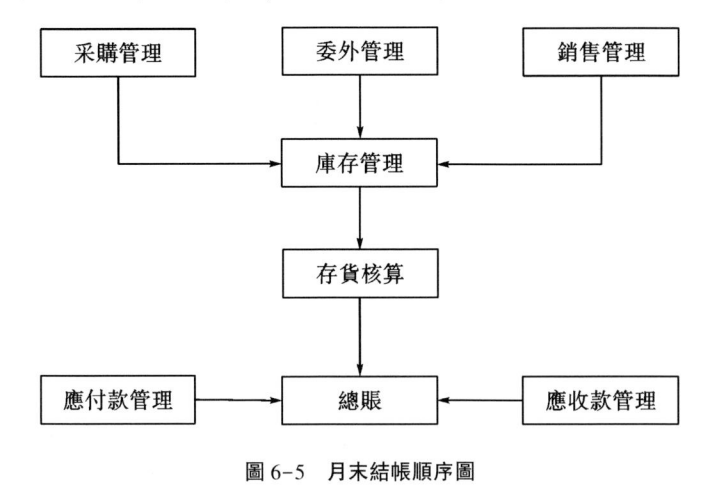

圖 6-5　月末結帳順序圖

二、帳表查詢與統計分析

在庫存管理系統中可查詢庫存帳、批次帳、貨位帳、統計表、儲備分析、ROP 採購計劃報表和 PE 預留報表。

第七章　存貨核算

第一節　存貨核算系統概述

一、存貨核算系統簡介

存貨是指企業在生產經營過程中為銷售或耗用而儲存的各種資產，包括商品、產成品、半成品、在產品以及各種材料、燃料、包裝物、低值易耗品等。存貨是保證企業生產經營過程順利進行的必要條件。為了保障生產經營過程連續不斷地進行，企業要不斷地購入、耗用或銷售存貨。存貨是企業的一項重要的流動資產，其價值在企業流動資產中佔有很大的比重。

存貨的核算是企業會計核算的一項重要內容，進行存貨核算，應正確計算存貨購入成本，促使企業努力降低存貨成本；反應和監督存貨的收發、領退和保管情況；反應和監督存貨資金的占用情況，促進企業提高存貨資金的使用效果。

在企業中，存貨成本直接影響利潤水平，尤其在市場經濟條件下，存貨品種日益更新，存貨價格變化較快，企業領導層更為關心存貨的資金占用及週轉情況，因而使得存貨會計人員的核算工作量越來越大。用友 ERP-U8 的存貨核算系統能減輕財務人員繁重的手工核算，加強了對存貨的核算和管理，不僅能提高核算的精度，而且更重要的是能提高及時性、可靠性和準確性。主要針對企業存貨的收發存業務進行核算，掌握存貨的耗用情況，及時準確地把各類存貨成本歸集到各成本項目和成本對象上，為企業的成本核算提供基礎數據。並可動態反應存貨資金的增減變動情況，提供存貨資金週轉和占用的分析，在保證生產經營的前提下，降低庫存量，減少資金積壓，加速資金週轉。

二、存貨核算系統主要功能

存貨核算提供以下功能：
（1）提供按部門、按倉庫、按存貨核算功能。
（2）提供六種計價方式，滿足不同存貨管理之需要。
（3）為不同的業務類型提供成本核算功能。
（4）可以進行出入庫成本調整，處理各種異常。
（5）計劃價/售價調整功能。
（6）存貨跌價準備提取、滿足企業管理需要。

(7) 自動形成完整的存貨帳簿。
(8) 符合業務規則的憑證自動生成。
(9) 強大的查詢統計功能。

三、與其他系統的主要關係

用友 ERP-U8V10.1 存貨核算系統與其他系統的主要關係如圖 7-1 所示。

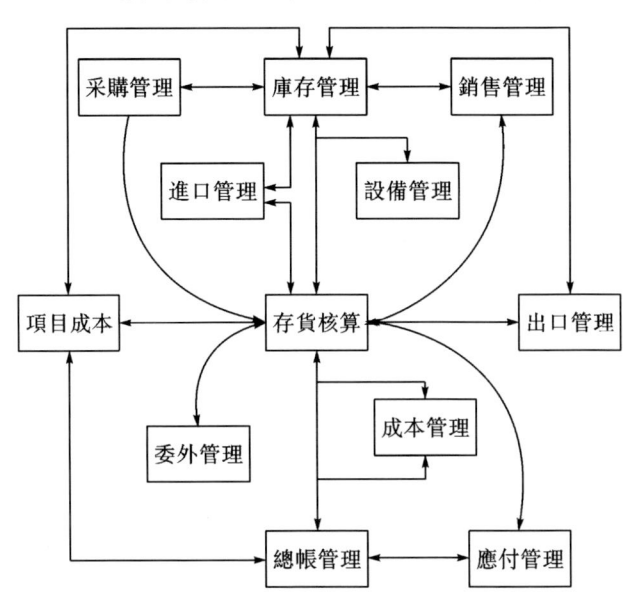

圖 7-1　存貨核算系統與其他系統的主要關係圖

(一) 與採購管理系統集成使用

採購入庫單由採購系統生成，存貨核算系統可修改採購入庫單的單價和金額，對採購入庫單進行記帳。

採購入庫時，如果當時沒有入庫成本，採購系統可對所購存貨暫估入庫，報銷時，存貨核算系統可根據所選暫估處理方式進行不同處理。

(二) 與委外管理系統集成使用

委外入庫單由庫存系統生成，存貨核算系統可修改委外入庫單的單價和金額，對委外入庫單進行記帳。

委外入庫時，如果當時沒有入庫成本，可對所加工的存貨暫估入庫；結算時，存貨核算系統可根據所選暫估處理方式進行不同處理。

委外管理可以在存貨核算計算委外出庫成本前進行委外入庫單與委外出庫單的數量核銷，計算出實際出庫成本後再回填到對應的核銷單。

(三) 與庫存管理系統集成使用

期初結存數量、結存金額可從庫存管理系統進行取數，並與庫存管理系統進行

對帳。

採購入庫單、銷售出庫單、產成品入庫單、材料出庫單、其他入庫單、其他出庫單由庫存管理系統輸入，存貨核算系統不能生成以上單據，只能修改其單價、金額項。

庫存系統的調撥單、盤點單、組裝拆卸單、形態轉換單生成的其他出入庫單，由存貨核算系統填入其單價、成本並記帳。

（四）與銷售系統集成使用

從銷售系統取分期收款發出商品期初數據、委託代銷發出商品期初數據。

可對銷售系統生成的銷售發票、發貨單進行記帳。

（五）與出口管理系統集成使用

出口管理系統中的部分統計報表從存貨核算中取出庫成本。

為出口管理的報價單和訂單提供存貨的預估成本。

存貨核算可對庫存管理系統的出口銷售出庫單或出口管理系統的出口銷售發票記帳，確認銷貨成本。

（六）與總帳系統集成使用

應對存貨科目、對方科目、稅金科目等進行設置。

在本會計月進行月末結帳之前，可對本會計月的記帳單據生成憑證，並將生成的憑證傳遞到總帳系統中。

（七）與成本管理系統集成使用

成本管理系統從存貨核算系統取材料出庫成本。

存貨核算與成本管理系統集成使用但未與生產訂單集成使用，或雖與生產訂單集成使用但在成本管理中未選擇啟用生產製造數據來源時，成本管理從存貨核算系統取材料成本時，指定成本項目大類的材料為專用材料，未指定成本項目大類的為共用材料。

存貨核算與成本管理和生產訂單系統集成使用，而且用戶在成本管理中選擇啟用生產製造數據來源時，根據生產訂單生成的材料出庫單視為專用材料；不是根據生產訂單生成的材料出庫單視為共用材料。

產成品成本分配取成本管理系統計算出的產成品的單位成本，具體操作如下：先對存放材料的庫進行單據記帳，然后進行期末處理，此時成本管理系統可以統計材料出庫成本，以便進行產成品成本的計算，存貨核算系統利用取成本功能取成本管理系統中所計算出的產成品的單位成本，分配到未記帳的產成品單據上，然后記帳並進行期末處理。

（八）與應付款管理系統集成使用

存貨核算系統中對採購結算單製單時，需要將憑證信息回填到所涉及的採購發票和付款單上，應付款管理系統對於這些單據不進行重複製單；若應付款管理系統先對這些單據製單了，存貨核算系統同樣不可以進行重複製單。

（九）與項目成本系統集成使用

存貨核算系統可以讀取項目成本系統中針對項目管理大類中的項目制定的可消耗存貨數量預算數據，在庫存/存貨系統出庫單據上，用戶可以填製存貨的出庫對象為項目管理大類中的項目，並對項目出庫單據進行是否超預算的判斷控製。

（十）與進口管理系統集成使用

提供進口採購入庫單暫估、結算記帳的功能；提供基於進口訂單的成本信息、包括貨物、買價、運費、關稅等各種相關費用和分攤后的成本信息。

一般貿易進口採購入庫單由庫存系統生成，存貨核算系統可修改採購入庫單的單價和金額，對採購入庫單進行記帳。

採購入庫時，如果當時沒有入庫成本，可對所購存貨暫估入庫，報銷時，存貨核算系統可根據用戶所選暫估處理方式進行不同處理。

四、存貨核算應用方案

用友 ERP-U8V10.1 存貨核算系統按企業應用大體分為按實際成本核算的工業企業、按計劃成本核算的工業企業、按進價核算的商品流通企業、按售價核算的零售商業企業。

（一）按實際成本核算的企業

按實際成本計價的存貨收發核算，是指存貨的收入、發出、結存均按實際成本計價。本系統支持 5 種計價方式：全月平均法、移動平均法、先進先出法、后進先出法、個別計價法

1. 存貨收發核算應設置的帳戶

為了反應企業材料物資的增減變動和結存情況，應設置「原材料」「產成品」等資產類帳戶。

「原材料」帳戶是用來核算企業庫存的各種材料，包括原材料及主要材料、輔助材料、外購半成品、外購件、修理用備件（備品備件）、包裝材料、燃料等的實際成本。借方登記購入、自制、委託加工完成並已驗收入庫的材料的實際成本；貸方登記領用、銷售或發出的原材料的實際成本。期末餘額在借方，反應期末庫存材料的實際成本。

「產成品」帳戶是用來核算企業自己生產的產成品入庫和出庫情況，借方登記生產完並驗收入庫的產成品的實際成本，貸方登記銷售出庫的產成品的實際成本，期末餘額在借方，反應期末庫存產成品的實際成本。

明細帳中應按材料、產成品的保管地點（倉庫）、類別、品種和規格設置明細帳，進行明細分類核算。

總分類帳中在月末根據按實際成本計價的領發料憑證，按部門或倉庫和材料進行歸類匯總，編製而成。

2. 使用本系統的基本操作步驟

設置完基礎信息后，即可輸入本企業的期初結余數據，可按每筆單據輸入，也可

輸入總的結余數量和結余金額；輸入完后，進行期初記帳；然后輸入採購入庫單、產成品入庫單、其他入庫單、銷售出庫單、材料出庫單、其他出庫單、入庫調整單、出庫調整單、假退料單等單據。對沒有成本的產成品入庫單進行成本分配。選擇單據記帳，對輸入的單據記入明細帳。輸入完本月單據業務，可進行期末處理和月末結帳，以便計算存貨的出庫成本。查詢輸出明細帳、總帳及各類報表。

存貨核算未與採購系統或委外系統集成使用時，不能選擇暫估回衝方式。存貨核算未與總帳系統集成使用時，不用設置存貨科目、差異科目、對方科目等科目設置。

(二) 按計劃成本核算的企業

按計劃成本計價的存貨收發核算，是指存貨收、發、結存均按計劃成本計價。

1. 存貨收發核算應設置的帳戶

材料按計劃成本核算，應設置「原材料」「材料成本差異」「產成品」等資產類帳戶。

「原材料」「產成品」帳戶核算的內容與按實際成本計價的原材料、產成品核算內容相同，只是按計劃成本計價時，原材料、庫存商品帳戶收入、發出、結存都是按計劃成本計價。

「成本差異」帳戶，核算企業各種存貨的實際成本與計劃成本的差異，借方登記存貨實際成本大於計劃成本的差異額，貸方登記實際成本小於計劃成本的差異額以及發出存貨應負擔的成本差異結轉數。實際成本大於計劃成本的差異用藍字結轉；實際成本小於計劃成本的差異用紅字結轉。月末借方余額，反應庫存存貨的實際成本大於計劃成本的差異；月末貸方余額，反應實際成本小於計劃成本的差異。

應按材料、產成品的保管地點（倉庫）、類別、品種和規格，設置明細帳，進行明細分類核算。

應按材料、產成品的保管地點（倉庫）、類別、品種和規格，設置差異明細帳，並根據材料成本差異明細帳計算成本差異率，計算填列發出存貨應負擔的存貨成本差異額，把本月發出存貨的計劃成本調整為實際成本。

在月末根據按計劃成本計價的領發料憑證，按部門或倉庫和材料進行歸類匯總，登記總分類帳。

2. 使用本系統的基本操作步驟

其操作步驟同前按實際成本核算，只是在需要時，可使用計劃價調整單對存貨的計劃價進行調整。再選擇單據記帳，對輸入的單據記入明細帳和差異帳。輸入完本月單據業務，可進行期末處理和月末結帳，以便計算差異率和生成差異結轉單。

五、存貨核算流程

(一) 業務流程

用友 ERP-U8 存貨核算系統業務流程如圖 7-2 所示。

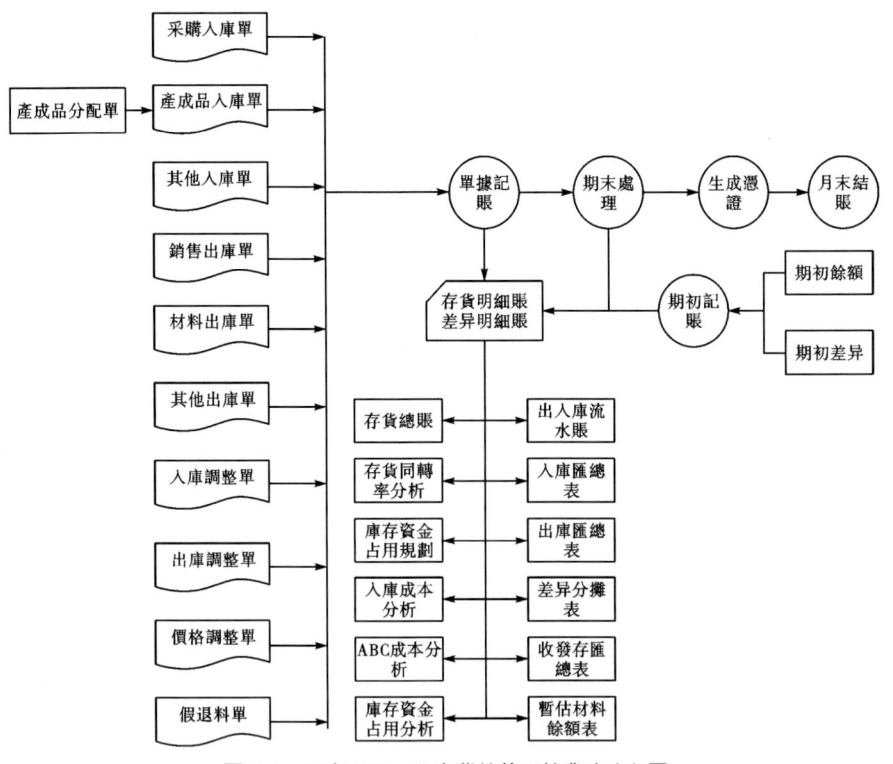

圖 7-2　用友 ERP-U8 存貨核算系統業務流程圖

（二）操作流程

（1）進入系統，進行初始設置；
（2）錄入期初數據，進行期初記帳；
（3）進行單據錄入操作；
（4）進行單據記帳/期末處理，計算成本；
（5）對已記帳單據生成憑證，傳遞給總帳；
（6）對存貨數據進行統計分析、帳表查詢。

第二節　存貨核算系統初始設置

一、選項參數設置

用於定義所使用系統的選項，包括核算方式、控製方式、最高最低控製。

（一）核算方式設置

用友 U8V10.1 存貨核算系統的核算方式選項如圖 7-3 所示。

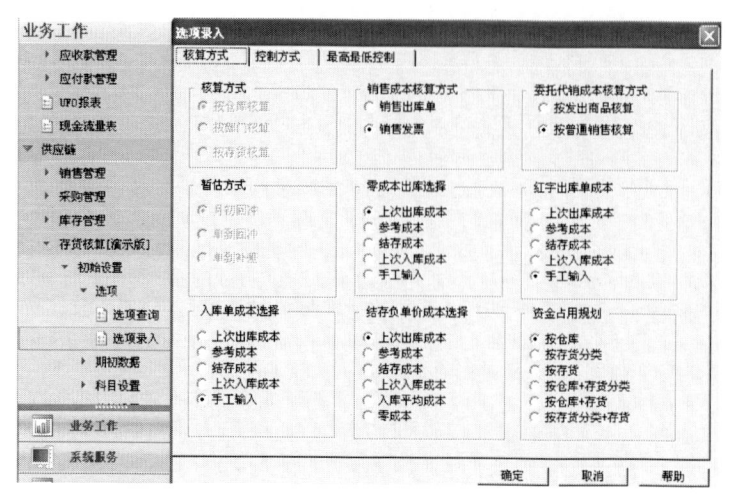

圖 7-3　用友 U8V10.1 存貨核算系統的核算方式設置界面

　　・核算方式：初建帳套時，可以選擇按倉庫核算、按部門核算、按存貨核算。如果是按倉庫核算，則按倉庫在倉庫檔案中設置計價方式，並且每個倉庫單獨核算出庫成本；如果是按部門核算，則在倉庫檔案中的按部門設計價方式，並且相同所屬部門的各倉庫統一核算出庫成本；如果按存貨核算，則按在存貨檔案中設置的計價方式進行核算。只有在期初記帳前，核算方式才能改變。系統默認按倉庫核算。

　　・銷售成本核算方式：即銷售出庫成本確認標準。普通銷售與出口銷售共同使用該選項，單選項。當普通銷售系統啓動而出口管理系統沒有啓動，可選擇用銷售發票或銷售出庫單記帳，默認為銷售出庫單。當出口管理系統啓動不論普通銷售系統是否啓動，選項為按銷售出庫單核算。修改銷售出庫成本核算方式選項的條件是，在本月沒有對銷售單據記帳前，當銷售單據（發貨單、發票）的業務全部處理完畢（即發貨單已全部生成出庫單和發票；發票全部生成出庫單和發貨單）方可修改。

　　・委託代銷成本核算方式：即委託代銷記帳單據。如果選擇按發出商品核算，則按發貨單+發票記帳。若按普通銷售核算，則按銷售發票或銷售出庫單進行記帳。

　　・暫估方式：如果與採購系統或委外系統集成使用時，可以進行暫估業務，並且在此選擇暫估入庫存貨成本的回衝方式，包括月初回衝、單到回衝、單到補差三種。月初回衝是指月初時系統自動生成紅字回衝單，報銷處理時，系統自動根據報銷金額生成採購報銷入庫單；單到回衝是指報銷處理時，系統自動生成紅字回衝單，並生成採購報銷入庫單；單到補差是指報銷處理時，系統自動生成一筆調整單，調整金額為實際金額與暫估金額的差額。與採購系統或委外系統集成使用時，如果明細帳中有暫估業務未報銷或本期未進行期末處理，此時，暫估方式將不允許修改。

　　・零成本出庫選擇：用於指定核算出庫成本時，如果出現帳中為零成本或負成本，造成出庫成本不可計算時，出庫成本的取值方式。如上次出庫成本、參考成本、結存成本、上次入庫成本或手工輸入。

　　・紅字出庫單成本選擇：用於指定對先進先出或后進先出方式核算的紅字出庫單

據記明細帳時，出庫成本的取值方式。如上次出庫成本、參考成本等。

·入庫單成本選擇：用於指定對入庫單據記明細帳時，如果沒有填寫入庫成本的入庫單價即入庫成本為空時，入庫成本的取值方式。如上次出庫成本、參考成本、結存成本、上次入庫成本、手工輸入。

·結存負單價成本選擇：用於指定期末存貨結存單價小於等於零時，系統按以下方式自動調整期末結存單價，並生成出庫調整單。需要在期末處理中時選擇「帳面結存為負單價時自動生成出庫調整單」選項。結存單價取值方式如上次出庫成本、參考成本、結存成本、上次入庫成本、入庫平均成本、零成本。如果取不到成本，按零成本處理。

·資金占用規劃：用於確定本企業按某種方式輸入資金占用規劃，並按此種方式進行資金占用的分析。如按倉庫、按存貨分類、按存貨、按倉庫+存貨分類、按倉庫+存貨、按存貨分類+存貨。

(二) 控製方式設置

用友 U8V10.1 存貨核算系統的控製方式選項如圖 7-4 所示。

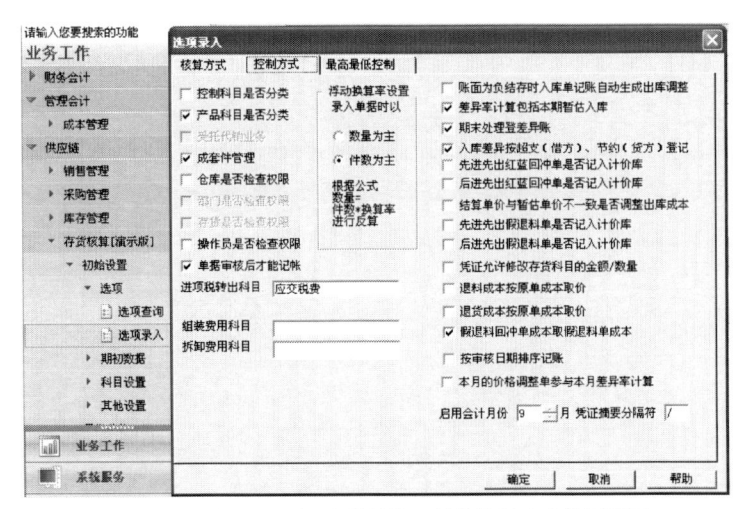

圖 7-4　用友 U8V10.1 存貨核算系統的控製方式設置界面

·有無受託代銷業務：只有商業版才有受託代銷業務，工業版不能選擇受託代銷業務。可在採購管理或庫存管理系統設置該選項，其中一個系統設置同時改變另一個系統選項。

·有無成套件管理：成套件是指一種存貨由其他幾種存貨組合而成。有成套件管理時，既可以統計單件的數量金額，也可以統計成套件的數量金額；無成套件管理時，只統計組合件的數量金額。可以隨時對有無成套件管理進行重新設置。

·單據審核後才能記帳：如果選擇單據審核後才能記帳，則正常單據記帳的過濾條件中「包含未審核單據」選項就只能選擇不包含，在顯示要記帳的單據列表時，未審核的單據不顯示。如果選擇單據審核後才能記帳，系統應自動將庫存的選項記帳後允許取消審核，改為不選擇。此選項只針對採購入庫單、產成品入庫單、其他入庫單、

銷售出庫單、材料出庫單、其他出庫單六種庫存單據有效，入庫調整單、出庫調整單和假退料單不受此選項的約束。庫存未啟用時，此選項置灰不可選擇。此項可隨時修改。

·帳面為負結存時入庫單記帳是否自動生成出庫調整：如果選擇帳面為負結存時入庫單記帳自動生成出庫調整，當入庫單記帳時，如果帳面為負結存，按入庫的數量比例調整結存成本，並自動生成出庫調整單。移動平均、全月平均、先進先出、后進先出法、個別計價可使用此選項，計劃價/售價不支持此選項。此項可隨時修改。

·差異率計算包括是否本期暫估入庫：選擇此項，即本期暫估入庫的存貨也參與計算差異率。此項可隨時修改。

·期末處理是否登記差異帳：期末生成差異結轉單時，選取此項則登記差異帳；不選則不登記差異帳，期末無差異結轉。此項可隨時修改。

·入庫差異是否按超支（借方）、節約（貸方）登記：如果選擇，則按超支入庫差異記借方，節約入庫差異記貸方；否則所有入庫差異全部記借方。

·進項稅轉出科目：在此可以手工輸入或參照輸入進項稅轉出科目。在採購結算製單時，如果在結算時發生非合理損耗及進項稅轉出，在根據結算單製單時，系統可以自動帶出該科目。

·組裝費用科目：在此可以手工輸入或參照輸入組裝費用科目。組裝單製單時，將組裝單的組裝費作為貸方的一條分錄，其對應科目為組裝費科目。製單時自動帶出。

·拆卸費用科目：在此可以手工輸入或參照輸入拆卸費用科目。拆卸單製單時，要將拆卸單的拆卸費作為貸方的一條分錄，其對應科目為拆卸費科目。製單時自動帶出。

·先進先出計價時紅藍回衝單是否記入計價庫：系統默認為否，即紅藍回衝單不參與成本計算。只有在當月期末處理后，月末結帳之前可以切換選項；如果計價庫中有紅藍回衝單不全的業務，不能修改選項；如果選項為紅藍回衝單不記入計價庫，如果當月明細帳中有紅字回衝單，而計價庫中有紅字回衝單，則不允許恢復期末處理。如果選項為紅藍回衝單記入計價庫，則紅藍回衝單記入計價庫，參與成本計算。選項為紅藍回衝單記入計價庫，如果當月明細帳中有紅字回衝單，而計價庫中沒有紅字回衝單，則不允許恢復期末處理。

后進先出計價時紅藍回衝單是否參與成本計算、先進先出假退料單是否記入計價庫、后進先出假退料單是否記入計價庫設置與「先進先出計價時紅藍回衝單是否記入計價庫」相似。

·結算單價與暫估單價不一致暫估處理時是否調整出庫成本：系統默認為否，可隨時修改。若選擇調整，在結算成本處理時系統將自動生成出庫調整單來調整差異。此方法只針對先進先出、后進先出和個別計價三種方法，因為只有這三種計價方式可通過出庫單跟蹤到入庫單。此選項與紅藍回衝單記入計價庫互斥，必須在紅藍回衝單不記入計價庫的情況下才能選擇此選項。

·控製科目是否分類：指結算單製單所用的應付科目對應的供應商是否按分類設置科目，如果不選，則按明細供應商設置應付科目。應付系統啟用后，此項在應付系

統設置，此處不可見。

·產品科目是否分類：指結算單製單所用的運費科目和稅金科目對應的存貨是否按分類設置科目，如果不選，則按明細存貨設置運費科目和稅金科目。應付系統啟用後，此項在應付系統設置，此處不可見。

·倉庫是否檢查權限：若選擇檢查倉庫權限，則操作員在錄入單據或查詢帳表時，系統將判斷操作員是否有該單據、該帳表的倉庫的錄入、查詢權限，若操作員沒有該倉庫數據權限，則不允許錄入或查詢該倉庫數據。倉庫與操作員的對應關係在「企業應用平臺→系統服務→權限→數據權限控制」中設置。

部門是否檢查權限、存貨是否檢查權限、操作員是否檢查權限同「倉庫是否檢查權限」相似。

·退料成本按原單成本取價：系統默認為否，此選項可隨時修改。按生產訂單或委外訂單領料后退料時，該選項起作用。如果選項為退料成本按原單成本取價，當參照生產訂單或委外訂單退料時，能夠溯源到對應的材料出庫單，取原材料出庫成本作為本次退料成本。如果對應多張材料出庫單，取已領料出庫的平均成本作為本次退料成本。該選項對先進先出或移動平均計價方式核算適用。

·退貨成本按原單成本取價：系統默認為否，此選項可隨時修改。當銷售成本核算方式選擇按銷售出庫單核算時，該選項起作用。如果選項為退貨成本按原單成本取價，當參照原發貨單進行退貨，能夠溯源到對應的銷售出庫單，取原銷售出庫成本作為本次退貨成本。如果退貨單對應多張銷售出庫單，取已銷售出庫的平均成本作為本次退貨成本。

·假退料回衝單成本取假退料回衝單成本：系統默認為否，此選項可隨時修改。選擇取原單成本，月末結帳時，生成假退料回衝單，成本取對應的假退料單的成本，按手填成本處理。不選擇取原單成本，月末結帳時，生成假退料回衝單，成本按當月發出成本計算。

·按審核日期排序記帳：系統默認為否，此選項可隨時修改。如果選項為按審核日期記帳，採購入庫單、產成品入庫單、其他入庫單、銷售出庫單、材料出庫單、其他出庫單六種庫存單據和採購掛帳確認單、出口發票、出口退貨發票按審核日期排序和記帳；銷售專用發票、銷售普通發票、銷售調撥單、零售日報按復核日期排序和記帳；出庫調整單、入庫調整單、假退料單無審核日期，按單據日期排序和記帳。

·本月的價格調整單參與本月的差異率計算：系統默認為否，此選項可隨時修改。如果選項為本月的價格調整單參與本月差異率計算，即差異率公式中，本月入庫差異含因價格調整產生的差異，本月入庫金額含因價格調整產生的金額。

(三) 最高最低控製

用友 ERP-U8V10.1 存貨核算系統的最高最低控製選項如圖 7-5 所示。

·全月平均/移動平均單價最高最低控製：如果設置了全月平均/移動平均核算方式進行最高最低控製，則計算出的全月平均單價或移動平均單價如果不在最高最低單價的範圍內，系統自動取最高或最低單價進行成本計算。

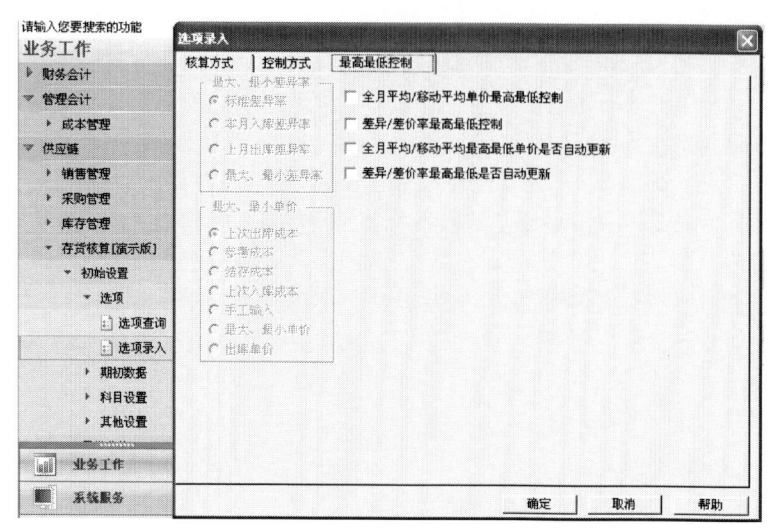

圖 7-5 用友 ERP-U8V10.1 存貨核算系統的最高最低控製設置界面

・移動平均計價倉庫（/部門/存貨）：如果用戶選擇「全月平均/移動平均單價最高最低控製」而且出庫單記帳時，如果系統自動計算的出庫單價高於該倉庫（/部門/存貨）或該存貨最高單價低於該倉庫（/部門/存貨）該存貨最低單價，則系統按選項中選擇的出庫單價超過最高最低單價時的取值方法進行處理。

最高最低單價由系統根據入庫單的單價進行維護，也可手工輸入最高最低單價。全月平均計價倉庫（/部門/存貨），用戶選擇「全月平均/移動平均單價最高最低控製」而且期末處理時，如果系統自動計算的當月出庫單價高於該倉庫（/部門/存貨）該存貨最高單價或低於該倉庫（/部門/存貨）該存貨最低單價，則系統按選項中選擇的「出庫單價超過最高最低單價時的取值」方法進行處理。

・全月平均/移動平均最高最低單價是否自動更新：在選項中選擇「全月平均、移動平均最高最低單價是否自動更新」為是，則全月平均、移動平均記帳時系統在最大最小單價/差異率設置中進行更新最高最低單價。

・差異率（/差價率）最高最低控製：針對計劃價（/售價）核算，可自由選擇，沒有限製。系統默認值為不選擇。如果選擇差異率/差價率最高最低控製，則設置一個標準的差異率及差異率允許的上下幅度，如果系統計算出的差異率超過此範圍，用戶可選擇按標準差異率、當月入庫差異率、上月出庫差異率、最大、最小單價幾種方法計算進行成本計算。最高最低差價率/差異率由系統根據入庫單的單價進行維護，也可手工輸入最高最低差價率/差異率。

・差異/差價率最高最低是否自動更新：在選項中選擇「差異/差價率最高最低是否自動更新」為是，則計劃價（/售價）核算時，入庫單記帳在最大最小單價/差異率設置中進行更新最大、最小差異率/差價率。

・最大最小差異率/差價率：只有在選擇了「最高最低差異率（/差價率）控製」時，才能選擇此選項，否則此選項不可選擇。此選項系統的默認值為「標準差異率（/

差價率）」。該選項反應了計劃價中出庫差異率/差價率超過最高最低差異率時的取值。

・最大最小單價：此選項只有在用戶選擇了「全月平均/移動平均單價最高最低控製」時，才能選擇此選項，否則此選項不可選擇。此選項系統的默認值為「上次出庫成本」。該選項反應全月平均/移動平均單價最高最低控製出庫單價超過最高最低單價時的取值。

二、期初數據

帳簿一般有期初數據，以保證其數據的連貫性，初次使用時，應先輸入全部末級存貨的期初餘額。存貨期初餘額，可以在存貨核算系統執行「初始設置→期初數據→期初餘額」命令，進入「期初餘額」界面，選擇倉庫後，點擊「增加」按鈕直接錄入；也可以在庫存管理系統中錄入後，再通過執行存貨核算系統中「期初餘額」界面上工具欄的「取數」命令，從庫存管理系統中取得期初餘額數據。再補錄存貨科目為：原材料倉庫科目是原材料——生產用材料；成品倉庫科目為庫存商品；外購件倉庫科目為原材料——外購件。錄入完畢後，點擊「記帳」按鈕進行期初記帳。

企業若有分期收款發出商品業務或委託代銷發出商品業務，則應錄入發出商品期初餘額，該數據來源於銷售系統，可通過「取數」按鈕，從銷售系統取期初數。

如果系統中已有上年的數據，在執行上年第12會計月「月末結帳」後，上年各存貨結存將自動結轉到下年。

三、科目設置

「科目設置」用於設置本系統中生成憑證所需要的各種存貨科目、差異科目、分期收款發出商品科目、委託代銷科目、運費科目、稅金科目、結算科目、對方科目等，因此在製單之前應先在本系統中將存貨科目設置正確、完整，否則無法生成科目完整的憑證。

・採購入庫業務：入庫單製單時，借方取存貨科目，貸方取收發類別所對應的對方科目。

・採購結算業務：採購結算製單（發票未現付）時，借方取對方科目、稅金科目，貸方取應付科目；採購結算製單（發票全部現付）時，借方取對方科目、稅金科目，貸方取結算科目；採購結算製單（發票部分現付）時，借方取對方科目、稅金科目，貸方取結算科目、應付科目。

・產成品入庫業務：入庫單製單時，借方取存貨科目，貸方取收發類別所對應的對方科目。

・委外入庫業務：暫估的委外入庫單製單時，借方取存貨科目，貸方委託加工物資材料費取對方科目中收發類別對應的委託加工物資——材料費科目，貸方暫估加工費取對方科目中收發類別對應的暫估科目。

結算的委外入庫單製單時，借方取存貨科目，貸方委託加工物資材料費取對方科目中收發類別對應的委託加工物資——材料費科目，貸方加工費取對方科目中收發類別對應的委託加工物資——加工費科目，如果委託加工物資材料費和加工費科目相同，則製單時材

料費和加工費合併成一條分錄。借：原材料，貸：委託加工物資（材料費/加工費）

・發出商品業務：發貨單製單時，借方科目取分期收款發出商品對應的科目，貸方取存貨對應的科目。借記發出商品，貸記庫存商品。發票製單時，借方科目取收發類別對應的科目，貸方取分期收款發出商品對應的科目。借記主營業務成本，貸記發出商品。

・直運業務：直運採購發票製單時，借方取在存貨科目中設置的直運科目、稅金科目，貸方取應付科目或結算科目。借記商品採購和應交稅費（進項稅），貸記應付帳款。直運銷售發票製單時，借方取對方科目，貸方科目取在存貨科目中設置的直運科目。借記主營業務成本，貸記商品採購。

・銷售出庫業務：出庫單/發票結轉成本製單時，借方取收發類別所對應的對方科目，貸方取存貨科目。

・材料出庫業務：出庫單結轉成本製單時，借方取收發類別所對應的對方科目，貸方取存貨科目。

・調撥業務：調撥業務製單時，借方取入庫存貨對應的科目，貸方取出庫存貨對應的科目。

・盤點業務：盤盈業務製單時，借方取存貨科目，貸方取收發類別所對應的對方科目。盤虧業務製單時，借方取收發類別所對應的對方科目，貸方取存貨科目。

・組裝、拆卸、形態轉換業務：組裝、拆卸、形態轉換業務製單時，借方取存貨科目，貸方取存貨科目。

・出入庫調整單業務：入庫調整單，入庫調整單製單時，借方取存貨科目，貸方取對方科目。出庫調整單，出庫調整單製單時，借方取對方科目，貸方取存貨科目。

設置科目后，在生成憑證時，系統能夠根據各個業務類型將科目自動帶出，如果未設置科目，則在生成憑證后，就需要手工輸入科目。

[實務案例]

飛躍摩托車製造公司的存貨核算會計科目如下：

[操作步驟]

在存貨核算系統中，執行「初始設置→科目設置→存貨科目」命令可進行存貨科目設置。其他的類似。

(1) 存貨科目（表7-1）。

表7-1　　　　　　　　　　　　　存貨科目

存貨或分類編碼	存貨或分類名稱	存貨科目編碼	存貨科目名稱
01	原材料	140301	原材料——生產用材料
0201	外購件	140302	原材料——外購件
0202	自制件	140303	原材料——自制件
0301001	100型摩托車-普通型	140501	庫存商品-100普通型摩托車
0301002	100型摩托車-加強型	140502	庫存商品-100加強型摩托車
05	包裝物（外購件倉庫）	1412	包裝物

(2) 存貨對方科目（表 7-2）。

表 7-2　　　　　　　　　　　存貨對方科目

收發類別編碼	收發類別名稱	存貨分類編碼	存貨分類名稱	對方科目編碼	對方科目名稱
101	材料採購入庫	01	原材料	140101	材料採購——原材料採購
102	配件採購入庫	0201	外購件	140102	材料採購——配件採購
103	產成品入庫	03	產成品	500103	生產成本——生產成本結轉
201	生產領料出庫			50010101	基本生產成本——直接材料
202	銷售出庫			6401	主營業務成本

(3) 稅金科目（表 7-3）。

表 7-3　　　　　　　　　　　稅金科目

存貨（大類）編碼	存貨（大類）名稱	科目編碼	科目名稱	進項稅額轉出科目編碼	進項稅額轉出科目名稱	出口退稅科目編碼	出口退稅科目名稱
01	原材料	22210101	進項稅額	22210107	進項稅額轉出	22210106	出口退稅
0201	外購件	22210101	進項稅額	22210107	進項稅額轉出	22210106	出口退稅
05	包裝物	22210101	進項稅額	22210107	進項稅額轉出	22210106	出口退稅
03	產成品	22210105	銷項稅額				

(4) 運費科目（表 7-4）。

表 7-4　　　　　　　　　　　運費科目

存貨（大類）編碼	存貨（大類）名稱	運費科目	運費科目名稱	稅金科目	稅金科目名稱
99	其他	140199	採購費用	22210101	進項銷額

(5) 結算方式科目設置（表 7-5）。

表 7-5　　　　　　　　　　　結算方式科目設置

結算方式	幣種	科目
現金	人民幣	1001
現金支票	人民幣	100201
電匯	人民幣	100201
網上銀行	人民幣	100201
銀行承兌匯票	人民幣	100903

表7-5(續)

結算方式	幣種	科目
銀行匯票	人民幣	100903
工商銀行	人民幣	100201
農業銀行	人民幣	100202
招商銀行	人民幣	100203
建設銀行	人民幣	100204
電子匯兌	人民幣	100201

(6) 應付科目設置。

所有供應商對應的應付科目都是2202應付帳款。

(7) 非合理損耗科目 (表7-6)。

表7-6　　　　　　　　　　　　　非合理損耗科目

序號	非合理損耗類型編碼	非合理損耗類型名稱	會計科目名稱	是否默認值	備註
1	1	運輸部門或供貨單位造成的短缺毀損	其他應收款——單位	是	
2	2	管理不善造成的短缺毀損	管理費用——其他	否	
3	3	責任人造成的短缺毀損	其他應收款——個人	否	

(8) 應收出口退稅科目 (表7-7)。

表7-7　　　　　　　　　　　　　應收出口退稅科目

存貨分類編碼	存貨分類名稱	存貨編碼	存貨名稱	出口退稅科目編碼	出口退稅科目名稱
03	產成品			122103	其他應收款——應收出口退稅款

四、最大最小單價/差異率設置

　　系統提供最高最低單價控制功能。只有在系統選項中選擇「移動平均、全月平均單價最高最低控制」，系統才予以控制。可設置每一存貨的最高最低單價或由系統根據各存貨的入庫記錄自動獲取最高最低單價，記帳或期末處理時，如果系統計算的單價超過最高最低單價，系統則按在系統選項「最大、最小單價」選擇的方法取單價，如取上次出庫成本、參考成本、上次入庫成本、或手工輸入、結存成本、最大最小單價、出庫單價。

　　該功能是為了解決移動平均、全月平均計價法下，由於零出庫或暫估成本與結算成本不一致，造成的出庫單價極大或極小甚至出現負單價等情況的問題。

　　系統提供差異率 (或差價率) 控制功能。只有在系統選項中選擇差價/差異最高最

低控制，系統才予以控制。可設置一個標準的差異率（或差價率）及差異率（或差價率）允許的上下幅度，如果系統計算出的差異率（或差價率）超過此範圍，系統則按在系統選項「最大、最小單價」選擇按標準差異率（或差價率）、當月入庫差異率（或差價率）、上月出庫差異率（或差價率）幾種方法計算。

該功能是為了解決計劃價或售價計價法下，由於零出庫或暫估成本與結算成本不一致，造成的差異率（或差價率）極大或極小等情況的問題，

第三節　存貨核算系統日常業務及期末處理

一、入庫業務處理

入庫業務單據主要包括採購入庫單、產成品入庫單、其他入庫單。

採購入庫單在庫存管理系統中錄入，在存貨核算系統中可以修改採購入庫單上的入庫金額；採購入庫單上的數量只能在其填製系統中修改。

產成品入庫單在填製時一般只有數量，單價和金額既可通過修改產成品入庫直接填入，也可以存貨核算系統的產成品成本分配功能自動計算填入。

大部分其他入庫單都是由相關業務直接生產的，也可手工填製。

二、出庫業務

出庫單據包括銷售出庫單、材料出庫單和其他出庫單。在存貨核算系統中可修改出庫單據上的單價或金額。

三、單據記帳

單據記帳用於將所輸入的單據登記存貨明細帳、差異明細帳/差價明細帳、受託代銷商品明細帳、受託代銷商品差價帳。

先進先出、后進先出、移動平均、個別計價這四種計價方式的存貨在單據記帳時進行出庫成本核算；全月平均、計劃價/售價法計價的存貨在期末處理處進行出庫成本核算。

單據記帳注意事項：

（1）無單價的入庫單據不能記帳，因此記帳前應對暫估入庫的成本、產成品入庫單的成本進行確認或修改。

（2）各倉庫的單據應該按照實際順序記帳。

（3）已記帳的單據不能修改和刪除；如果發現錯誤要修改，在未結帳、未生成記帳憑證時，可取消記帳后，再修改或刪除。

四、調整業務

出入庫單據記帳后，發現單據金額錯誤，如果是錄入錯誤，通常採用修改方式進

行調整。但如果遇到由於暫估入庫后發生零出庫業務等原因所造成出庫成本不準確，或庫存數量為零仍有庫存金額的情況，就可利用調整單據進行調整。

調整單據包括入庫調整單和出庫調整單。它們都只針對當月的出入庫成本進行調整，並且只調整存貨的金額，不調整存貨的數量。

出入庫調整單保存即記帳，因此已保存的調整單不可修改和刪除。

五、暫估處理

存貨核算系統中對採購暫估入庫業務提供了月初回衝、單到回衝、單到補差三種方式，暫估處理方式一旦選擇不可修改。無論採用哪種方式，都要遵循以下步驟：

（1）待採購發票到達后，在採購管理系統中填製發票並進行採購結算。

（2）在存貨核算系統中完成暫估入庫業務成本處理。

六、生成憑證

存貨核算系統中，生成憑證用於對本會計月已記帳單據生成憑證，並可對已生成的所有憑證進行查詢顯示；所生成的憑證在總帳系統中審核、記帳后，可顯示及生成科目總帳。

所生成憑證的科目是參照存貨核算系統初始設置的科目，也可修改。

七、綜合查詢

存貨核算系統提供了多種帳簿的查詢功能，如明細帳、總帳、出入庫流水帳、發出商品明細帳、個別計價明細帳、計價輔助數據；提供了多種匯總表的統計功能，如入庫匯總表、出庫匯總表、差異分攤表、收發存匯總表、暫估材料/商品余額表；提供了多種分析表，如存貨週轉率分析、ABC成本分析、庫存資金占用分析、庫存資金占用規劃、入庫成本分析。

八、月末處理

當日常業務全部完成后，可進行期末處理，功能是：

（1）計算按全月平均方式核算的存貨的全月平均單價及其本會計月出庫成本。

（2）計算按計劃價/售價方式核算的存貨的差異率/差價率及其本會計月的分攤差異/差價。

（3）對已完成日常業務的倉庫/部門/存貨做處理標誌。

如果使用採購和銷售系統，應在採購和銷售系統作結帳處理后才能進行。系統提供恢復期末處理功能，但是在總帳結帳后將不可恢復。

（一）月末結帳

存貨核算系統期末處理完后，可執行「業務核算→月末結帳」命令進行月末結帳，在此也可進行取消月末結帳。

如果和庫存系統、採購系統、委外系統、銷售系統集成使用，必須在庫存系統、

採購系統、委外系統、銷售系統結帳后，存貨核算系統才能進行結帳。

(二) 與總帳系統對帳

為保證業務與財務數據的一致性，需要對兩系統的數據進行對帳。即在存貨核算系統與總帳系統中核對存貨科目和差異科目在各會計月份借方、貸方發生金額、數量以及期末結存的金額、數量信息。

［實務案例］

飛躍摩托車製造公司2014年9月的存貨核算業務如下：

（1）2014年9月30日，使用正常單據記帳，將原料倉庫的所有單據記帳。

（2）2014年9月30日，使用正常單據記帳，將外購件倉庫、不良品倉庫、低值易耗品及其他倉庫和廢品倉庫的所有單據記帳。

（3）2014年9月30日，將原料倉庫、外購件倉庫、不良品倉庫、低值易耗品及其他倉庫和廢品倉庫進行期末處理。

（4）2014年9月30日，在所有倉庫期末處理完畢之后，將所有單據生成憑證傳遞給總帳。

第八章　成本管理

第一節　成本管理系統概述

一、成本管理系統簡介

企業生存和發展的關鍵，在於不斷提高經濟效益，提高經濟效益的手段，一是增收，二是節支。增收靠創新，節支靠成本控製。而成本控製的基礎是成本核算工作。目前在企業的財務工作中，成本核算往往是工作量最大、占用人員最多的工作，用友U8V10.1系統能幫企業更加準確及時地完成成本核算工作。

二、成本管理系統主要功能

（一）成本核算功能

成本管理系統根據對定義的物料清單，選擇的成本核算方法和各種費用的分配方法，自動對從其他系統讀取的數據或企業手工錄入的數據進行匯總計算，輸出企業需要的成本核算結果及其他統計資料。

（二）成本計劃功能

通過費用標準單價和單位產品費用耗量生成標準成本，成本的計劃功能主要是為成本預測和分析提供數據。

（三）成本預測功能

系統運用一次移動平均和年度平均增長率法以及計劃（歷史）成本數據對成本中心總成本和任意產量的產品成本進行預測，滿足企業經營決策需要。

（四）成本分析功能

系統可以對分批核算的產品進行追蹤分析，計算成本中心內部利潤，對歷史數據對比分析，分析標準成本與實際成本差異，分析產品的成本項目構成比例。

三、與其他系統的主要關係

成本管理系統與其他系統的主要關係如圖8-1所示。

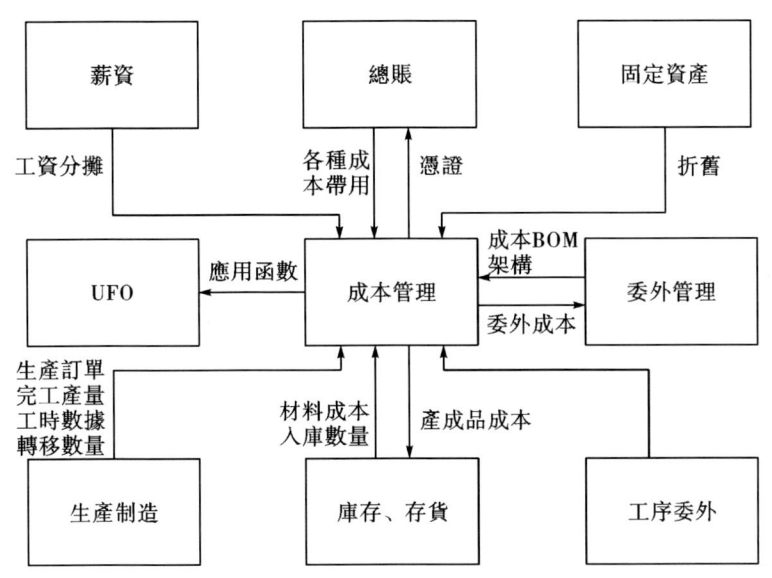

圖 8-1　成本管理系統與其他系統的主要關係圖

（一）與存貨核算系統關係

　　成本管理系統引用存貨核算系統提供的以出庫類別和會計期間劃分的領料單（出庫單）匯總表，包括領料部門、成本對象（產品）、批號、領用量、領料額、實際單價。

　　存貨核算系統可以從成本管理系統中取產品單位成本數據。

　　分批的專用材料包括領料部門+期間+出庫類別+成本對象（成本對象與產品的對應關係須在項目管理中預先定義）。

　　採用全月平均計價方式的存貨必須在存貨核算系統對其所在倉庫進行了月末處理之後才能向成本管理系統傳遞數據。採用計劃價計價方式的存貨必須在存貨系統對其所在倉庫進行了差異率計算和分攤之后才能向成本系統傳遞材料的實際價格數據，否則為計劃價格。

　　採用卷積運算時，系統自動完成存貨計價核算、提取材料及半成品數據、分配產成品成本等操作過程。

（二）與薪資管理系統關係

　　本系統引用薪資管理系統提供的，以人員類別劃分並且按部門和會計期間匯總的應計入生產成本的直接人工費用和間接人工費用。

（三）與固定資產系統關係

　　本系統引用固定資產系統提供的按部門和會計期間匯總的折舊費用分配表。

（四）與總帳系統關係

　　本系統引用總帳系統提供的應計入生產成本的間接費用（製造費用）或其他費用

數據。如果未與固定資產系統與工資系統集成使用，也可以引用總帳系統中應計入生產成本的人工費用及折舊費用數據。本系統將成本核算結果自動生成轉帳憑證，傳遞到總帳系統。

(五) 與生產製造系統關係

如果企業啟用了生產製造系統，並且在成本系統的「選項」中選擇了「啟用生產製造數據來源」或「按訂單核算」選項，則只有企業在「生產製造」系統制定了生產訂單的產品，並且該產品已經符合投產日期條件後，方能進行該產品及其相關子項產品的日常成本資料錄入工作。

四、成本管理系統操作流程

(一) 初始使用流程

初始使用流程如圖 8-2 所示。

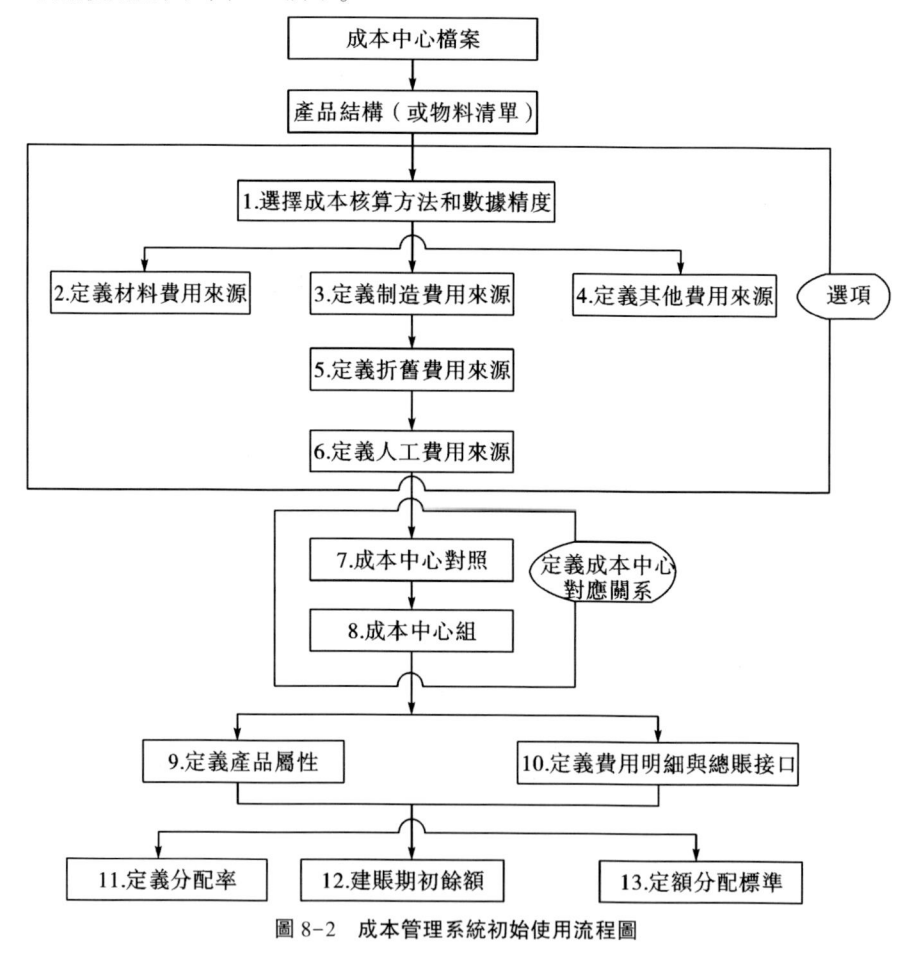

圖 8-2　成本管理系統初始使用流程圖

(二) 日常操作流程（非卷積）

日常操作流程（非卷積）如圖 8-3 所示。

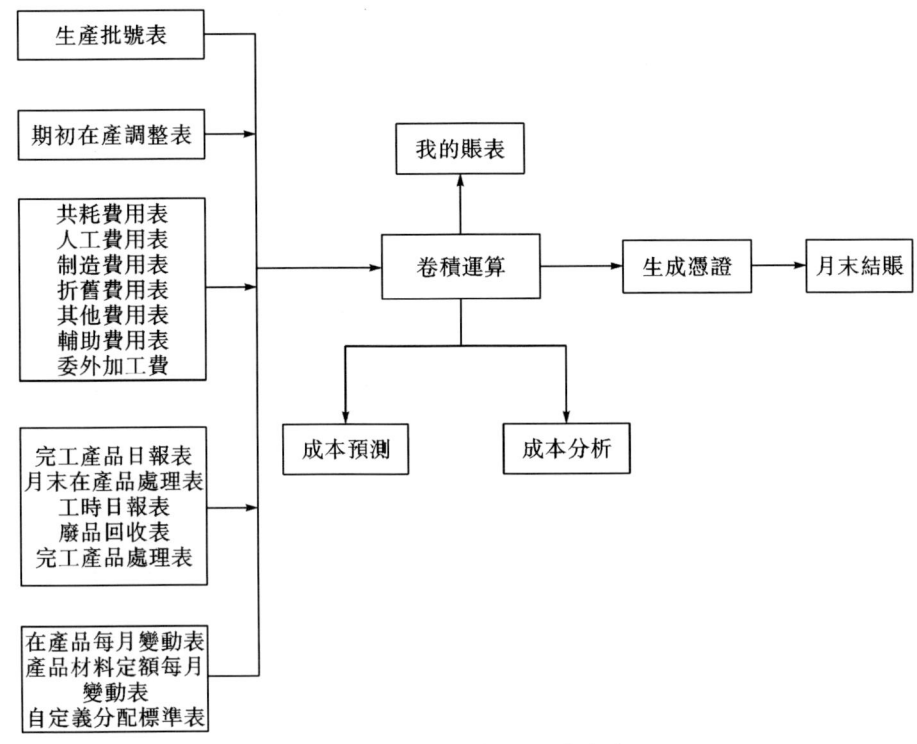

```
生產批號表 ──────────┐
                     │
期初在產調整表 ──────┤
                     │
共耗費用表            │
人工費用表            │         ┌─→ 我的賬表
制造費用表            │         │
折舊費用表 ──────────┼──→ 卷積運算 ──→ 生成憑證 ──→ 月末結賬
其他費用表            │         │
輔助費用表            │         ├─→ 成本預測
委外加工費            │         │
                     │         └─→ 成本分析
完工產品日報表        │
月末在產品處理表      │
工時日報表 ──────────┤
廢品回收表            │
完工產品處理表        │
                     │
在產品每月變動表      │
產品材料定額每月      │
變動表 ──────────────┘
自定義分配標準表
```

圖 8-3　日常操作流程圖（非卷積）

(三) 日常操作流程（卷積）

日常操作流程（卷積）如圖 8-4 所示。

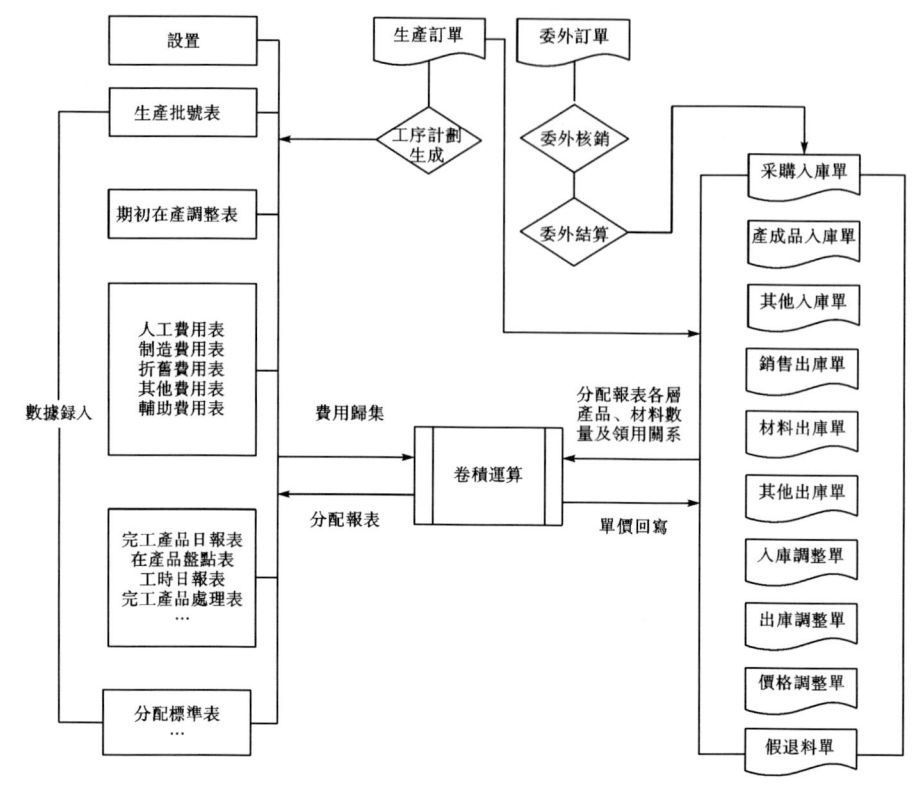

```
                                    生產訂單    委外訂單
        設置
                                        ↓         ↓
     生產批號表         ←      工序計劃         委外核銷    →    采購入庫單
                              生成
                                                  ↓
    期初在產調整表                              委外結算          產成品入庫單

                                                               其他入庫單
     人工費用表
     制造費用表                                                 銷售出庫單
     折舊費用表      費用歸集                   分配報表各層
     其他費用表         →                      產品、材料數     材料出庫單
數據錄入  輔助費用表                    卷積運算   量及領用關系
                                                               其他出庫單
                   分配報表
     完工產品日報表    ←                       單價回寫          入庫調整單
     在產品盤點表
     工時日報表                                                 出庫調整單
     完工產品處理表
       …                                                       價格調整單

     分配標準表                                                 假退料單
       …
```

圖 8-4　日常操作操作流程圖（卷積）

第二節　成本管理系統初始設置

　　進行正常的成本核算之前，首先要進行「選項」的定義，然后必須進行成本中心、產品、定額、費用明細、分配率、期初余額的設置。

一、選項參數設置

　　成本系統選項包括：成本核算方法、數據精度、人工費用來源、製造費用來源、折舊費用來源、存貨數據來源、其他費用來源等。

（一）成本核算方法設置

　　用友 U8V10.1ERP 成本管理系統中，成本核算方法設置參數選項如圖 8-5 所示。
　　成本核算基本方法有品種法、分步法、分類法、分批法。下面介紹各主要成本核算基本方法在成本管理系統中的應用。
　　·品種法：是以產品的品種作為成本計算對象。主要適用於大量大批的單步驟生產，如發電、採掘等生產。在大量大批多步驟生產中，如生產規模小，或生產車間按

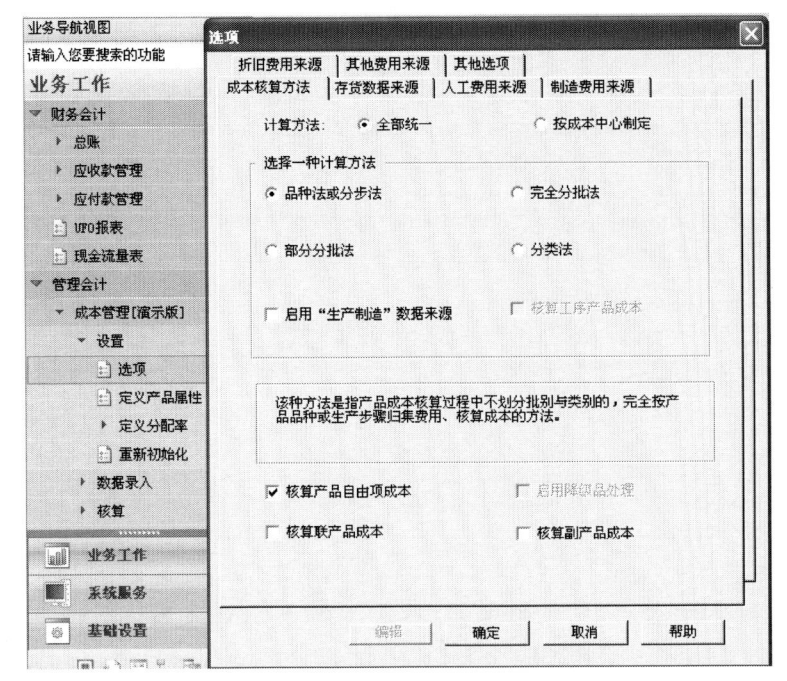

圖 8-5　成本核算方法參數選項設置界面

封閉式車間設置，生產按流水線組織，不要求按生產步驟計算成本，則可以採用品種法計算產品成本。它的特點是以產品的品種作為計算對象，在管理上不需要分步驟計算產品成本。月末有在產品，需要將生產費用在完工產品和在產品間進行分配。對應軟件中的品種法或分步法，適用於煤炭、食品、製藥等單品種大批量生產企業。

·分步法：按照產品的生產步驟作為成本計算對象（即與各工序產品為成本計算對象），適用於連續加工式多步驟生產，大量大批生產，其生產過程劃分為若干個生產步驟，在管理上需要掌握各加工步驟成本。它的特點是計算對象以產品的各生產步驟的半成品和最後的產成品為成本計算對象。月末在產品與完工產品之間需要分配生產費用。對應軟件中的品種法或分步法，適用於鋼鐵、印染、紡織、石油、化工、造紙、水泥、印刷、汽車製造、機械加工、家電等連續加工式生產企業。

·分批法：是以產品的批別或訂單作為成本計算對象。適用於小件單批的多步驟或單步驟生產。當生產按小批或單件組織時，一批產品往往同時完工，有可能按照產品的批別歸集費用，計算成本。為了考核、分析各批產品成本水平，也有必要分批計算產品成本。分批法適用於企業完全按照訂單生產產品的情況，可以將一個訂單定義為一個批號，通過系統提供的按批號核算成本的方法，對訂單完成情況進行管理。它的特點是以產品批號或訂單作為成本計算對象。一般這種方法生產，不會有在產品，所以月末不需在完工和在產品中分攤生產費用，對應軟件中的完全分批法或者部分分批法。適用於服裝、家具、造船、重型機器製造等單件小批量生產企業。

·分類法：按照產品類別歸集費用，採用分類法計算產品成本。凡是產品的品種

195

繁多，而且可以按照前述要求劃分為若干類別的企業和車間，均可以採用分類法計算成本。分類法與產品生產的類型沒有直接聯繫，因而可以在各種類型的生產中應用。對應軟件中的分類法，適用於食品、針織、照明無線電等工業企業。

　　如上所知，在手工成本核算中，成本核算方法的種類很多，分為品種法、分批法等，並且在實際工作中往往會出現幾種方法混合應用的情況。在成本管理系統中，已將多種核算方法抽象為一種基本的成本算法，即按照產品的 BOM 結構定義的父子項關係，以產品品種為基本核算對象，輔助以生產批號、產品大類等基本屬性的卷積計算方法。

　　設置方法一：選擇「成本核算方法」頁，並選擊「全部統一」，在可供選擇的四種計算方法中，選擇一種。

　　如果選擇「完全分批法」，企業生產的所有產品，包括需要核算的工序產品都是按批號計算成本的，選擇了這種成本計算方法，需要在「成本資料錄入」中輸入生產批號，在領用材料時需要輸入產品批號。系統提供「批產品成本追蹤分析」功能，可以完整地反應每批產品的整個生產過程。所以以訂單為生產基礎，以銷定產的生產企業都可以採用這種方法。

　　如果選擇「部分分批法」，企業有一部分產品採用分批法進行核算，同時也有不採用分批法核算的情況。採用這種成本計算方法，需要在「成本資料錄入」中輸入生產批號，在分批核算成本的產品直接領用材料時需要輸入產品批號。系統提供「批次產品成本追蹤分析」功能，可以完整地反應每批產品的整個生產過程。系統自動根據成本資料，計算出批產品和非批產品的成本。

　　如果選擇「分類法」，產品類別作為成本核算對象，歸集生產費用，計算產品成本。採用這種計算方法，在「定義產品屬性」時，可以為每種產品定義產品大類。

　　如果選擇「品種法或分步法」，產品成本核算過程中不劃分批別與類別的，完全按產品品種和核算步驟歸集費用，核算成本，並可以計算出每一步驟的產品成本。在用友 U8V10.1 系統中最終的產成品和半成品均視為產品。所以作為手工以分步法核算的企業選擇了這種方法后還要注意存貨檔案和產品結構中要定義半成品。這種方法適合所有手工成本採用品種法或分步法的企業。

　　設置方法二：如果啟用了「生產訂單」模塊，選擇「成本核算方法」頁，並點擊「按成本中心制定」，顯示企業進行了成本中心對照的所有成本中心，針對每一個成本中心，都可以從「品種法或分步法」或「按訂單核算」中選擇一種。選擇「品種法或分步法」，規則等同按「全部統一」中選擇「品種法或分步法」；選擇「按訂單核算」，等同按「全部統一」中選擇「啟用生產製造數據來源」。

（二）存貨數據來源設置

　　在成本管理系統中，可以定義存貨的數據來源於手工輸入，也可以定義來源於存貨系統，系統將依據其定義選擇判斷存貨數據的取值依據。

　　如選擇手工輸入，將手工輸入每月成本核算所需的費用數據，且「材料及外購半成品耗用表」、「完工產品處理表」的錄入中「取數」按鈕將置灰。

若選擇來源存貨系統，每個會計期間只需進入「數據錄入」中的「材料及外購半成品耗用表」和「完工產品處理表」，系統將自動從存貨系統讀取成本核算所需的材料消耗數據和產成品入庫數據，無需手工輸入。因此，選擇「來源於存貨系統」，還需要定義哪些出庫類別記入直接材料費用，哪些入庫類別記入入庫數量。「材料及外購半成品耗用表」中數據取值於界面中「記入直接材料費用」的出庫類別，設置時需從左邊的列表中選擇出庫類別項目到右邊的列表框中。「完工產品處理表」中的入庫數量取值於界面中「記入入庫數量」的入庫類別，也需從左邊的列表內選擇入庫類別項目到右邊的列表框中，系統根據所選入庫類別從存貨系統取完工入庫數量。

需要注意的是：

如果存貨系統未啟用，則「來源於存貨系統」的選項為暗，不能選擇，需要先啟用存貨系統並重新營動本系統后，才可以選擇。

如果選擇「啟用生產製造數據來源」，在「完工產品處理表」中能夠取數的前提條件是必須啟用庫存系統。

從存貨系統取數的約束條件是：採用全月平均計價方式的存貨必須在存貨系統對其所在倉庫進行了月末處理之后才能向成本系統傳遞數據。採用計劃價計價方式的存貨必須在存貨系統對其所在倉庫進行了差異率計算和分攤之后才能向成本系統傳遞材料的實際價格數據，否則為計劃價格。

材料出庫單取數規則是：專用材料取數要求部門必須為成本中心對照中部門；材料出庫期間與成本的取數期間一致；出庫類別與成本設置時存貨來源選項中定義的出庫類別一致。

如不選中「啟用生產製造數據來源」或按成本中心制定選擇「品種法或分步法」，專用材料則應選擇成本對象項目大類中的項目（參照生產訂單領料時，系統可以自動帶出項目檔案中的項目信息，不需要再手動錄入。另註：基礎檔案中項目目錄可以在構建物料清單后自動帶入或批量引入）。如成本核算方法採用分批法時，還應輸入生產批號。

如選項中「啟用生產製造數據來源」或按成本中心制定選擇「按訂單核算」但未核算到工序的專用材料則須對應相應的生產訂單號信息；核算工序產品成本的專用材料則須對應相應的生產訂單中工序信息。

成本系統檢查條件（材料出庫單）：

不分批的共用材料，領料部門+期間+出庫類別；

分批的共用材料，領料部門+期間+出庫類別+批號；

分批的專用材料，領料部門+期間+出庫類別+成本對象（成本對象與產品的對應關係須在項目檔案中預先定義）；

不分批的專用材料（選項中不「啟用生產製造數據來源」或按成本中心制定選擇「品種法或分步法」），領料部門+期間+出庫類別+成本對象（成本對象與產品的對應關係須在項目檔案中預先定義，存貨材料出庫單上的「項目」字段須在單據設計中預先增加）；

不分批的專用材料（選項中「啟用生產製造數據來源」或按成本中心制定選擇

「按訂單核算」但未核算到工序），領料部門+期間+出庫類別+生產訂單信息。

產成品入庫數量取數規則：取數要求同材料出庫單取數要求相同。

選項中不「啟用生產製造數據來源」或按成本中心制定選擇「品種法或分步法」，須對應選擇成本對象項目大類中的項目（如果成本對象大類的項目檔案編碼在「項目檔案」設置中與存貨編碼一致，此條成本對象在產品入庫單可以不錄入對應的項目編碼，未與存貨編碼保持一致的其他 BOM 版本成本對象仍需要在產品入庫單錄入項目編碼，否則系統自動把所有入庫數量全部取到存貨編碼與項目編碼一致的成本對象上）。

如成本核算方法採用分批法時，還應輸入生產批號。

選項中「啟用生產製造數據來源」或按成本中心制定選擇「按訂單核算」但未核算到工序須對應生產訂單號信息（啟用庫存系統）。

成本系統檢查條件（產成品入庫單）：

分批的產品，部門+期間+入庫類別+批號+成本對象（成本對象與產品的對應關係須在項目檔案中預先定義，存貨產成品入庫單上的「項目」字段須在單據設計中預先增加）；

不分批的產品（選項中不「啟用生產製造數據來源」或按成本中心制定選擇「品種法或分步法」），部門+期間+入庫類別+成本對象（成本對象與產品的對應關係須在項目檔案中預先定義，產品入庫單上的「項目」字段須在單據設計中預先增加）；

不分批的產品（選項中「啟用生產製造數據來源」或按成本中心制定選擇「按訂單核算」但未核算到工序），部門+期間+入庫類別+生產訂單信息。

(三) 人工費用來源設置

在成本管理系統中，可以定義人工費用的數據來源於手工輸入還是來源於總帳系統或者來源於薪資管理系統，系統將依據定義的選擇進行人工費用的取值，並進行成本計算。

選擇「來源於手工錄入」，將要求手工輸入每月成本核算所需的人工費用數據。此項其他頁簽選項相同。

選擇「來源於總帳系統」，每個會計期間只需進入「數據錄入」中的「人工費用表」，系統從總帳系統讀取成本核算所需的人工費用數據，無需手工輸入。此項其他頁簽選項相同。

選擇「來源於薪資管理」，每個會計期間只需進入「成本核算」菜單中「成本資料錄入」中的「人工費用表」，系統自動從薪資管理系統讀取成本核算所需的人工費用數據，無需手工輸入。選擇「來源於薪資管理」時，需要選擇工資類別、人員類別和工資分攤類型。

其中數據來源於薪資管理的人員類別定義為：

界面中「記入直接人工費用的人員類別」列表和「記入製造費用的人員類別」列表中的數據，都是從「人員類別」中選取，並且一種人員類別只能屬於一個列表。

選擇「核算計件工資」，「計件工資」可以直接從薪資管理系統取出計件工資數據，同時成本管理中「人工費用表」從薪資管理系統取數時，將扣減符合條件的「計

件工資」金額；未選擇「核算計件工資」，「人工費用表」直接取出符合對應條件的人工費用金額。

系統特別說明：

如果薪資管理系統未啟用，則「來源於薪資管理」的選項為暗，不能選擇，需要先啟用薪資管理系統並重新啟動本系統后，才可以選擇。

如果總帳系統未啟用，則「來源於總帳系統」的選項為暗，不能選擇，需要先啟用總帳系統並重新啟動本系統后，才可以選擇。

如果已經選擇「製造費用無明細」選框，則「記入製造費用的人員類別」選項為暗，不可激活。

從總帳系統取數的條件是：總帳為成本核算提供的人工費用數據，必須在這些相關的費用憑證記帳后才能傳遞到成本核算系統。此項其他頁簽選項相同。

從薪資管理系統取數的條件是：為了避免工資多次分攤造成工資最終分攤數據與成本讀取的數據不符的情況，只有在工資分攤並生成分攤憑證后，成本系統才能從薪資管理系統提取人工費用數據。

(四) 製造費用來源設置

在成本管理系統中，可以定義製造費用的數據來源於手工輸入還是來源於總帳系統，系統將依據設置的選擇進行製造費用的取值，並進行成本計算。這兩種來源選項中，只能選擇一種。「製造費用無明細」是一個開關，決定了本系統中製造費用是否要定義明細項目。確認了「選項」以后，就不允許改變此項。

如果存在產品完全報廢業務，可選擇「產品完全報廢時是否按製造費用攤銷」。選擇是，系統自動在製造費用明細中增加「廢品分攤」項目，並且按製造費用所定義的分配率在報廢產品所在成本中心內分攤報廢成本到此項目中；選擇否，計算檢查及計算時進行提示控製。

(五) 折舊費用來源設置

在成本管理系統中，可以定義折舊費用的數據來源於手工輸入還是來源於總帳系統或者是來源於固定資產系統，系統將依據定義的選擇進行折舊費用的取值，並進行成本計算。

選擇「來源於固定資產系統」，每個會計期間只需進入「數據錄入」中的「折舊費用表」，系統自動從固定資產系統讀取成本核算所需的折舊費用數據，無需手工輸入。

如果已經選擇「製造費用無明細」選框，則「折舊費用來源」頁簽為暗，不可激活。

從固定資產系統取數的條件是：固定資產系統計提折舊后就可以向成本系統提供數據，且成本系統取數后即在數據庫做好取數標誌，如固定資產系統需要再次計提折舊，系統則提示成本系統已取數，不能重新計提。所以必須在成本系統執行恢復月初狀態功能，取消該項標誌后，再重新進行折舊計提，然后成本系統再讀取折舊數據。

(六) 其他費用來源設置

在成本管理系統中，可以定義其他費用的數據來源於手工輸入還是來源於總帳系

統，系統將依據定義的選擇進行其他費用的取值，並進行成本計算。

選擇「無此數據項」，則成本費用項目中將僅包括材料費用、人工費用、製造費用、輔助費用四項費用大類。

選框「其他費用無明細」是一個開關選項，選擇此項，則成本項目中的其他費用不劃分明細。

如果已經確認了選項，則只允許在「來源於手工系統」和「來源於總帳系統」之間轉換，如果定義的是「無此數據項」或選擇了「其他費用無明細」項，則不允許再改變。

（七）其他選項

在成本管理系統中，除定義成本的計算方法、數據來源之外，還需定義廢品分攤公共料費、共用半成品構建 BOM 以及成本的數據精度。

·廢品分攤公共料費：當存在報廢產品，在進行公共材料、費用分攤時，系統提供廢品產量參與或不參與的選擇，可以根據企業產品報廢的實際程度情況進行不同選擇。如打鉤選擇，在「完工產品日報表」錄入的「廢品」產量，在成本計算時，會與完工產量一道作為「負擔產品的數量」分攤共用材料、人工費用、製造費用、共耗費用；未打鉤選擇，系統只按完工產品產量參與分配。

·共用半成品構建 BOM：當非採購件作為共用材料被成本取數時，系統在構建成本 BOM 時提供靈活的處理方法，根據實際情況自主選擇是否把共用半成品同步架構。如果打鉤選擇，系統依據共用半成品所在成本中心內各實際成本對象對其領用及實際成本對象對材料及相互領用關係構建成本 BOM；如果未打鉤選擇，自動卷積或分層卷積時，按共用材料循環領用處理。計算檢查時提示企業手工填寫單價（警告型提示），如果企業未錄入單價，成本計算時，先按零成本出庫選項選擇；仍無，按參考成本取數；再無，按零成本處理。

此選項僅對卷積運算時選擇「自動卷積」或「分層卷積」有效，只要做過任何一層計算，此選項選擇后不能修改，選擇「分層卷積」恢復到 0 階或選擇「自動卷積」恢復后方可修改。

如果打鉤選擇，必須先在「產品材料定額每月變動表」中進行「全展」，否則效果等同未打鉤選擇，成本計算檢查時也會自動提示做出相應操作。

[實務案例]

飛躍摩托車製造公司成本管理系統初始信息如下：

（1）成本核算方法：全部統一採用品種法；

（2）數據來源：生產製造；

（3）存貨數據來源：存貨系統；

（4）計入直接材料費用：生產領料出庫；

（5）計入入庫數量：產成品入庫、材料採購入庫、配件採購入庫；

（6）人工費用來源：來源於總帳系統；

（7）折舊費用來源：來源於總帳系統；

（8）其他費用來源：來源於手工錄入；
（9）製造費用來源：來源於總帳系統；
（10）浮動換算率計算基準：主計量產量。
［操作步驟］
在成本管理系統中，單擊主菜單中的「設置」，然后單擊設置菜單中的「選項」，分別選擇「成本核算方法」「存貨數據來源」等，就可進行相關設置。

二、定義產品屬性

定義產品屬性指確認每月成本核算系統的產品核算範圍。即定義已在「產品結構或物料清單」或生產訂單中定義過的產品。

・定義產品屬性的作用：確認每月成本核算系統的產品核算範圍；定義產品的所屬大類；在成本報表的查詢中，按產品的大類進行查詢範圍的細分。

成本對象類型主要分為「基本成本對象」「計劃成本對象」「實際成本對象」，不同的成本對象類型，其應用範圍不同。

・基本成本對象：主要應用範圍為「設置」部分——定義分配率—產品權重系數。

・計劃成本對象：主要應用範圍為「設置」部分—定額管理—標準成本部分。如果是多成本中心生產，按訂單核算需要提前制定相應定額工時、標準成本或按品種核算無法制定多成本中心的計劃成本對象，可以點「增加」按鈕，在現有成本中心下生成另外成本中心下的計劃成本對象；如果是非多成本中心生產，且選項中選擇「啟用生產製造數據來源」或「按訂單核算」或「按工序核算」，也不需要提前制定相應定額工時、標準成本，可以不需要在物料清單中指定領料部門，系統自動按生產訂單中生產部門同步計劃成本對象部門。

・實際成本對象：主要應用範圍為「期初余額調整」、數據錄入各表、成本計算、報表、預測、分析、憑證處理、UFO 函數，可以按期間查詢各歷史實際成本對象。

・產出類型：顯示實際成本對象在物料清單或生產訂單中產出品屬性「聯產品」或「副產品」。

・產品大類：可以手工輸入，也可以參照輸入，如果成本核算方法未選擇「分類法」，則不能夠定義「產品大類」。

如果對所有的產品未確定領料或生產部門，或進入界面后未點擊「刷新」按鈕，即在「定義產品屬性」界面中未顯示任何一種產品的信息，則本系統不能繼續執行下面的功能。

對於上述兩種情況的產品，均可以到「產品結構或物料清單」或生產訂單、車間管理相關菜單中重新定義其生產部門或工作中心，或者到「成本中心檔案」「成本中心對照」中將其生產部門定義為「基本生產」成本中心，則可以核算該產品成本。

如果不能進行操作或無相應的生產訂單信息，請在過濾條件「成本對象類型」中選擇「實際成本對象」，進入界面后點「刷新」，確認是否有所需要的產品信息。

啟用生產製造數據來源，本月實際成本對象刷新條件是：生產訂單在成本計算期間本月或本月以前被審核（核算到工序時，必須同時完成工序計劃生成）。

生產訂單部門與成本中心對照中部門相對應（核算到工序時，產品工藝路線的工作中心所對應的部門與成本中心相對應）。

成本計算期間的生產訂單在上月或以前未被關閉。

[實務案例]

飛躍摩托車製造公司的成本中心信息如表8-1：

表8-1　　　　　　　　飛躍摩托車製造公司的成本中心信息

成本中心編碼	成本中心名稱	部門編碼	部門名稱
0501	動力車間	0501	動力車間
0502	成車車間	0502	成車車間
0503	包裝車間	0503	包裝車間

[操作步驟]

第一步：在企業應用平臺中，執行「基礎設置→基礎檔案→財務→成本中心」命令，進入成本中心設置主界面，單擊「增行」按鈕，輸入成本中心編碼、名稱等信息。點擊「保存」按鈕。

第二步：再執行「成本中心對照」命令，進入成本中心對照設置主界面，點擊「自動」按鈕自動引入對照關係。

第三步：最後執行「業務工作—管理會計—成本管理—設置—定義產品屬性」命令，選擇成本對象類型為實際成本對象，點擊「確定」后進入「定義產品屬性」界面，點擊「刷新」就能查看到當前定義產品屬性情況。

三、定義費用明細及與總帳接口

如果在「選項」中選擇製造費用、其他費用、折舊、人工費用、共耗費用的數據來源於總帳系統，則需要在此定義製造費用、其他費用的明細與總帳接口的公式。

[實務案例]

飛躍摩托車製造公司的製造費用和人工費信息如表8-2所示：

表8-2　　　　　飛躍摩托車製造公司折舊和工資費用明細表　　　　單位：元

成本中心名稱 \ 項目	折舊費	車間管理人員工資	生產工人工資	合計
動力車間	40,000	25,000	290,000	355,000
成車車間	30,000	24,000	343,000	397,000
合計	70,000	49,000	633,000	752,000

[操作步驟]

第一步：在總帳系統裡錄入以下兩張記帳憑證，審核並記帳。

借：生產成本——薪資費用分配（動力車間）　　　　　　　290,000

生產成本——薪資費用分配（成車車間）	343,000
製造費用——薪資費（動力車間）	25,000
製造費用——薪資費（成車車間）	24,000
貸：應付職工薪酬	682,000
借：製造費用——折舊費（動力車間）	4,000
製造費用——折舊費（成車車間）	3,000
貸：累計折舊	7,000

第二步：定義費用明細及與總帳接口。

在成本管理系統中，點擊「設置—定義費用明細及與總帳接口」進入定義費用明細及與總帳接口主界面，點擊「製造費用」，選擇「成車車間」成本中心，雙擊「折舊」取數公式的參照按鈕進入公式向導界面，選擇「借方發生額」，點擊下一步，通過參照選擇「製造費用——折舊」科目和「成車車間」部門，點擊「完成」即可。

其他的設置同上相似。

四、定義分配率

經過對料、工、費的來源進行設置，已基本完成了成本費用的初次分配和歸集，即將大部分專用費用歸集到各產品名下，將其他間接成本費用歸集到各成本中心範圍內。為了計算最終產成品的成本，還必須將按成本中心歸集的成本費用在成本中心內部各產品之間、在產品和完工產品之間進行分配，因此，在成本管理系統中，需要定義各種分配率，為系統自動計算產品成本提供計算依據。

所謂費用分配率，其實質是計算「權重」，即將某一待分配費用，在各個應負擔對象中分攤的比例。目前成本管理系統中共有六類分配率，每一類中又對應多種分配方法，比較複雜，但這是為了盡可能滿足不同企業的需要而設計，歸納其實質，分為兩種情況：在成本中心內部各產品間的分配；以及在完工產品和在產品間分配。

・共耗費用：由於共耗費用是成本中心以外的費用，所以要按一定比例先分配到各成本中心，再分配到產品中去或跨越成本中心直接分配到產品中去。

・共用材料：是指由成本中心領用的材料，若來源於存貨系統，則在存貨系統填製的領料單上的「成本對象」或「生產訂單」信息為空。

・直接人工費用：由於直接人工費用是按照成本中心輸入的，所以要分配到產品中去。

・製造費用：由於製造費用是按照成本中心輸入的，所以要分配到產品中去。

・在產品成本：由於在產品與完工產品所占的成本不同，在計算出某產品的總費用后，還要在完工產品與在產品之間分配。

・輔助費用：計算出服務的總費用之後，要根據成本中心的耗用量分配到成本中心，然后還要根據輔助費用分配率，計算出各產品應負擔的輔助費用。

・輔助部門分配率：當一個輔助成本中心提供兩種以上的服務時，需要將成本中心總費用按一定的比率分配到服務中。

・聯產品：聯合產品中定義為聯產品的，其成本要根據一定分配率從主副聯產品

中分攤出來。

·副產品：聯合產品中定義為副產品的，其成本要根據一定分配率從主副聯產品中直接扣除出來。

[實務案例]

飛躍摩托車製造公司相關分配率如下：

共用材料分配率：按產品產量；

製造費用分配率：按產品產量；

輔助費用分配率：按產品產量；

在產品費用分配率：只計算材料成本。

直接人工分配率：按產品權重系數，本公司各產品的產量權重如表 8-3 所示：

表 8-3　　　　　　　　飛躍摩托車製造公司產量權重

成本中心編碼	成本中心名稱	產品編碼	產品名稱	產量權重系數
0501	動力車間	02020101	輪胎組件-100 普通	1
0501	動力車間	02020102	輪胎組件-100 加寬	1
0501	動力車間	02020103	燈-125 燈總成	1
0501	動力車間	02020104	100 型發動機-J 腳啟動	20
0502	成車車間	0301001	100 型摩托車-普通型	1
0502	成車車間	0301002	100 型摩托車-加強型	1

五、定義分配範圍

共用材料及公共費用可以在選定成本對象範圍內進行分配。飛躍摩托車製造公司的分配情況如圖 8-5 所示。

圖 8-5　定義分配範圍界面

六、定額分配標準

　　企業為了核算或考核的需要，一般均制定了產品的各種定額（計劃）指標數據，包括產品的定額單位生產工時、產品的定額單位材料消耗數量等，這些數據可以用作成本費用的分配依據、成本預測的數據基礎。在成本管理系統中，可以在「定額分配標準」中制定產品的定額工時和定額材料數據。

　　・定額工時：該數據主要用於費用分配，如果在定義分配率使用了按定額工時的方法，則要定義產品的定額工時，否則該數據可以不錄入。

　　・定額材料：初次進入該界面時，系統自動讀取產品結構（或物料清單）中已定義的材料消耗數量。該數據主要用於費用分配，如果在定義分配率使用了按定額材料的方法，則要定義產品的定額材料，否則該數據可以不錄入。定額材料數據讀取後允許修改，但如果點擊「取數」按鈕，系統將重新取數，並根據選擇方式決定是否覆蓋修改結果。

七、期初余額調整

　　在開始日常使用系統之前，要手工輸入成本的初始余額。為了完成從手工帳向計算機的轉接，要認真做好本項工作，盤點好在產品的數據，結合手工帳，把正確的數據輸入。系統啟用進入新月份後，自動將上月初始余額轉入本月，同時，系統允許對上月結轉過來的成本對象明細數據進行手工調整，調整後的差異根據系統提供的輔助數據，在總帳中生成調整憑證。

　　期初余額的錄入記帳是系統核算的起點，用友 U8V10.1 系統的期初余額是指上一期間的在產品成本，現就其重點描述如下：

　　在此處錄入的期初余額必須還原為明細成本費用的消耗數據，如果有車間剩餘的材料，建議先辦理假退料或計算攤入在產品成本。

　　如果採用分批法核算，在此處可以錄入某批次產品的期初數據，但在后面的「生產批號表」中必須補充定義該批號，否則無法核算該批號。

　　如果企業同時使用了總帳系統，錄入期初數據后可以和總帳核對數據，一般期初數據應與「生產成本」科目的借方余額相同，具體科目根據企業的實際情況確定。

　　期初數據核對無誤后，可以點擊「記帳」按鈕，但一經記帳將不允許修改期初數據。

八、重新初始化

　　系統在運行過程中發現帳套很多錯誤或太亂，無法或不想通過「恢復結帳前狀態」糾錯，這種情況可通過「重新初始化」將該帳套的內容全部清空，然后從初始化開始重新建立帳套。

　　系統提供了五個選項：定義費用明細與總帳接口、產品權重系數、產品約當系數──固定比率、定額分配標準──定額工時、定義公共費用分配範圍──按基本產品，讓企業選擇其要「重新初始化」的選項。只有帳套主管才具有「重新初始化」功能權限。

第三節　成本管理日常業務及期末處理

一、數據錄入

在定義完選項以及基礎設置工作完成後，為了計算成本，要輸入每個會計期間的成本資料，包括料、工、費的數據，根據事先的定義，這些數據有不同的來源，但要求每個會計期間必須運行這些功能，才能實現數據的（自動）輸入。

（一）材料成本錄入

「材料及外購半成品耗用表」用於材料消耗數據錄入或從存貨出庫單讀取數據，是非卷積運算時必須錄入的數據表（卷積運算時此表自動取數）。

（二）期間費用錄入

「共耗費用表」用於輸入在一個會計期間成本中心所耗用的共耗費用。數據可以通過工具欄的「取數」按鈕來讀取其他系統的數據，也可以手工錄入，如果共耗費用有明細，要分別按明細輸入各部門的共耗費用。

同樣，「人工費用表」「製造費用表」「折舊費用表」「其他費用表」「輔助費用表」「委外加工費」的數據也可以通過工具欄的「取數」按鈕來讀取其他系統的數據，也可以手工錄入。

（三）車間統計表錄入

「完工產品日報表」用於錄入各產品的實際完工數量統計數據，用於統計在一個會計期間內，各個基本生產成本中心所生產完工的產品數量，以及統計每種產品的廢品數，此表是日報表，由系統自動匯總成月報表。本表數據為計算成本所必須，如果未錄入完工數量可能無法進行計算，完工數量通過在庫存管理系統中增加產成品入庫單來輸入。

用友 U8V10.1 系統還能完成月末在產品、完工產品、工時日報、產品耗用日報、廢品回收的統計查詢與增刪處理。

（四）分配資料表錄入

分配資料表包括產品每月變動約當系數表、聯副產品每月折算系數表、自定義分配標準表、產品材料定額每月變動表。

「在產品每月變動約當系數表」用於錄入各產品的在產品約當系數。只有企業在在產品分配率定義中選擇了「只計算材料成本（按原材料占用）」或「按產品約當產量」中的「每月變動」方法，才可以錄入本表數據，否則不顯示錄入成本中心。

「聯副產品每月折算系數表」用於每月錄入各聯、副產品的折算比率。只有企業在「定義聯副折算系數」中選擇了「每月變動」方法，才可以顯示並錄入本表數據。

二、成本計算

(一) 成本計算流程

第一步，對直接費用進行歸集，將直接費用直接歸集到各產品下；
第二步，對間接費用在各成本中心內進行歸集；
第三步，對歸集到成本中心下的費用，依據分配率在不同產品間進行分配；
第四步，在完工產品與在產品間進行分配。

(二) 如何進行成本計算

完成了每月的成本資料錄入工作後，可以說成本核算工作已基本完成，剩下的計算工作只需要點擊計算按鈕，系統將自動、準確、快捷地完成。成本管理系統提供成本計算（手動卷積）與卷積運算（自動卷積）兩種方式計算各層半成品成本，以滿足不同企業的需要。

卷積運算是自動卷積的一種，可一次性按順序由低層到高層完成所有成本 BOM 層次成本計算，包含各層入庫單、出庫單記帳、期末處理、材料及外購半成品耗用表取數、成本計算、產成品成本分配，在計算過程中無交互操作。卷積運算時可支持存貨的計價方式主要有：移動平均、全月平均、先進先出、計劃價。

成本計算完全由用戶控制各卷積層次的計算順序及操作步驟，分為「自動完成」和「分步完成」兩種模式，其計算的算法和結果是完全相同的，只不過在「分步完成」狀態下，計算的過程由用戶來控制進行，允許查詢計算分配的中間結果，以便於及時發現問題，重新修正數據或設置分配率。

成本計算完畢後，企業可以到「帳表」中查看計算結果。如果計算時選擇了「分層卷積」，每層計算完畢後，可以在「完工產品成本匯總表、在產品成本匯總表、產品成本匯總表」中按成本 BOM 層次進行查詢、核對。

三、憑證處理

(一) 科目設置

用友 U8V10.1 的成本核算系統結轉製造費用、結轉輔助生產成本、結轉盤點損失、結轉產品耗用、結轉直接人工，可以選擇按業務類型、成本中心、訂單類型、訂單類別靈活定義各費用的借方科目、貸方科目及摘要。

［實務案例］

飛躍摩托車製造公司成本核算相關科目如表 8-4 所示：

表 8-4　　　　　　　　　飛躍摩托車製造公司成本核算相關科目

序號	業務類型	成本中心編碼	成本中心名稱	費用名稱	借方科目	貸方科目	摘要
1	結轉製造費用	0501	動力車間	折舊	50010103 生產成本-基本生產-製造費用	510101 製造費用-折舊費	結轉製造費用
2	結轉製造費用	0501	動力車間	管理人員工資	50010103 生產成本-基本生產-製造費用	510102 製造費用-薪資費	結轉製造費用
3	結轉製造費用	0502	成車車間	折舊	50010103 生產成本-基本生產-製造費用	510101 製造費用-折舊費	結轉製造費用
4	結轉製造費用	0502	成車車間	管理人員工資	50010103 生產成本-基本生產-製造費用	510102 製造費用-薪資費	結轉製造費用
5	結轉直接人工	0501	動力車間		50010102 生產成本-基本生產-直接人工	500102 生產成本-薪資分攤	薪資分攤
6	結轉直接人工	0502	成車車間		50010102 生產成本-基本生產-直接人工	500102 生產成本-薪資分攤	薪資分攤

【操作步驟】

（1）選擇過濾條件，點「確定」；

（2）點擊「增行」按鈕；

（3）從五種業務類型中下拉選擇一種；

（4）輸入借方科目、貸方科目、摘要（也可以按成本中心、訂單類型、訂單類型自由組合進行設置）。

（二）定義憑證

定義憑證主要用於將成本系統計算分配的結果，定義成為轉帳憑證的格式，以便進行憑證轉帳處理。在此需定義憑證的借貸方科目、摘要、憑證類別等信息。用友 U8 成本管理系統提供的轉帳憑證業務種類有五種：結轉製造費用、結轉輔助費用、結轉盤點損失、結轉產品耗用、結轉直接人工費用。

・結轉製造費用：系統提供的數據是成本計算分配後，各產品或輔助服務應負擔的製造費用數據，一般應做分錄如下：

借：生產成本——（明細）

貸：製造費用——（明細）

・結轉輔助費用：系統提供的數據是成本計算分配後，各產品、管理部門、或輔助服務應負擔的輔助費用數據，一般應做分錄如下（如果未設置輔助部門，則本處無數據）：

借：生產成本——基本生產成本——（明細）

　　管理費用——（明細）

贷：生产成本——辅助生产成本——（明细）

·结转盘点损失：系统提供的数据是成本计算后，完工产品处理表录入的「记入待处理损益」栏目中，盘盈、盘亏产量应负担的成本数据，正数表示盘盈，负数表示盘亏。一般应做分录如下：（如果无盘盈、盘亏情况，则本处无数据，或如果有数据，但是否处理本业务凭证由企业灵活控制，并不影响成本系统数据。）

借：待处理财产损益——（明细）

贷：生产成本——（明细）

·结转产品耗用：系统提供的数据是成本计算后，产品间通过「产品耗用日报表」相互领用的半成品或工序产品，应结转的成本费用数据，一般应做分录如下：（如果无产品间通过「产品耗用日报表」相互领用的情况，本处无数据，或如果有领用数据，但总帐的生产成本科目未按产品设置明细，则也可以不处理本业务凭证）

借：生产成本——A 产品

贷：生产成本——B 产品（半成品/原材料-自制件）

·结转直接人工费用：提供了直接人工费用的分摊凭证设置后，可以在工资系统中做如下凭证：

借：生产成本-薪资分摊（自定义末级结转科目）

贷：应付职工薪酬

然后在成本系统取薪资数据进行计算，计算结果生成分部门、按产品品种显示的直接人工费用的分摊凭证，此时可以做如下凭证：

借：生产成本——基本生产——直接人工（A 产品）

借：生产成本——基本生产——直接人工（B 产品）

贷：生产成本——薪资分摊

[实务案例]

飞跃摩托车制造公司的动力车间的折旧费凭证定义结果如图 8-6 所示，成车车间薪资分配凭证定义结果如图 8-7 所示。

图 8-6 动力车间折旧费凭证定义界面

圖 8-7　動力車間薪資分配憑證定義界面

(三) 自動生成憑證

「自動生成憑證」將需要生成憑證的記錄匯總，企業通過選擇憑證生成的方式，決定如何生成憑證，系統根據企業的需要，按總帳規定的憑證格式生成憑證，完成向總帳傳遞數據的功能。

〔實務案例〕

飛躍摩托車製造公司的動力車間薪資分配自動生成憑證如圖 8-8 所示。

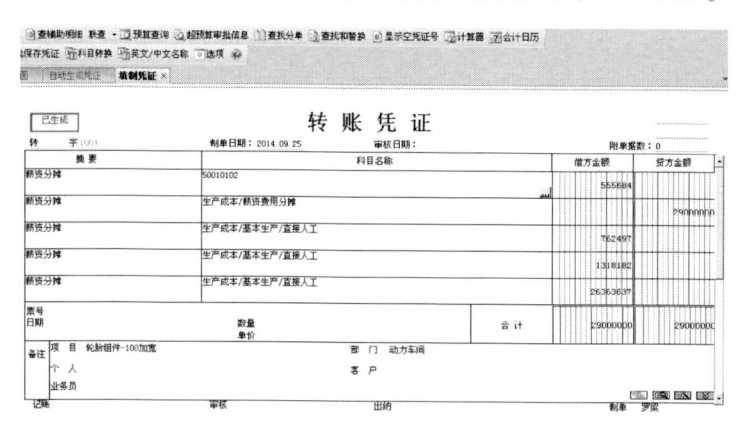

圖 8-8　動力車間薪資分配自動生成憑證界面

(四) 憑證查詢

「憑證查詢」可以查看成本系統傳輸到總帳系統的憑證，並能對查到的憑證進行修改、刪除、衝銷的處理，並可以聯查原始業務單據。

四、月末處理

在每個會計期末，做完所有的工作后，包括成本計算、生成憑證等，要進行月末結帳的處理，做完月末結帳后，標誌本月已經結帳，不允許再做有關本月的業務處理。如果企業發現已結帳月份數據有誤，可以通過執行「恢復結帳」的功能，修改並重新計算已結帳月份的數據。

成本系統在計算過程中需要引用其他系統的數據，為保證成本計算結果的準確性，系統將「所有成本系統讀取數據的系統均已結帳（總帳除外）」作為判斷成本計算數據有效性的依據，並將「成本計算數據有效」的系統狀態稱為「成本計算」。如果某會計期間的狀態為「已經結帳」，企業將不能再進行本月的業務處理工作，如果某會計期間的狀態為「成本計算」，企業將不能再執行其他相關係統的「恢復結帳」功能。對於上述兩種狀態，企業均可以通過執行「恢復結帳」的功能，重新核算本月成本。

五、標準成本版本

產品標準成本的制定是標準成本制度的起點和成本控製的基礎。要制定產品標準成本，以標準成本為依據進行成本控製，首先必須有明確的成本標準，為此企業可以根據自身實際情況制定不同的標準成本，例如，可根據標準成本使用的時間作為不同版本：理想標準成本、全年計劃成本、現行標準成本。最終確定其中一個作為基準版本，而把其余版本作為參照分析或制定下次基準版本的依據。

[操作步驟]

（1）單擊主菜單中的「計劃」，然后單擊設置菜單中的「標準成本版本」；

（2）進入主界面後，點擊「增加」按鈕；

（3）錄入版本編碼、版本名稱及備註；

（4）點擊「基準」按鈕，確定其中一個版本作為「基準版本」，如果本版本需要引用已經制定好的單位標準成本，可以選擇參照其他版本；

（5）點擊「刪除」按鈕，可以刪除未被引用的非基準版本。

六、成本中心成本預測

成本中心成本預測，是為了滿足企業在成本管理中事前預測的需要而設計的。系統根據企業選擇的預測方法，運用系統內相應的歷史數據或企業手工輸入的數據，利用數學方法進行預測，並對預測結果具有保存、查詢、打印輸出的功能。本系統為成本中心預測提供了三種預測方法：趨勢預測、歷史同期數據預測、年度平均增長率預測。以上三種方法採用不同的數學模型以滿足不同的要求，企業根據需要進行選擇。

[操作步驟]

（1）在主菜單中的「預測」中選擇「成本中心成本預測」；

（2）企業選擇「趨勢預測」，其方法是根據企業選擇的數據，運用求移動平均值的方法，預測某一成本中心未來會計期間的成本。如選擇「歷史同期數據預測」，其方法是根據企業選擇的會計年度，通過計算各年度同一月份數據移動平均值的方法，預測

某一成本中心任一會計期間的成本。如選擇「年度平均增長率預測」，其方法是根據企業選擇的預測月份，計算出本年度相對於上一年度的月平均增長率，據以預測某一成本中心任一會計期間的成本。

七、產品成本預測

產品成本預測是利用企業制訂的產品計劃單位成本或產品歷史單位成本預測任意產量下的產品成本。提供企業手工輸入預測產品名稱、批號和預測產量的功能。

如果企業在「選項」中選擇成本核算方法為「完全分批法」，則未定義「生產批號表」之前不能進行產品成本預測。

［操作步驟］

（1）在主菜單中的「預測」中選擇「產品成本預測」；

（2）在預測數據錄入界面中，錄入數據后點擊「預測」按鈕，顯示預測條件；

（3）選擇匯總數據預測則不可選擇預測產品；選擇明細數據預測，則選擇預測產品列表可用，要求必須選擇一個產品進行預測。選擇預測條件。

（4）點擊「確定」按鈕，顯示預測結果，即匯總表或明細表。

八、成本分析

成本分析主要是根據計劃成本和歷史期間的實際成本數據，運用一定的分析算法，來分析目標期間的成本中心成本數據或目標產品的成本數據，監控成本的高低變化情況，以達到對生產過程進行監督考核、降低成本提高經濟效益的目的。

目前在成本管理系統中提供「批次產品成本追蹤分析、成本中心內部利潤分析、產品成本差異分析、成本項目構成分析、材料消耗差異、標準成本差異分析」等分析方法，系統採用一些數學模型方法，根據歷史（計劃）成本資料，自動進行成本的分析。成本分析流程如圖8-9所示。

［實務案例］

飛躍摩托車製造公司的月末處理如下：

（1）2014年9月30日，進行材料及外購半成品成本取數。

（2）2014年9月30日，進行人工費用取數。

（3）2014年9月30日，進行折舊費用取數。

（4）2014年9月30日，進行製造費用取數。

（5）2014年9月30日，輔助費用耗用表。

（6）2014年9月30日，查詢飛躍摩托車製造公司的完工產品日報表，其參考完工產品日報表如圖8-10所示。

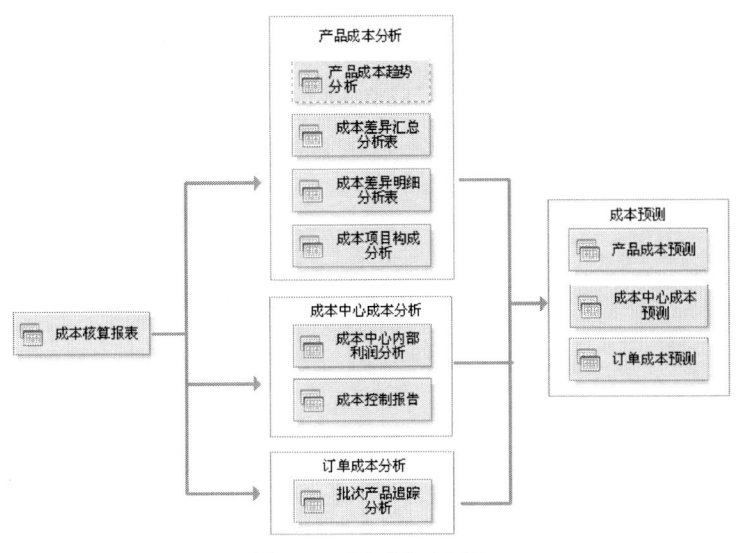

圖 8-9　成本分析流程圖

圖 8-10　完工產品日報表統計界面

（7）2014 年 9 月 30 日，查詢飛躍摩托車製造公司的完工產品成本匯總表，其參考完工產品成本匯總表如圖 8-11 所示。

圖 8-11 完工產品成本匯總表界面

(8) 2014 年 9 月 30 日，在總帳系統查詢飛躍摩托車製造公司的相關憑證，審核並記帳。其查詢界面如圖 8-12 所示。

圖 8-12 總帳系統憑證查詢界面

國家圖書館出版品預行編目(CIP)資料

製造業進銷存及成本電算化實務 / 陳英蓉著. -- 第一版.
-- 臺北市：崧博出版：財經錢線文化發行，2018.10

　面；　公分

ISBN 978-957-735-597-3(平裝)

1.製造業 2.成本管理

487　107017198

書　名：製造業進銷存及成本電算化實務
作　者：陳英蓉 著
發行人：黃振庭
出版者：崧博出版事業有限公司
發行者：財經錢線文化事業有限公司
E-mail：sonbookservice@gmail.com
粉絲頁　　　　　　網　址
地　址：台北市中正區延平南路六十一號五樓一室
8F.-815, No.61, Sec. 1, Chongqing S. Rd., Zhongzheng Dist., Taipei City 100, Taiwan (R.O.C.)
電　話：(02)2370-3310　傳　真：(02) 2370-3210
總經銷：紅螞蟻圖書有限公司
地　址：台北市內湖區舊宗路二段 121 巷 19 號
電　話：02-2795-3656　傳真：02-2795-4100　網址：
印　刷：京峯彩色印刷有限公司（京峰數位）

　　本書版權為西南財經大學出版社所有授權崧博出版事業有限公司獨家發行電子書及繁體書繁體版。若有其他相關權利及授權需求請與本公司聯繫。

定價：400元
發行日期：2018 年 10 月第一版
◎ 本書以POD印製發行